智能电梯控制技术
与创新设计研究

崔富义　刘富海　著

中国原子能出版社
China Atomic Energy Press

图书在版编目（CIP）数据

智能电梯控制技术与创新设计研究 / 崔富义，刘富海著 .
-- 北京 : 中国原子能出版社，2021.5（2023.1重印）
ISBN 978-7-5221-1341-8

Ⅰ.①智… Ⅱ.①崔… ②刘… Ⅲ.①智能控制 – 电
梯 – 研究 Ⅳ.① TU857

中国版本图书馆 CIP 数据核字 (2021) 第 064015 号

内容简介

本书以智能电梯为研究对象，分析智能电梯的发展趋势、电梯群控中的专家系统以及智能远程监控系统、直线电机垂直运输系统、无机房电梯的布置和设计方式等，并对智能电梯控制技术的发展与创新设计进行构想，对从事智能控制、电梯设计等方面的研究者与工作者具有学习和参考价值。

智能电梯控制技术与创新设计研究

出版发行	中国原子能出版社（北京市海淀区阜成路 43 号　100048）
策划编辑	高树超
责任编辑	高树超
装帧设计	河北优盛文化传播有限公司
责任校对	宋　巍
责任印制	赵　明
印　刷	河北宝昌佳彩印刷有限公司
开　本	710 mm×1000 mm　1/16
印　张	15.25
字　数	288 千字
版　次	2021 年 5 月第 1 版　2023 年 1 月第 2 次印刷
书　号	ISBN 978-7-5221-1341-8
定　价	98.00 元

前　言

目前，全国大多数在用电梯的安全管理及智能化方面存在很多问题，对于人员的出入和使用电梯权限的管理方面还存在很多不足。事实上，相当一部分楼宇、楼宇的部分楼层或该楼宇在某些时间段内并不希望任何人都可以任意通过电梯进入。在现实生活和工作中，大部分物业是通过门禁或保安人员来控制人员进入，存在人为疏忽甚至故意的风险，且事后不易追查。由于电梯的使用和管理上没有采取任何技术手段，电梯虽然给广大市民带来了很大的便利，但也为非法人员提供了便利。在全国众多的偷盗案件中，相当一部分犯罪嫌疑人通过电梯自由进出而顺利作案。因此，在保证合法人员正常使用电梯的同时，如何防止非法人员随意使用电梯成为相关人员必须考虑的重要问题。

电梯是人们在楼宇中垂直走动最主要的搭乘工具，电梯的广泛使用给人们带来了诸多的便利。随着社会的发展，带有电梯的建筑物越来越普及。电梯的智能化管理有必要纳入住宅小区、写字楼等各个场所的智能一卡通系统。从目前市场上应用的情况看，只要选择专业的、合格的 IC 卡电梯控制系统和产品，不仅可以解决安全和智能化管理方面的问题，还可以给物业管理方带来相当的经济效益，甚至可以使建筑设计改变和提升成为可能，从而大大提高建筑物的利用效率，为广大业主带来实实在在的好处。

本书属于智能电梯方面的著作，由智能控制与智能电梯控制技术、智能电梯的电力拖动控制系统研究、智能电梯的电气控制系统创新设计、智能电梯群控与远程监控系统设计、智能电梯应急处置关键技术研究、电梯能耗分析与节能策略、智能电梯控制系统创新设计案例七部分组成，对智能电梯展开全方位研究和分析，从而为从事电梯、系统控制等方面的研究者与从业人员提供帮助。

目 录

第一章 智能控制与
智能电梯控制技术

第一节 智能控制基本理论

智能控制是在人工智能、信息论、运筹学、控制论、神经心理学、哲学等多学科基础上发展起来的新兴的交叉学科。它是传统产业技术改造、研制新型产品，特别是智能化产品急需的技术，是提高劳动生产率的关键技术，也是一种新型自动控制技术。

尽管智能控制这门学科建立的时间比较短，但它的发展势头非常强劲，有着非常广泛的应用前景。从智能控制的发展过程看，智能控制的产生和发展反映了自动控制乃至整个科学技术的发展趋势，智能控制是自动化发展道路上一个新的里程碑，这是自动化历史发展的必然规律。

一、智能控制的产生

随着控制理论及其相关应用领域的变革，控制对象日趋复杂化，控制目标日趋精准化。传统的数学工具与分析方法逐渐显得力不从心。大量的事实证明，传统的控制理论与方法无法解决被控对象复杂、控制环境多变且控制任务繁重的控制系统存在的问题。究其原因，主要包括如下几个方面。

（1）传统的控制理论是建立在精确的数学模型之上的。在建立精确数学模型的过程中，对模型往往进行了一定的简化，导致了某些信息的丢失。在高新科技的推动下，很多复杂系统已经无法使用数学语言来设计和分析，必须用工程技术语言来描述，故而寻求新的描述方法成为一种必然选择。

（2）在应对控制对象的复杂性以及不确定性方面，现代控制理论虽然也具备一定的能力，但其能力十分有限。例如，自适应控制适合系统参数在一定范围内的慢变化情况，鲁棒控制区域是很有限的。然而，对于实际的工业过程控制，其数学模型往往具有十分显著的不确定性，被控制对象也往往具有非常严重的非线性，同时系统的工作点往往存在剧烈的变化。利用自适应和鲁棒控制处理这些复杂的控制问题时，往往存在难以弥补的缺陷，故而寻求新的控制技术和方法也成为人们的必然选择。

（3）现代复杂系统往往集视觉、听觉、触觉、接近觉等为一体，即将周围环境的图形、文字、声音等信息作为直接输入，并将这些信息融合，进而完成分析和推理。这就要求现代控制系统必须适应周围环境和条件的变化，并且相应地做出合适的判断、决策以及行动。面对这些新要求，传统控制理论和方法基本无能为力，必须采用具有自适应、自学习和自组织功能的新型控制系统，故而研究、开发新一代的控制理论和技术是唯一的途径。

（4）人们在改造大自然的过程中认识到人类具有很强的学习和适应周围环境的能力。人类的直觉和经验具有十分强大的能动性，大量的事实表明，利用人类的直觉和经验往往可以很好地操作一些复杂的系统，并且得到比较理想的结果。基于此，控制科学家研究并发展了一种仿人智能控制论，智能控制正是由此而萌芽的。当然，仅通过模仿人类的直觉和经验完成对复杂系统控制的方法具有一定的局限性，要想对更多、更复杂的系统进行控制，智能控制还必须具备模拟人类思维和方法的能力。通过上述关于智能控制产生背景的讨论可知，智能控制主要是人们为更好地解决对复杂控制系统的控制问题而研究并发展起来的，它可以被视为自动控制的"升级版"。图1-1为控制科学的发展过程框架图。

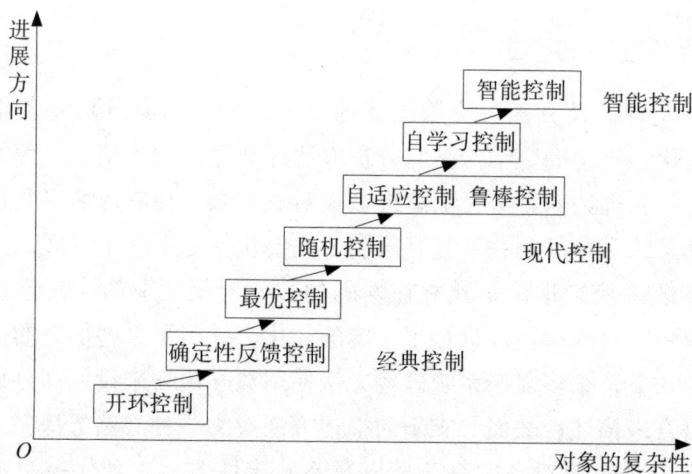

图 1-1　控制科学的发展过程

像智能的定义一样，智能控制也可以用不同的观点做出多种定义。

定性地说，智能控制系统应具有仿人的功能（学习、推理）；能适应不断变化的环境；能处理多种信息以减少不确定性；能以安全和可靠的方式进行规划、产生和执行控制的动作，获取系统总体上最优或次优的性能指标。

相应地，从系统一般行为特性出发阿不思（Albus）提出，智能控制是有知识的"行为舵手"，它把知识和反馈结合起来，形成了感知—交互式、以目标为导向的控制系统。该系统可以进行规划，产生有效的、有目的的行为，在不确定的环境中达到既定的目标。

从认知过程看，智能控制是一种计算上有效的过程，它在非完整的指标下，通过最基本的操作，即归纳、集注和组合搜索，把表达不完善、不确定的复杂系统引向规定的目标。对于人造智能机器而言，往往强调机器信息的加工和处理，强调语言方法、数学方法和多种算法的结合。因此，可以定义智能控制为认知科学的研究成果和多种数学编程控制技术的结合。它把施加于系统的各种算法和数学与语言方法融为一体。

二、智能控制的研究内容

智能控制一方面是模拟人类的专家控制经验进行控制，另一方面是模拟人类的学习能力进行控制。因此，智能控制主要有专家控制、模糊控制、神经网络控制、集成智能控制和混合智能控制等。进一步研究智能控制中的被控制对象的基本特征可以发现，智能控制的基本研究内容主要包括以下几点。

（1）深入研究感知、判断、推理、决策等人类思维活动的内在机理，即对人类自身的认知世界展开探索。

（2）进一步完善智能控制系统的基本结构，并对其进行合理分类，尽可能地从多个层次上寻求智能控制系统的结构模型以及与其相关的学习、自适应、自组织等功能的数学描述。

（3）智能控制所面对的复杂系统往往是由机理模型和实验数据所建立的动态系统，具有极强的不确定性，因此智能控制必须具备一套行之有效的技术或方法，对这类系统进行辨识、建模和控制。

（4）实时专家控制系统的技术方法。

（5）对于智能控制系统而言，其结构与稳定性是十分重要的，故而必须研究建立一套有效的系统结构分析方法与系统稳定性分析方法。

（6）在智能控制系统中，模糊逻辑、神经网络和软计算具有十分重要的地位，必须在这些方面展开系统性的研究。

（7）集成智能控制的理论与方法。

（8）基于多 Agent 的智能控制方法。

（9）发展智能控制的根本目的在于应用，必须针对其应用领域展开研究，尤其是在工业过程和机器人等方面。

三、智能控制系统的典型结构

智能控制系统的典型结构如图 1-2 所示。

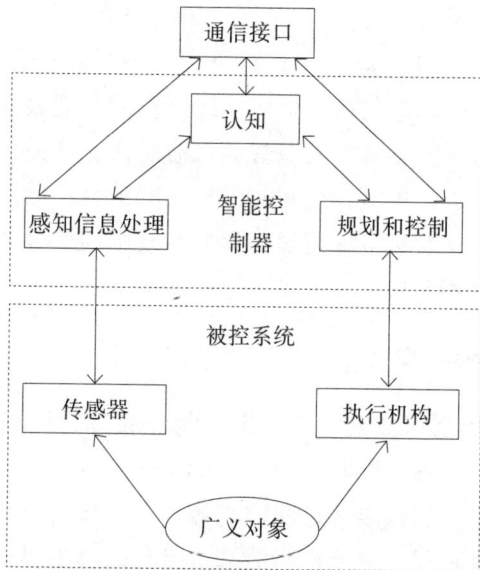

图 1-2　智能控制系统的典型结构

在该系统中，广义对象包括通常意义下的控制对象和对象所处的外部环境。比如，对于机器人系统来说，机器人手臂、被操作物体及其所处环境统称为广义对象。传感器则包括关节位置的传感器、力传感器、触觉传感器、视觉传感器、听觉传感器等，感知信息处理将传感器得到的原始信息加以处理。比如，视觉信息要经过很复杂的处理才能获得有用信息。认知部分主要接收和存储知识、经验与数据，并对它们进行分析、推理，做出行动的决策，送至规划和控制部分。通信接口除建立人—机的联系外，也会建立系统中各模块之间的联系。"规划和控制"是整个系统的核心，它根据给定的任务要求、反馈的信息及经验知识，进行自动搜索、推理决策、动作规划，最终产生具体的控制作用，经执行机构作用于被控对象。要注意的是，对于不同用途的智能控制系统，以上部分的形式和功能可能存在较大的差异。

四、智能控制系统的特点及功能

（一）特点

智能控制系统是实现复杂控制任务的一种智能系统，与传统的控制系统相比有以下几个特点。

（1）智能控制系统一般具有以知识表示的非数学广义模型和以数学模型（含计算智能模型与算法）表示的混合控制过程，它适用于含有复杂性、不完全性、模糊性、不确定性及不存在已知算法的过程，并以知识进行推理，以启发策略和智能算法来引导求解过程。因此，在研究和设计智能控制系统时，注意力不仅要放在对数学公式的表达、计算和处理上，还要放在对任务和世界模型的描述、符号和环境的识别以及知识库和推理机的设计开发上。也就是说，智能控制系统的设计重点不在常规控制器上，而在智能机模型上。

（2）智能控制系统具有分层信息处理和决策机构。它实际上是对人和神经结构或专家决策机构的一种模仿。在复杂的大系统中，通常采用任务分块、控制分散方式。智能控制核心在最高层，它对环境或过程进行组织、决策和规划，实现广义求解。要实现此任务需要采用符号信息处理、启发式程序设计、仿生计算、知识表示及自动推理和决策的相关技术。问题的求解过程与人的思维过程或生物的智能行为具有一定的相似性，即具有不同程度的"智能"。当然，低层控制也是智能控制系统必不可缺少的组成部分。它一般采用常规控制。

（3）智能控制系统具有非线性。这是因为人的思维具有非线性，作为模仿人的思维进行决策的智能控制也具有非线性特点。

（4）智能控制系统具有变结构特点。在控制过程中，根据当前的偏差及偏差的变化率的大小和方向，在调整参数得不到满足时，以跃变方式改变控制系统的结构，以改善系统性能。

（5）智能控制系统具有总体自寻优特点。由于智能控制系统具有在线特征辨识、特征记忆和拟人特点，在整个控制过程中计算机在线获取信息和实时处理并给出控制决策，通过不断地优化参数和寻找控制系统的最佳结构形式，以获取整体最优控制性能。

（6）智能控制是一门新兴的边缘交叉学科。它需要更多学科配合与支援，同时要求智能控制工程师是一个知识工程师，以使智能控制系统有更大的发展。

（7）智能控制系统是一个新兴研究领域，无论在理论还是实际应用上，都还不成熟、不完善，需要进一步探索和开发。

（二）功能

1.学习功能

智能控制系统具有对一个未知环境提供的信息进行识别、记忆和学习，并利用积累的经验进一步改善自身性能的功能，即在经历某种变化之后，变化后的系统性能优于变化前的系统性能，这种功能类似人的学习功能。智能控制系统的学习功能可能有高有低，低层次的学习功能主要包括对控制对象参数的学习，高层次的学习则包括知识的更新和遗忘。

2.适应功能

智能控制系统具有适应被控对象动力学特性变化、环境变化和运行条件变化的能力。这种智能行为实质上是一种从输入到输出之间的映射关系，可看成不依赖模型的自适应估计，因此智能控制系统具有很好的适应性能。它比传统的自适应控制系统的自适应功能具有更广泛的意义。除此之外，它还具有容错性和鲁棒性，即对各种故障具有自诊断、屏蔽和自恢复的功能以及环境干扰和不确定性因素的不敏感功能。

3.组织功能

智能控制系统对复杂任务和分散的传感信息具有自组织和协调功能。智能控制器可以在任务要求范围内自行决策，主动采取行动。当出现多目标冲突时，在一定的限制下，控制器有权自行裁决。

除以上功能外，智能控制系统还应具有相当的在线实时响应能力和友好的人机界面，以保证人机互助和人机协同工作。

第二节　电梯概述

一、电梯的发展史

电梯的发展大体上可分为五个阶段。

第一个阶段：13 世纪前的绞车阶段。很久之前，人们就使用一些原始的升降工具运送人和货物。公元前 1115 年至公元前 1079 年，我国劳动人民发明了辘轳。它采用卷筒的回转运动完成升降动作，因而增加了提升物品的高度。公元前236年，希腊数学家阿基米德（Archimedes）设计制作了由绞车和滑轮组构成的起重装置。这些升降工具的驱动力一般是人力或畜力。

第二个阶段：19世纪前半叶的升降机阶段。19世纪初，欧美开始用蒸汽机作为升降工具的动力。1835年，英国出现了以蒸汽为动力的升降机。1845年，英国人汤姆逊（Thomson）研制出了以水为介质的液压驱动升降机。在这个时期，升降机以液压或气压为动力，安全性和可靠性还无保障，较少用于载人。

第三个阶段：19世纪后半叶的升降机阶段。1852年，美国工程师奥的斯（otis）在总结前人经验的基础上制成了世界第一台安全升降机。1857年，世界上第一台客运电梯问世，为不断升高的高楼提供了重要的垂直运输工具。

第四个阶段：1889年电梯出现之后的阶段。1889年12月，奥的斯公司研制出电力拖动的升降机——真正的电梯，安装在美国纽约市Demarest大楼中，运行速度为0.5 m/s。它以直流电动机为动力，通过蜗轮减速器带动卷筒上缠绕的绳索，悬挂并升降轿厢。此后，大量的电梯技术出现了，这一阶段一直持续到20世纪70年代中期。

第五个阶段：现代电梯阶段。这个阶段以计算机、群控和集成块为特征，配合超高层建筑的需要，向高速、双层轿厢、无机房等多方面的新技术方向迅猛发展，电梯系统成为楼宇自动化的一个重要子系统。

在拖动控制技术方面，电梯的发展经历了直流电动机拖动控制，交流单速电动机拖动控制，交流双速电动机拖动控制，直流有齿轮、无齿轮调速拖动控制，交流调压调速拖动控制，交流变压变频调速拖动控制，交流永磁同步电动机变频调速拖动控制等阶段。电梯拖动控制技术不断成熟，加上电子技术、计算机技术、自动控制技术在电梯中的广泛应用，使电梯在运行的可靠性、安全性、舒适感、平层精度、运行速度、节能降耗、减少噪声等方面都有了极大的改善。目前，电梯拖动控制系统使用最广泛、技术较为先进的是变压变频调速拖动控制系统，其最高运行速度可达到16 m/s。

19世纪末，直流电梯的出现使电梯的运行性能明显改善。20世纪初，开始出现交流感应电动机驱动的电梯，后来槽轮式（曳引式）驱动的电梯代替了鼓轮卷筒式驱动的电梯，为长行程和具有高度安全性的现代电梯奠定了基础。早期的交流电动机拖动系统受技术所限，不能灵活调速，仅在对调速性能要求不高的场合才采用单速或双速交流电动机拖动。

20世纪上半叶，直流调速系统在中、高速电梯中占有较大比例。1967年，晶闸管用于电梯驱动，出现了交流调压调速驱动控制的电梯。1983年，出现了变压变频控制的电梯。交流调压调速系统和交流变压变频调速系统使交流调速系统的性能得到明显改善，而交流感应电动机的结构简单、运行可靠、价格低，因此高性能的交流调速系统得到越来越广泛的应用，出现了可调速的交流电动机拖动取代直流电动机拖动的趋势。目前，除了少数大容量电梯仍然采用直流电动机拖动系统以外，几乎都采用交流电动机拖动系统。

1996 年，交流永磁同步无齿轮曳引机驱动的无机房电梯出现，电梯技术又一次被革新。由于曳引机和控制柜置于井道中，因此省去了独立机房，节约了建筑成本，增加了大楼的有效面积，提高了大楼建筑美学的设计自由度。这种电梯还具有节能、无油污染、免维护和安全性高等特点，目前已成为电梯技术发展的重要方向。

在操纵控制方式方面，电梯的发展经历了手柄开关操纵、按钮控制、信号控制、集选控制等过程，对于多台电梯，出现了并联控制、智能群控等。1892 年，美国奥的斯电梯公司开始采用按钮操纵装置，取代传统的轿厢内拉动绳索的操纵方式，为操纵方式现代化开了先河。1902 年，瑞士迅达电梯公司开发了自动按钮控制的乘客电梯；1915 年，制造出了微调节自动平层电梯。1924 年，奥的斯电梯公司在纽约新建的标准石油公司大楼安装了第一台信号控制的电梯，这是一种自动化程度较高的有司机电梯。1928 年，奥的斯电梯公司开发并安装了集选控制电梯。1946 年，奥的斯电梯公司设计了群控电梯。1949 年，首批群控电梯安装于纽约联合国大厦。

我国最早的一部电梯由美国奥的斯电梯公司于 1901 年在上海安装。100 多年来，中国电梯行业的发展经历了以下几个阶段。

第一个阶段：对进口电梯的销售、安装、维护保养阶段（1900—1949 年）。自第一部电梯在上海出现开始，1931 年，在上海开办了我国第一家从事电梯安装、维修业务的电梯工程企业；1935 年，在位于上海的南京路、西藏路交口的 9 层高的大新公司（今上海市第一百货商店）安装了我国最早使用的轮带式单人自动扶梯。在这一阶段，我国电梯拥有量仅约 1 100 台，全部是美国等西方国家制造的。

第二个阶段：独立自主地艰苦研制、生产阶段（1950—1979 年）。在这一阶段，我国先后在上海、天津、沈阳、西安、北京、广州建立了 8 家电梯制造厂，并先后成立了有关的科研机构，在有关院校开办相关的专业培养技术人才，独立自主地制造各类电梯产品，如交流货梯、客梯，直流快速、高速客梯等。国产的电梯产品装备了人民大会堂、北京饭店等场所。从 20 世纪 60 年代开始，批量生产自动扶梯和自动人行道，装备了首都机场（自动人行道）、北京地铁（自动扶梯）等标志性建筑。

第三个阶段：建立三资企业，行业快速发展阶段（自1980年至今）。1980年7月4日，中国建筑机械总公司、瑞士迅达股份有限公司、香港怡和迅达（远东）股份有限公司三方合资组建中国迅达电梯有限公司。中国电梯行业相继掀起了引进外资的热潮，国外先进的电梯技术、电梯制造工艺与设备、先进的科学管理使我国的电梯制造业迅速成长为集研发、生产、销售、安装、服务于一体的高新科技产业。

据中国电梯协会统计，2011年全国电梯产销量约45.7万台（含扶梯4.5万台），较2010年增长约23%。截至2011年底，我国电梯保有量达到201.06万台，在电梯产量、电梯保有量、电梯增长率方面均为世界第一。随着科学技术的不断进步，中国人一定能够生产出更快、更安全、更舒适的电梯产品。

100多年来，电梯的材质由黑白到彩色，样式由直式到斜式，在操纵控制方面更是步步出新，出现了手柄开关操纵、按钮控制、信号控制、集选控制、人机对话等，多台电梯还出现了并联控制、智能群控，双层轿厢电梯展示出节省井道空间、提升运输能力的优势，变速式自动人行道扶梯的出现大大节省了行人的时间，不同外形——扇形、三角形、半菱形、半圆形、整圆形的观光电梯则使身处其中的乘客的视线不再封闭。如今，世界各国的电梯公司还在不断地进行电梯新品的研发工作，调频门控、智能远程监控、主机节能、控制柜低噪声耐用、复合钢带环保……款款集合了人类在机械、电子、光学等领域最新科研成果的新型电梯竞相问世，冷冰冰的建筑因此散射出人性的光辉，人们的生活因此变得更加美好。

二、电梯的种类

在《电梯、自动扶梯、自动人行道术语》（GB/T 7024—2008）中电梯的定义为"服务于建筑物内若干特定的楼层，其轿厢运行在至少两列垂直于水平面或与铅垂线倾斜角小于15°的刚性导轨运动的永久运输设备"。习惯上不论其驱动方式如何，人们都将电梯作为建筑物内垂直交通运输工具的总称。

电梯作为一种通用垂直运输机械，被广泛用于不同的场合，其控制、拖动、驱动方式多种多样，因此电梯的分类方法也有下列几种。

（一）按用途分类

（1）乘客电梯：为运送乘客而设计，外观一般较佳，或有不同装饰，主要用于宾馆、饭店、办公大楼及高层住宅，必须有十分可靠的安全装置。

（2）载货电梯：主要为运送货物而设计，机门较宽阔，轿厢有效面积和载重量较大，可以有人随乘，要求有必备的安全保护装置，应用在工厂厂房和仓库中。

（3）客货电梯：用于运送乘客，也可运送货物。与乘客电梯的区别主要在于轿厢内部的装饰结构和使用场合有所不同。

（4）住宅电梯：供住宅楼使用，主要运送乘客，也可运送家用物件或其他生活物件。

（5）病床电梯：为医院设计的运送病床（包括病人）、医疗器械和救护设备的电梯。轿厢窄而深，行机及开关门尽量快速，有较高运行稳定性，并有紧急召唤匙孔及后备电源，专职司机操纵，应用在医院和医疗中心中。

（6）杂物电梯：供图书馆、办公楼、饭店等运送图书、文件、食品等物品。轿厢的有效面积和载重量均较小，不允许人员进入。

（7）汽车电梯：用于多层、高层立体停车库中的各种客车、货车、轿车的垂直运输。轿厢面积大，载重量大，机内按钮多设于旁边，接近车辆司机位。

（8）观光电梯：观光侧轿厢壁透明，装饰豪华，运行于大厅中央或高层大楼的外墙上，供游客、乘客观光使用。

（9）自动扶梯：指安装在两个楼层之间，在一定方向上以较慢的速度运行的梯级连续运送乘客的倾斜式运输设备，倾斜角不大于35°，分为普通型和公共交通型，多用于机场、车站、商场、多功能大厦中，是具有一定装饰性的代步运输工具。

（10）自动人行道：安装在地面的水平或倾斜方向上的连续客运设备，倾角不大于12°，用于大型车站、机场等处，属于自动扶梯的变形。

（11）特种电梯：应用在一些有特殊要求场合的电梯，包括消防电梯、防爆电梯、防腐电梯、船用电梯、矿井电梯以及用于维护高层楼宇的吊篮设备等。

（二）按速度分类

概括而言，电梯速度没有标准的定义，但大致可划分低速、中速、高速、超高速。

（1）低速电梯：额定速度在 1 m/s 以下，常用于低于 10 层的建筑物内。

（2）中速电梯：额定速度在 1 ~ 2 m/s，常用于 10 层以上的建筑物内。

（3）高速电梯：额定速度大于 2 m/s，常用于 16 层以上的建筑物内。

（4）超高速电梯：额定速度超过 5 m/s，常用于楼高超过 100 m 的建筑物内。

（三）按拖动方式分类

（1）直流电梯：用直流电动机驱动的电梯，梯速一般在 2 m/s 以上，提升高度不大于 120 m。

（2）交流电梯：用交流电动机驱动的电梯。具体分为如下几种：①交流单速电梯。用单速交流电动机驱动，速度不大于 0.5 m/s，如用于杂物电梯。②交流双速电梯。用双速（变极对数）交流电动机驱动，速度不大于 1 m/s，提升高度不大于 35 m。③交流调速电梯。交流电动机配有调压调速装置，速度不大于 2 m/s，提升高度不大于 50 m。④交流变压变频调速电梯。电动机配有变压变频调速装置，一般为快速或高速电梯，速度大于 2 m/s，提升高度不大于 120 m。

（3）液压电梯：依靠液压传动升降，具有对井道结构强度要求低、井道利用率高、提升载荷大、运行平稳、安全可靠、机房布置灵活等特点，用于提升高度低于 30 m、速度低于 1 m/s 的电梯，特别适合一些旧楼增设电梯的场合。液压电梯在欧美的使用量很大，但能耗高、泵站噪声大（浸油式泵站可以降低噪声）、运行状态易受油温影响、需处理油管安全与泄漏问题。

（4）齿轮齿条电梯：导轨加工成齿条，轿厢装上与齿条啮合的齿轮，由电动机带动齿轮旋转完成轿厢的升降运动。

（5）螺杆式电梯：由螺杆（矩形螺纹）与大螺母（带有推力轴承）组成，电动机经减速机（或传动带）带动大螺母旋转，使螺杆顶升轿厢上升或下降。

（6）直线电动机驱动电梯：以直线电动机作为动力源，是目前具有最新驱动方式的电梯。

（四）按操纵控制方式分类

（1）手柄开关操纵电梯：电梯司机在轿厢内控制操纵盘手柄开关，实现电梯起动、上升、下降、平层、停止的运行状态。

（2）按钮控制电梯：一种简单的自动控制电梯，具有自动平层功能，常见的有轿外按钮控制、轿内按钮控制两种控制方式。

（3）信号控制电梯：一种自动控制程度较高的有司机电梯，除具有自动平层、自动开门功能外，还具有轿厢命令登记、层站召唤登记、自动停层、顺向截停和自动换向等功能。

（4）集选控制电梯：一种在信号控制基础上发展起来的全自动控制的电梯，与信号控制的主要区别在于能实现无司机操纵。

（5）并联控制电梯：2～3台电梯的控制电路并联起来进行逻辑控制，共用层站外召唤按钮，电梯本身具有集选功能。

（6）群控电梯：用计算机控制和统一调度多台集中并列的电梯。群控有梯群程序控制、梯群智能控制等形式。

（五）按电梯有无司机分类

（1）有司机电梯：电梯的运行方式由专职司机操纵完成。

（2）无司机电梯：乘客进入电梯轿厢，按下操纵盘上所要去的层楼按钮，电梯自动运行到达目的层楼，这类电梯一般具有集选功能。

（3）有/无司机电梯：这类电梯可变换控制电路，平时由乘客操纵，如遇客流量大或必要时改由司机操纵。

（六）其他分类方式

（1）按机房位置分类：机房在井道顶部的（上机房）电梯、机房在井道底部旁侧的（下机房）电梯以及机房在井道内部的（无机房）电梯。

（2）按轿厢尺寸分类：经常使用"小型""超大型"等抽象词汇表示。此外，还有双层轿厢电梯等。

三、电梯的基本结构

电梯虽然品种繁多，但都是由以下各装置或部件组合而成的。

（1）拖动装置：包括由曳引电动机、电磁制动器、齿轮减速器（无齿轮曳引机无此装置）、曳引轮、底座等组成的曳引机及机架，减速垫，盘车手轮、松闸扳手等。

（2）悬挂装置：主要是指曳引绳及其绳头组合部件。对于曳引比为1∶1的电梯，曳引绳绕过曳引轮、经过导向轮后，两个分支通过绳头组合分别固定在轿厢顶部的横梁上和对重装置的顶端；对于曳引比为2∶1的电梯，曳引绳的两端分别经过导向轮或复绕轮及对重和轿厢上部的反绳轮后，通过绳头组合固定在机房承重梁上。

（3）容载装置（轿厢）：电梯直接用于载人或者装运货物的工作部件，由轿厢架、轿厢体及自动门机构、轿厢内操纵箱、照明灯、电风扇、称重装置、轿顶检修操作箱等组成。安全钳和导靴均装在轿厢两侧。

（4）重量平衡装置：包括对重平衡补偿装置，如补偿链或补偿绳等，与轿厢构成电梯的重量平衡系统。

（5）导向装置：由导轨架、导轨和导靴等部件组成。导轨通过导轨架固定在井道壁上，形成支撑轿厢和对重装置的定位基准及导向机构，导靴安装在轿厢和对重装置的两侧，通过导靴衬或滚轮与导轨工作面配合，在曳引机驱动下，经传动系统，使轿厢和对重装置沿着各自的导向装置上下运动。

（6）选层和平层装置：选层装置有多种形式，如机械选层器、电气选层器和微机选层器。其中，机械选层器主要安装在机房内，由选层器械架、定滑板、动滑板及链轮、链条、钢带轮、钢带等传动机构组成。平层装置通常采用由轿厢导轨上支架安装的隔磁板和装在轿厢顶上的两个或三个干簧管式感应器组成（采用两个干簧管式感应器即为上、下层感应器，采用三个则为中间多设置一个门区感应器，用于提前开门），也有的由轿厢导轨支架上安装的圆形永久磁铁和在轿厢顶的横梁上安装的双稳态磁性开关组成。

（7）厅门及召唤装置：包括厅门、厅门地坎、门套、召唤按钮箱及厅门楼层指示或数码显示器等。为防止人为从厅门外随意将厅门打开，电梯每一厅门均装有只能从井道内或使用专用钥匙从厅门外开启的门锁装置。

（8）安全装置：包括限速器、安全钳、缓冲器、终端限位保护装置、门联锁装置、安全触板、超载报警装置、过载短路及相序保护装置、主电路方向接触器联锁装置、接地保护系统、急停开关、报警装置或电话，以及安全窗、防护栏、护脚板等。

（9）电气控制装置：包括电源配电盘及主开关、控制柜、井道中间接线盒、随行电缆等。有的电梯还配有电源稳压装置、断电平层装置。机房常装有通风设备或空调设备。

从空间上划分，电梯可分为机房部分，井道、底坑部分，轿厢部分，层站部分。电梯的基本结构如图 1-3 所示。

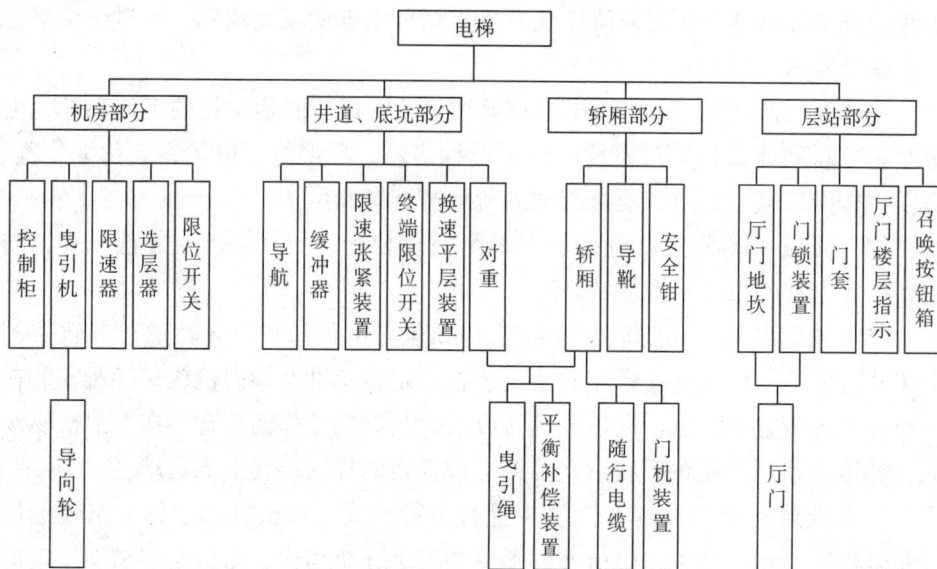

图 1-3　电梯的基本结构

第三节　智能电梯控制技术概述

一、智能建筑

　　智能电梯控制系统是智能建筑的重要组成部分。国际智能建筑研究机构对智能建筑的定义是，采取目前国际上先进的分布式信息与控制理论而设计的集散控制系统，运用计算机技术、控制技术、通信技术和图形图像显示技术，对建筑物的四个基本要素（结构、系统、服务和管理）及它们之间的内在联系进行分析，以最优化的设计，建立一个由计算机系统管理的一体化集成系统，提供一个投资合理而又拥有高效率的优雅舒适、便利快捷、高度安全的环境空间。日本智能建筑专家黑泽明对智能建筑的定义如下：智能建筑可自由、高效地利用最新发展的各种信息通信设备，是具有更自动化的高度综合性管理的建筑。

　　由于建筑设计中钢架结构技术的不断进步与完善，建筑物向着高层方向发展成为可能。主要标志是 1885 年建筑学家杰尼在建筑中采用了钢架结构技术。现代超高层建筑的设备越来越复杂，各种环境下的楼宇系统同时存在。在早期技术条件下，要操作和运行这些设备系统，只能采用大型仪表盘和操作盘，集中对各个重要设备的状态进行监视，并进行集中式操作。为使高层建筑物中纷繁复杂的系统有序运作，为人们提供最优的服务，同时使大楼设备具有合理的低成本运营模式，智能建筑便应运而生。从20世纪80年代起，由于计算机技术的发展和应用，建筑技术和信息技术相互渗透和结合，人们可以使所有设备的状态都显示在中央控制室内，并很容易地进行操作和管理，既节省了人力，又提高了效率。到了20世纪90年代，昂贵的现场控制器已被低成本并有较高处理能力的现场控制器取代，监控功能也逐渐由常规控制改为提供各种数据报表和专项的统计文件，即由集中监视下的集中控制扩大为集中监视、集中管理和分散式控制。

世界上第一幢智能建筑是在一幢旧的金融大厦的基础上，由美国联合技术公司（UTC）的一家子公司——联合技术建筑系统公司（UTBSC）于1984年1月在美国康涅狄格州的哈特福德改建，这是世界上第一次出现了智能建筑的概念。联合技术建筑系统公司承建了这幢共38层 1.1×10^5 m² 建筑的空调、电梯及防灾设备工程。其主要措施是将计算机与通信设施连接，以廉价地为大厦用户提供计算机和通信服务，并在大厦出租率、投资回收率和经济效益方面均取得成功。智能大厦的管理系统采用的是一个智能化的综合管理系统。这种具有高生产力、低劳动运营成本和高安全性的大厦管理系统称为智能建筑管理系统。

二、楼宇自动化中的电梯交通系统

由智能建筑基本内涵可知，通信自动化系统（CAS）、办公自动化系统（OAS）和楼宇自动化系统（BAS）是智能大厦的三大子系统。

先进的通信系统是以大楼数字专用交换机为中心，在楼内连接程控电话系统、电视会议系统、无线寻呼系统和多媒体声像服务系统，对外与广域网或城域网及卫星通信系统相连，实现大楼内外便捷的声像数字通信。这是智能大厦的中枢神经。

办公自动化系统是以计算机网络为支撑，由局域网连接的计算机网络系统。用户每人只用一台工作站或终端个人计算机，便可完成所有业务工作，通过计算机网络和电子数据交换技术，实现业务处理和文件传递的无纸化、自动化。通过数据库、专家系统、综合设计系统、电子出版系统、可视图文信息系统等实现信息、资源的共享，提高业务处理效率。

楼宇自动化系统是智能大厦正常运作的必要条件和重要组成部分，主要包括如下几个方面。

（1）环境能源管理系统。

（2）电力照明系统。该系统包括电力需求控制、功率因数改善控制、变压器台数控制、发动机负荷控制、停电复电控制、昼光利用照明控制、点灭调光照明控制。

（3）空调卫生系统。该系统包括新风取入控制、新风供冷控制、冷热源机器台数控制、二氧化碳浓度控制、冷热负荷预测控制、预冷预热运行最优化控制、太阳能集热控制等。

（4）输送系统。该系统包括电梯群控及远程监控管理、自动扶梯管理、停车场自动管理、自动搬运机器管理、自动计量仪器管理。

（5）保安管理系统。

（6）防灾系统。该系统包括火灾联运控制，排烟控制，引导灯控制，非常时间对应控制，停电时间对应控制，防漏电、防煤气泄漏控制。

（7）防盗系统。该系统包括入退楼管理、入退室管理、各种传感器警报管理、时间表控制、闭路电视管理、自动防盗设备管理。

（8）数据系统。该系统包括存取控制、IC卡管理、指纹管理、声纹管理、暗号指令管理、空间传送。

（9）物业管理系统。

（10）计量系统。该系统包括能源计量、租金管理、运行操作数据编集和分析评价、系统异常诊断、节能诊断、报警信息记录编集。

（11）维护保养系统。该系统包括机器维持时间表管理、机器劣化诊断、故障预知诊断、数据生成、自动清扫机管理、设备更新管理。

通过对楼宇自动化系统的管理与协调，将整幢建筑的空调机组、给排水设备（水泵）、制冷机、冷却塔、换热器、水箱、照明回路、配电设备、电梯等机电设备进行信号采集和控制，实现大厦设备管理系统自动化，起到改善系统运行品质、提高管理水平、降低运行管理劳动强度、节省运行能耗的作用。

作为楼宇自动化系统的重要子系统之一，电梯群控系统是智能大厦垂直交通运输的重要支持系统。当前，现代建筑智能化向传统的电梯控制与配置方法提出了挑战。只有依靠有效的垂直运输系统，才能够为现代高层智能建筑提供超值的服务质量和数量。服务的质量即减少乘客的候梯时间，将乘客的候梯烦躁感降到最小，增加舒适度，减少电梯的行程时间，提高系统的运行效率；服务的数量即通过提高群控配置技术优化电梯的乘载率。对高层及超高层智能建筑电梯交通系统的设计研究表明，高效大型的超高层建筑的电梯交通系统设计的关键是各个区域的乘客进出电梯的分区服务和一个区域楼层顶部的彼此衔接服务。

1986年，我国才开始对电梯配置理论和电梯的系统特性进行研究，主要是针对电梯系统的统计特性进行研究，1990年开始对电梯系统的动态特性进行研究。随着智能建筑技术的发展与普及，电梯业作为建筑业中的重要产业，显得越来越重要。

三、智能控制电梯工程系统技术

随着电梯技术的不断进步和中外合资企业的发展，各大企业普遍重视电梯新技术的应用和自主开发能力的提高。在完成了世界一流水平的现代化工厂建设之后，各企业纷纷着手建设高水准的研发中心。随着计算机技术和电力电子技术的广泛应用，变频变压调速和串行通信技术已全面普及，永磁同步拖动技术的应用在日益扩大，使我国电梯的技术水平和产品质量从整体上进入了世界先进行列。同时，电梯企业的销售维保网络已基本形成，售后服务条件大为改善，为电梯的安全运行和企业的持续发展奠定了基础。另外，配套件企业的生产规模继续扩大，一批优秀的电梯配套件制造企业日趋壮大，专业化生产质量可靠、价格低廉，既支持了中、小型电梯企业的发展，又为大型电梯企业优化投资结构和降低成本创造了条件。

近年来，我国推出的智能控制电梯工程系统的新技术、新品种和新设备如下。

（1）Miconic 10智能型终点厅站登记系统。只要乘客按下呼梯按钮，乘客就知道该乘坐哪台电梯能最快到达目的楼层。

（2）"奥德赛"电梯系统。它把高层建筑中水平和垂直方向的运输结合起来，实现了高层建筑内高效快捷的运输。

（3）在电梯的驱动系统方面，VVVF控制技术已占据主导地位。几乎每个电梯厂都生产出了自己的VVVF电梯产品，有的还采用了先进的智能网络控制技术。

（4）无机房电梯在20世纪90年代中期开始步入市场。随着国内住宅建筑和公共设施的快速发展，通力公司推出了EcoDisc无机房电梯曳引机，迅达电梯公司推出了Schindler Mobile无机房电梯，三菱电梯公司的ELENESSA无机房电梯，奥的斯电梯公司的GeN2无机房电梯等均受到重视，并在市场上占有较大的份额。同时，市场上出现了各种形式的无机房电梯，有直线电机驱动的，有行星齿轮驱动的。GeN2无机房电梯打破了传统的钢丝绳曳引，改用钢带驱动，称为第二代电梯产品。无机房电梯有曳引驱动、液压驱动、螺母螺杆驱动、齿轮齿条驱动、皮带驱动及直线电机驱动等方式。

（5）曳引机虽然还是以传统的蜗轮蜗杆式传动为主，但是斜齿轮和行星齿轮传动的曳引机由于效率高、体积小、承载能力大，备受用户的青睐。特别是永磁同步无齿轮曳引机，可以说是一项技术革命，驱动系统从此去掉了减速增力的减速器。

（6）远程监控系统成为售后服务的重要手段。这标志着21世纪中国的电梯企业将由生产主导型向服务主导型转变。

（7）超高速电梯的速度仍在提高。通力公司推出的 ALTA 电梯的速度为17 m/s；三菱电梯公司推出的超高速电梯的速度为18 m/s；东芝电梯公司推出的超高速电梯的速度为16.83 m/s，并开发出了所应用的专利部件，采用了当今最先进的计算机和电子技术。

（8）现代电梯产品采用了最先进的计算机设计方法、最新的材料、最新的制造工艺和最先进的控制技术。

（9）自动扶梯和自动人行道采用了 VVVF 控制和智能化的节能控制系统。超高度的自动扶梯和室外的全天候自动扶梯、无齿轮驱动的无机房电梯、小机房电梯、超高速电梯及间距可调的双层轿厢电梯更是涉及多学科新技术和新材料的高新技术产品，这些已成为许多电梯厂商的主要发展方向。

（10）电梯热点产品和部件有无机房电梯、小机房电梯、别墅电梯、新型自动扶梯、无齿轮曳引机、电梯上行超速保护装置、目的层站系统、新颖操纵盘及按钮、多彩液晶显示器、家居智能化系统、变频门机、光幕、远程监控系统、微机控制柜以及杂物电梯、编码器、称量装置、IC 卡电梯系统等。

四、电梯交通配置理论

（一）电梯交通配置

电梯交通配置是指用控制理论完善电梯交通系统整体分析数学模型，用系统工程中有向图概念研究其流程顺序，用计算机辅助设计完成计算和实施，用多目标最优化方法完成电梯最优配置，用模糊规则和专家系统研究电梯群控系统。电梯交通配置的发展趋势如下：从统计特性过渡到动态特性；以专家系统和神经网络等人工智能技术为基础，使用计算机的电梯群控系统和电梯交通配置。

（二）电梯交通统计特性

电梯交通的统计特性是指用统计学方法研究电梯交通的统计规律。例如，作为系统输出分量的 5 min 载客率、电梯台数、平均间隙时间、平均行程时间及加速距离等都是描述电梯交通统计特性的参数。

电梯交通统计特性理论是电梯交通配置的基本理论，以"电梯交通系统整体分析数学模型与变量关系图"为基本框架，使用电梯交通分析方法，以"计算电梯运行周期对建筑物服务层数"的关系式为中心，从而实现电梯交通配置设计。

（三）电梯交通动态特性

电梯交通动态特性是指用模糊逻辑、专家系统和神经网络等人工智能技术描述其模糊性、非线性及不确定性等特性，并完成电梯交通最优配置。研究电梯交通动态特性主要是研究电梯群控系统的设计、配置、运行和管理，提高输送效率。虽然在 20 世纪三四十年代就出现和使用了电梯群控系统，但那时的电梯群控系统基本未使用计算机，属于继电器顺序控制群控系统和集成电路群控系统。在 20 世纪 70 年代中期以后，计算机的应用使人们可以利用各种人工智能技术研究电梯交通系统的动态特性。在这一阶段，日本的青木仁等人把人工智能技术（主要是模糊逻辑、专家系统）引入电梯群控系统，建立了专家系统知识库和模糊规则。1990 年，棚桥彻等人研制出带有模糊控制的人工智能电梯群控系统 ELEX 系列，其平均候梯时间比常规系统减少了 15% ～ 20%。1992 年，神经网络技术开始应用在电梯群控专利中。1994 年，马康等人将神经网络技术引入电梯群控系统中。接着，日本东芝公司开发出使用神经网络的电梯群控装置 EJ-1000FN，以适应各种建筑物的交通条件变化，这表明带有神经网络的电梯群控系统已进入实用化阶段。

第二章 智能电梯的电力拖动控制系统研究

第一节 电梯的电力拖动系统与速度曲线

一、电力拖动系统的功能

电梯中主要有两个运动：一是轿厢的升降运动，轿厢的运动由曳引电动机产生动力，经曳引传动系统进行减速、改变运动形式（将旋转运动变为直线运动）来实现驱动，其功率在几千瓦到几十千瓦之间，是电梯的主驱动；二是轿门及厅门的开关运动，它由开门电动机产生动力，经开门机构进行减速、改变运动形式来实现驱动，其驱动功率较小（通常在 200 W 以下），是电梯的辅助驱动。开门机一般安装在轿门上部，驱动轿门的开与关，同时轿门带动厅门实现同步开关。

电梯的电力拖动系统应具有以下功能。

（1）有足够的驱动力和制动力，能够驱动轿厢、轿门及厅门完成必要的运动和可靠的静止。

（2）在运动中有正确的速度控制，有良好的舒适性和平层准确度。

（3）动作灵活、反应迅速，在特殊情况下能够迅速制停。

（4）系统工作效率高，节省能量。

（5）运行平稳、安静，噪声小于国家标准的要求。

（6）对周围电磁环境无超标的污染。

（7）动作可靠，维修量小，寿命长。

二、电力拖动系统的种类

根据电动机和调速控制方式的不同，常见的电力拖动系统有直流调速拖动系统、变极调速拖动系统、调压调速拖动系统和变压变频调速拖动系统4种。

（一）直流调速拖动系统

自19世纪末美国奥的斯电梯公司制造出世界上第一台电梯到20世纪50年代，电梯几乎都是由直流电动机拖动的。直流电梯拖动系统具有调速范围宽，可连续平稳调速，控制方便、灵活、快捷、准确等优点，但它具有体积大、结构复杂、价格昂贵、维护困难和能耗大等缺点。目前，直流电梯的应用已经很少，只在一些对调速性能要求极高的特殊场所使用。

（二）变极调速拖动系统

由电机学原理可知，三相异步电动机转速与定子绕组的磁极对数、电动机的转差率及电源频率有关，只要调节定子绕组的磁极对数就可以改变电动机的转速。电梯用的交流电动机有单速、双速及三速之分。变极调速具有结构简单、价格较低等优点；缺点是磁极只能成倍变化，其转速也成倍变化，级差特别大，无法实现平稳运行，加上该电动机的效率低，只限于在货梯上使用，现已趋于淘汰。

（三）调压调速拖动系统

交流异步电动机的转速与定子所加电压成正比，改变定子电压可实现变压调速。常用反并联晶闸管或双向晶闸管组成变压电路，通过改变晶闸管的导通角来改变输出电压的有效值，从而改变转速。变压调速具有结构简单、效率较高、电梯运行较平稳舒适等优点。但当电压较低时，最大转矩锐减，低速运行可靠性差，且电压不能高于额定电压，这就限制了调速范围；供电电源含有高次谐波，加大了电动机的损耗和电磁噪声，降低了功率因数。

（四）变压变频调速拖动系统

交流异步电动机转速与电源频率成正比，连续均匀地改变供电电源的频率就可平滑地调节电动机的转速，但也改变了电动机的最大转矩。由于电梯为恒转矩负载，为实现恒定转矩调速，获得最佳的电梯舒适感，变频调速时必须同时按比例改变电动机的供电电压，即变压变频（VVVF）调速，其调速性能远优于前两种交流拖动系统，可以和直流拖动系统相媲美，是目前电梯工业中应用最多的拖动方式。

三、电梯的速度曲线

（一）对电梯的快速性要求

电梯作为一种交通工具，提高其速度以节省时间，这对处于快节奏的现代社会是很重要的。快速性主要的实现途径有以下几种。

（1）提高电梯的额定速度，缩短运行时间，实现为乘客节省时间的目的。额定梯速 1 m/s 以下的电梯为低速电梯；额定梯速 1 ~ 2 m/s 的电梯为中快速电梯；额定梯速在 2 ~ 4 m/s 电梯为高速电梯；额定梯速在 4 m/s 以上的电梯为超高速电梯。

（2）集中布置多台电梯，通过增加电梯台数来节省乘客候梯时间。这不是直接提高梯速，但同样能为乘客节省时间。当然，不能无限制增加电梯台数，通常在乘客高峰期间，使乘客的平均候梯时间低于 30 s 即可。

（3）尽可能减少电梯启、停过程中的加、减速时间。电梯运行中频繁启、制动，其加、减速所用时间往往占运行时间的很大比重。

如果缩短加、减速阶段所用时间，便可节省乘梯时间，实现快速性。因此，电梯在启、制动阶段不能太慢，以提高效率，节省乘客的宝贵时间。交、直流快速电梯平均加、减速度不小于 0.5 m/s² ；直流高速电梯平均加、减速度不小于 0.7 m/s²。

综上所述，前两种措施都需增加设备投资，第三种措施通常不需增加设备投资，因此在电梯设计时，应尽量减少启、制动时间。但启、制动时间缩短意味着加、减速度的增大，而加、减速度的过度增大将造成乘客的不适感，因此电梯又要兼顾舒适性。

（二）对电梯的舒适性要求

1. 对加速度的要求

电梯加速上升或减速下降时，加速度导致的惯性力叠加到重力之上，使人产生超重感，各器官承受更大的重力；在加速下降或减速上升时，加速度产生的惯性力抵消了部分重力，使人产生上浮感，感到内脏不适，头晕目眩。考虑到人体生理上对加、减速度的承受能力，要求电梯的启、制动应平稳、迅速，加、减速度最大值不大于 1.5 m/s²。

2. 对加速度变化率的要求

实验证明，人体对加速度敏感，对加速度变化率也很敏感。用 a 表示加速度，用 ρ 表示加速度变化率，则当加速度变化率 ρ 较大时，人的大脑感到晕眩、痛苦，其影响比加速度 a 的影响还严重。加速度变化率被称为生理系数，一般限制 ρ 不超过 1.3 m/s³。

（三）对电梯的速度曲线要求

当轿厢静止或匀速升降时，其加速度、加速度变化率均为零，乘客没有不适感；轿厢由静止启动到以额定速度匀速运动的加速过程中，或由匀速运动状态制动到静止状态的减速过程中，就需既考虑快速性的要求，又要兼顾舒适性的要求。即电梯加减速时，既不能过猛，又不能过慢：过猛时，快速性变好，舒适性变差；过慢时，舒适性变好，快速性却变差。因此，要求轿厢按照下文的速度曲线运行，科学、合理地处理快速性与舒适性的矛盾。

1. 三角形和梯形速度曲线

电梯运行距离为 S，电梯以加速度 a_m 启动加速。当匀加速到最大运行速度 v'_m 时，再以 a_m 匀减速运行，直到零速停靠，即以三角形速度曲线运行，如图 2-1 所示。与其他形状速度曲线比，三角形速度曲线运行效率最高。电梯还按下述方式运行，就是仍以加速度 a_m 启动加速。当运行到时间 t_1 时，最大速度达到 $v_m = a_m t_1$，再以 v_m 速度匀速运行到时间 t_2，然后以匀减速度 a_m 运行直至零速停靠，即以梯形速度曲线运行，如图 2-1 所示。设此时电梯运行距离仍为 S，如果最大速度 v_m 减小，一般来讲，总的运行时间 T 将要增加。但可以证明，在加速度 a_m 和运行距离 S 一定的前提下，当梯形速度曲线的最大速度 v_m 取为三角形速度曲线最大速度 v'_m 的 $\frac{1}{2}$ 时，以梯形曲线运行的时间 T 即为三角形曲线运行时间 T' 的 1.25 倍，如果 $\frac{v_m}{v'_m}$ 再增加，$\frac{T}{T'}$ 的变化已不太明显，表明此时两种运行曲线的运行效率很接近。若按 $\frac{v_m}{v'_m} = \frac{1}{2}$ 的梯形速度曲线运行，由于其运行速度较低，所需要的设备功率可明显减少。

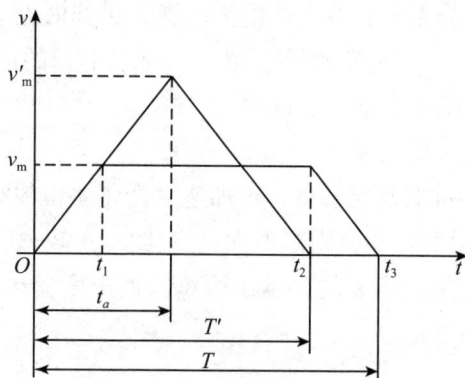

图 2-1 三角形和梯形速度曲线

2. 抛物线—直线形速度给定曲线

梯形速度曲线的运行效率较高，但其加速度由零突变到某一个值，其变化率为无穷大。这样不仅对电梯结构造成过大的冲击，还使乘坐舒适感变差。因此，梯形速度曲线不能被用作电梯的理想速度给定曲线，它只是形成电梯理想速度给定曲线的重要基础。理想速度曲线通常是抛物线—直线形速度曲线，如图 2-2 所示。

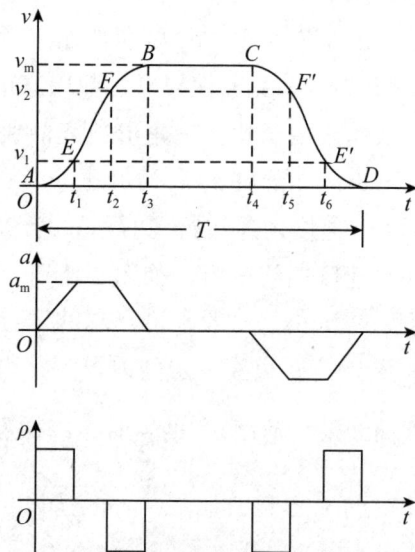

图 2-2 抛物线—直线形速度曲线

AEFB 段是由静止启动到匀速运行的加速段速度曲线，AE 段是一条抛物线，即开始启动到时间 t_1 为变加速抛物线运行段，加速度 a 由零开始线性地上升，当进入 t_1 时加速度达到最大值 a_m；EF 段是一条在 E 点与抛物线 AE 相切的直线段，进入匀加速线性运行段；FB 段则是一条反抛物线，到时间 t_2 的速度变化开始减小，它与 AE 段抛物线以 EF 段直线的中点相对称；BC 段是匀速运行段，即直到 t_3 时，开始进入匀速运行段，其梯速为额定梯速；CF'E'D 段是由匀速运行制动到静止的减速段速度曲线，通常是一条与启动段 AEFB 对称的曲线。

设计电梯的速度曲线主要就是设计启动加速段 AEFB 段曲线，CF'E'D 段曲线与 AEFB 段镜像对称，很容易由 AEFB 段的数据推出；BC 段为恒速段，其速度为额定速度，无须计算。

3. 曲线参数计算

启动加速段 AEFB 中各段的速度曲线、加速度曲线、加速度变化率曲线的函数表达式如下。

（1）AE 段速度曲线：$v = kt^2$，这是一条抛物线段。

加速度曲线：$a = \dfrac{dv}{dt} = 2kt$，这是一条斜线段。

加速度变化率曲线：$\rho = \dfrac{da}{dt} = 2k$，这是一条水平的直线。

（2）EF 段速度曲线：$v = v_E + a v_E(t - t_E)$，这是一条斜率为 a_E 的直线段。

加速度曲线：$a = \dfrac{dv}{dt} = a_E$，这是一条水平的直线段。

加速度变化率曲线：$a = \dfrac{dv}{dt} = 2k(t_B - t)$，这是一条下斜的斜线段。

加速度变化率曲线：$\rho = \dfrac{da}{dt} = -2k$，这是一条水平的直线。

梯速较高的调速电梯的速度曲线由于额定速度较高，在单层运行时，梯速尚未加速到额定速度便要减速停车了，这时的速度曲线没有恒速运行段。高速电梯中，在运行距离较短（如单层、双层、三层等）的情况下，都有尚未达到额定速度就要减速停车的问题，因此这种电梯的速度曲线中有单层运行、双层运行、三层运行等多种速度曲线，其控制规律也更复杂。

第二节　电梯电力拖动系统的动力学知识

电梯在垂直升降运行过程中的运行区间较短，经常要频繁地进行启动和制动，处于过渡过程运行状态。因此，曳引电动机的工作方式属于断续周期性工作制。此外，电梯的负载经常在空载与满载之间随机变化。考虑到乘坐电梯的舒适性，需要限制最大运行加速度和加速度变化率。总之，电梯的运行对电力拖动系统提出了特殊要求。

自 19 世纪直流电动机拖动和交流电动机拖动问世，直至 20 世纪前半叶，凡是对调速性能要求较高的电梯都采用直流电动机拖动。仅在对调速性能要求不高的场合，才采用单速或双速交流电动机拖动。

一、运动方程式

设有一电动机带动负载的单轴拖动系统。电动机的电磁转矩 T_e 是驱动转矩，其正方向与转速 n 正方向相同；负载转矩 T_L 是阻转矩，其正方向与 n 正方向相反。根据旋转定律可写出该系统的运动方程式：

$$T_e - T_L = J \frac{\mathrm{d}\mathit{\Omega}}{\mathrm{d}t} \tag{2-1}$$

式中：J 为转动惯量，$\mathrm{kg \cdot m^2}$；$\mathit{\Omega}$ 为电动机轴旋转角速度，$\mathrm{rad/s^2}$；$\frac{\mathrm{d}\mathit{\Omega}}{\mathrm{d}t}$ 为旋转角加速度，$\mathrm{rad/s^2}$。

显然，当 $T_e \neq T_L$ 时，必然产生动态转矩 $J \frac{\mathrm{d}\mathit{\Omega}}{\mathrm{d}t}$，运动系统做加速或减速运行。

在电力拖动工程中，习惯采用飞轮惯量（也称为飞轮矩）GD^2 分析和进行计算，飞轮矩 GD^2 与转动惯量 J 有如下关系

$$GD^2 = 4\mathrm{g}J \tag{2-2}$$

式中：g 为重力加速度，其值一般为 9.80 m/s²；G 为旋转体的重力，N；D 为旋转体的惯性直径，m。

式（2-1）可改写为

$$T_e - T_L = \frac{GD^2}{375}\frac{dn}{dt} \qquad (2-3)$$

式中：T_L 为系统的总静阻力矩；GD^2 为系统的总飞轮矩。

当 $T_e > T_L$ 时，由式（2-3）可知，$\dfrac{dn}{dt} > 0$，驱动力矩超过系统静阻力矩的部分，用来克服系统的动态转矩，使系统处于加速运动状态。

当 $T_e < T_L$ 时，$\dfrac{dn}{dt} < 0$，则使系统处于减速运动状态。

以上两种情况，系统均处于过渡过程之中，该运行状态称为动态。

当 $T_e = T_L$ 时，$\dfrac{dn}{dt} = 0$，即转速 n 不变化，系统或以恒速运行，或处于静止状态，称为稳态。

电梯的平移运动系统由轿厢和对重组成，对于采用蜗轮蜗杆传动的中、低速电梯，电动机轴与蜗杆同轴，蜗轮与曳引轮同轴，构成了运动系统中的多轴旋转系统。由于各轴的转速不同，所以电动机轴上的静阻力矩和当量飞轮矩就必须通过折算得到。

二、静阻力矩

电梯的轿厢和对重构成垂直运动的位能性负载，其合力 F_1（忽略曳引钢绳补偿链和移动电缆的影响）就是位能性负载阻力，如图 2-3 所示。

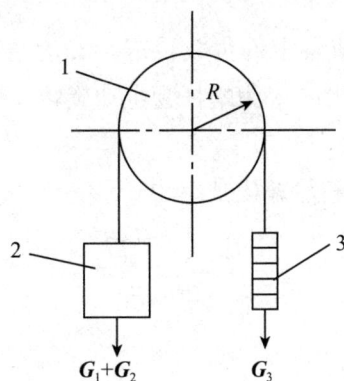

1—曳引轮；2—轿厢；3—对重。

图 2-3 阻力计算示意

轿厢和对重在上、下运动时，各自的导靴与导轨之间存在摩擦。因此，当轿厢上升时，负载静阻力为

$$F_{lu} = (1+f_1)(G_1+G_2) - (1-f_2)G_3 \qquad (2-4)$$

当轿厢下降时，负载静阻力为

$$F_{ld} = (1+f_2)G_3 - (1-f_1)(G_1+G_2) \qquad (2-5)$$

式中：G_1 为轿厢自重，N；G_2 为轿厢载重，N；G_3 为对重重量，$G_3 = G_1 + KG_{2nom}$，N；f_1 为轿厢导靴与导轨的摩擦阻力系数；G_{2nom} 为轿厢额定载重量，N；K 为电梯平衡系数，一般 $K=0.4 \sim 0.55$。

忽略导向轮的摩擦阻力影响。

若曳引轮半径为 R，当轿厢上升时，则曳引轮轴上的静阻力矩为

$$T'_{lu} = F_{lu}R = \left[(1+f_1)(G_1+G_2) - (1-f_2)G_3 \right]R \qquad (2-6)$$

轿厢下降时，曳引轮轴上的静阻力矩为

$$T'_{ld} = F_{ld}R = \left[(1+f_2)G_3 - (1-f_1)(G_1+G_2) \right]R \qquad (2-7)$$

当蜗杆为主动旋转而蜗轮为从动旋转时，按照能量守恒定律，此时电动机轴的输出功率应等于曳引轮的输出功率与蜗轮蜗杆的传动损耗之和。在轿厢满载上升时，电动机轴输出功率为

$$T_{lu}\Omega = \frac{T'_{lu}\Omega'}{\eta_1} \qquad (2-8)$$

则 $T_{lu} = \dfrac{T'_{lu}\Omega'}{\eta_1\Omega} = \dfrac{T'_{lu}}{i\eta_1}$。

式中：T_{lu} 为折算到电动机轴上的负载转矩；Ω 为电动机轴角速度；Ω' 为曳引轮角速度；i 为传动速比；η_1 为蜗杆为主动旋转、蜗轮为从动旋转时，蜗轮蜗杆的总传动效率。

在轿厢空载下降时，电动机轴输出功率为

$$T_{ld}\Omega = \frac{T'_{ld}\Omega'}{\eta_1} \qquad (2-9)$$

则 $T_{ld} = \dfrac{T'_{ld}\Omega'}{\eta_1\Omega} = \dfrac{T'_{ld}}{i\eta_1}$。

转矩经过折算之后，系统就可等效为电动机与负载的同轴系统了。由式（2-6）和式（2-7）可知，折算力矩 T_{lu} 和 T_{ld} 此时均为正值，即均为阻力矩，电动机工作在电动状态，同时负担传动损耗，如图 2-4(a) 和图 2-4(b) 所示。

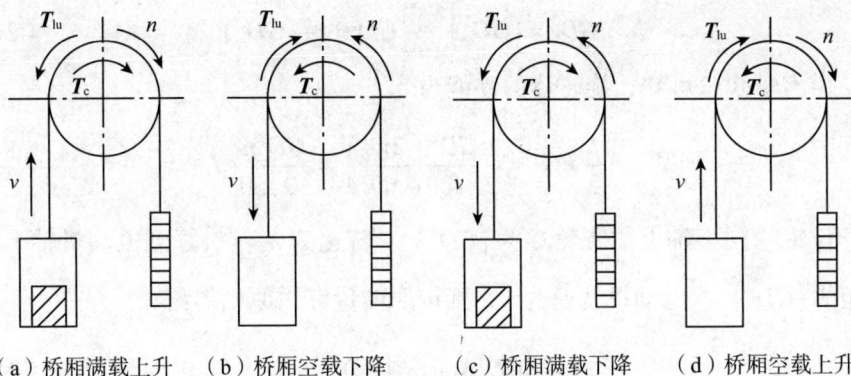

（a）桥厢满载上升　（b）桥厢空载下降　　（c）桥厢满载下降　　（d）桥厢空载上升

图 2-4　电动机与负载的同轴系统

当减速机构的蜗轮为主动旋转、蜗杆为从动旋转时，同样按所传递功率相等原则，可求出在轿厢空载上升和满载下降情况下的电动机轴上的静阻力矩分别为

$$T_{lu} = \frac{T_{lu}^{'}}{i} \eta_2 \tag{2-10}$$

$$T_{ld} = \frac{T_{ld}^{'}}{i} \eta_2 \tag{2-11}$$

式中：η_2 为蜗轮为主动旋转、蜗杆为从动旋转时蜗轮蜗杆的总传动效率。

根据式（2-6）和式（2-7）可知，此时折算力矩 T_{lu} 和 T_{ld} 的值均为负值，表明负载阻力矩为驱动力矩。由于位能性负载的作用，曳引电动机处于发电制动状态，由位能性负载负担传动损耗，如图 2-4（c）和图 2-4（d）所示。

在无齿传动电梯中，由于电动机与曳引轮同轴，所以无须进行转矩折算，曳引轮上的静阻力矩就是电动机轴上的静阻力矩。

三、动态转矩

由基本运动方程式（2-3）可知，在曳引电动机轴上的动态力矩 $\Delta T_e = T_e - T_L$ 为一定数值时，转速的变化率 $\frac{dn}{dt}$ 的大小与电动机轴上总的飞轮矩 GD^2 有关。因此，应该先明确 GD^2 由哪些因素决定。

事实上，电动机轴总飞轮矩 GD^2 为电动机同一轴上的飞轮矩 $(GD^2)_M$。

同一轴上的飞轮矩和电梯垂直平移运动部分分别按储存动能相同的原则折算到电动机轴上的飞轮距为 $(GD^2)_R$、$(GD^2)_L$ 之和，即

$$GD^2 = \left(GD^2\right)_M + \left(GD^2\right)_R + \left(GD^2\right)_L \qquad （2-12）$$

由力学知识可知，旋转体的动能为

$$\frac{1}{2}J\Omega^2 = \frac{1}{2}\frac{GD^2}{4g}\left(\frac{2\pi n}{60}\right)^2 = \frac{GD^2 n^2}{7150}J \qquad （2-13）$$

设蜗轮同一轴上的飞轮矩为 $\left(GD^2\right)_g$，转速为 n_g，折算到电动机轴上的飞轮矩为 $\left(GD^2\right)_R$，电动机转速为 n，则按照能量守恒原则得出

$$\left(GD^2\right)_R n^2 = \left(GD^2\right)_g n_g^2 \qquad （2-14）$$

由此得到

$$\left(GD^2\right)_R = \left(GD^2\right)_g \frac{n_g^2}{n^2} = \frac{\left(GD^2\right)_g}{i^2} \qquad （2-15）$$

由式（2-15）可知，飞轮矩按速度平方的反比来折算，且与传动效率无关。

设轿厢和对重总的重量为 $G_L = m_L g(N)$，运动速度为 $v_L(m/s)$，则其动能为

$$\frac{1}{2}m_L v_L^2 = \frac{1}{2}\frac{G_L}{g}v_L^2$$

该平移部分折算到电动机轴上的飞轮矩为 $\left(GD^2\right)_L$，则根据能量守恒原则按式（2-13）可求出

$$\frac{1}{2}\frac{G_L}{g}v_L^2 = \frac{\left(GD^2\right)_L n^2}{7150} \qquad （2-16）$$

该平移部分折算到电动机轴上的飞轮矩为 $\left(GD^2\right)_L$，则根据能量守恒原则，按式（2-13）可求出

$$GD^2 = \left(GD^2\right)_M + \left(GD^2\right)_R + \left(GD^2\right)_L = \left(GD^2\right)_M + \frac{\left(GD^2\right)_R}{i^2} + 365\frac{G_L v_L^2}{n^2} \qquad （2-17）$$

由于轿厢的实际载重量 G_2 是随机变化的，所以平移部分的总重量 G_L 也随之改变，其他各量在产品设计和安装时均已被确定下来。因此，由式（2-17）可知，电梯轿厢实际载重量的变化影响系统总飞轮矩 GD^2 的大小。

当动态转矩 $\dfrac{GD^2}{375}\dfrac{dn}{dt} \neq 0$ 时，电梯必然做加、减速运行。根据国家标准的相关规定，轿厢运行的最大加速度应不大于 $1.5\ m/s^2$；考虑电梯的运行效率，

平均加速度不应小于规定值。设轿厢运行速度为 v_{m}，启动过程加速时间为 t_{a}，则平均加速度为

$$a_{\mathrm{au}} = \frac{v_{\mathrm{m}}}{t_{\mathrm{a}}} \tag{2-18}$$

显然，恰当地确定系统的飞轮矩是非常重要的。因此，需要研究加速度与动态转矩和飞轮矩的关系。

令曳引轮直径为 D_{g}，转速为 n_{g}，电动机转速为 n，则轿厢运行速度 v 可表示为

$$v = \frac{\pi D_{\mathrm{g}} n_{\mathrm{g}}}{60} = \frac{\pi D_{\mathrm{g}} n}{60i} \tag{2-19}$$

可求得

$$n = \frac{60iv}{\pi D_B}$$

$$\frac{\mathrm{d}n}{\mathrm{d}t} = \frac{60i}{\pi D_{\mathrm{g}}} \frac{\mathrm{d}v}{\mathrm{d}t} = \frac{60ia}{\pi D_{\mathrm{g}}}$$

代入式（2-3），得

$$T_{\mathrm{e}} - T_{\mathrm{L}} = \frac{GD^2}{375} \frac{\mathrm{d}n}{\mathrm{d}t} = \frac{GD^2}{375} \frac{60ia}{\pi D_{\mathrm{g}}} \tag{2-20}$$

由此，可求得加速度 a 为

$$a = \frac{375 \pi D_{\mathrm{g}}}{60iD\boldsymbol{G}^2} (T_{\mathrm{e}} - T_{\mathrm{L}}) = \frac{2gD_{\mathrm{g}}}{GD^2 i} (T_{\mathrm{e}} - T_{\mathrm{L}}) \tag{2-21}$$

由式（2-21）可知，当一定载重量的电梯在运行时，除了电动机的电磁转矩 T_{e} 以外，其他各量均为常数。因此，控制电动机的转矩 T_{e} 就可控制加速度的大小。

另外，当根据电梯运行状态按国家标准对加速度的最大值 $a_{\max}$ 和最小值 $a_{\min}$ 做了规定之后，则轿厢在启动加速满载上行和空载下行时，根据式（2-21）可知，系统总飞轮矩 GD^2 应为

$$GD^2 \rightleftharpoons \frac{2gD_{\mathrm{g}}}{a_{\min}i} (T_{\mathrm{e}} - T_{\mathrm{L}}) \tag{2-22}$$

在式（2-22）中，加速度 $a_{\min}$ 是在一定距离内由零速开始加速时所规定的最小加速度。

当启动加速满载下行和空载上行时，电梯的加速作用力矩（$T_e + T_L$）不能大于由最大加速度 a_{max} 与 GD^2 所确定的动态力矩，此时 GD^2 应满足

$$GD^2 \rightleftharpoons \frac{2gD_g}{a_{max}i}(T_e + T_L) \qquad （2\text{-}23）$$

当制动减速满载上行和空载下行时，电梯的制动作用力矩 $(T_B + T_L)$ 不能大于由 a_{max} 与 GD^2 所确定的动态力矩，此时 GD^2 应满足：

$$GD^2 \rightleftharpoons \frac{2gD_B}{a_{max}i}(T_B + T_L) \qquad （2\text{-}24）$$

当制动减速满载下行和空载上行时，GD^2 应满足这里的加速度 a_{min} 是在一定距离内由高速减到低速时所规定的最小加速度。

式（2-21）～式（2-24）具体描述了系统总飞轮矩、加速度和动态力矩之间的关系。当电梯运行加速度已规定且动态力矩已明确时，就可在以上四个关系式所确定的范围内对总飞轮矩 GD^2 做出合理设计。

第三节　普通交流电梯拖动系统技术与设计

一、交流单速电梯

电梯采用单速电动机，只有一种速度，为保证电梯具有一定的平层准确度，要求电梯停车前的速度很低，即停车前的速度就是其正常运行的速度，单速电梯的速度一般只能是 0.4 m/s 以下，常用的速度大多在 0.25～0.3 m/s。由于只有一种速度，单速电梯所用元件很少，造价低，使用简单，维修方便。由于不能变速，只能用于运行性能要求不高、载重量小和提升高度不大的小型载货电梯或杂物电梯上，现已很少使用。

二、交流双速电梯

交流双速电梯的主回路如图 2-5 所示，图中 LJ 为降压启动电抗器，用于将启动电流限制在额定电流的 2.5～3 倍以内；SK 和 XK 分别为上、下行接触器触点；KK 和 MK 分别为快、慢速运行接触器触点；LZ 是制动限流电抗器；R 是制动电阻器；1K 为加速接触器触点；2K 和 3K 分别是第一级和第二级减速接触器触点。

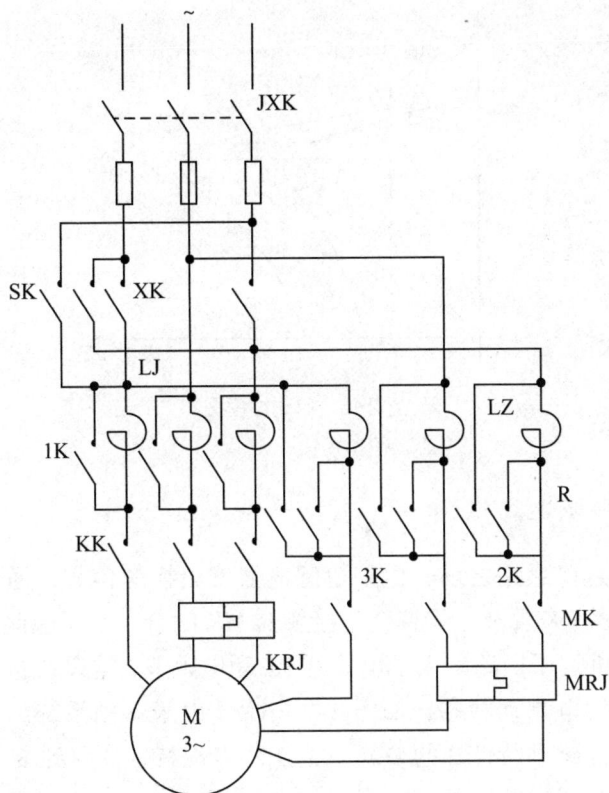

图 2-5　交流双速电梯拖动系统

（一）启动过程

当 SK 或 XK 以及 KK 闭合时，电动机在定子回路串电抗器 LJ 情况下启动，此时电动机工作在图 2-6 所示的人为特性 2 上。由于启动转矩 T_A 大于负载转矩 T_L，所以电动机转速由 A 点沿曲线 2 上升。随转速 n 上升，动态转矩 $T_d = T_e - T_L$ 增大，加速度也随之增大，当转速 $n = n_m$ 时，电动机转矩达到最大值 T_B。此后，随转速 n 上升，转矩有所下降。当电梯启动延时 2 ～ 3 s 之后，动态工作点移到 C 点，此时控制电路以控制加速接触器 1K 闭合，将启动电抗器 LJ 短路，电机就工作在自然特曲线 1 上。如果忽略电动机定子回路的过渡过程，则由于机械惯性，动态工作点由 C 跳到 C' 点，再沿特性曲线 1 加速到 Q 点，此时动态转矩为零，电动机便以额定转速 n_{nom} 稳速运行。

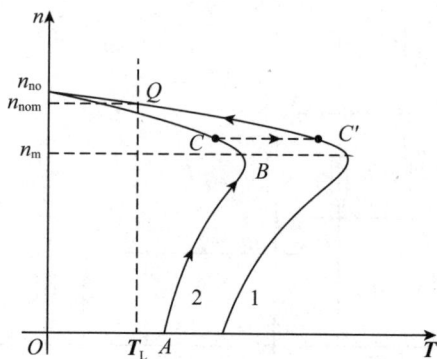

图 2-6　启动过程图

（二）制动减速过程

当电梯到达停靠站之前，由井道感应器发出换速信号，通过控制电路使快速绕组接触器 KK 释放，慢速绕组接触器 MK 闭合。为了限制制动电流的冲击，此时电动机定子回路串入了电抗器 LZ 和电阻 R。电动机进入机械特性第Ⅱ象限，处于发电制动状态，如图 2-7 所示。由于运动系统的惯性，工作点由特性 1 的 Q 点跳到特性 3 的 D 点。当工作点沿特性 3 移到 B' 点时，制动转矩最大。之后，制动转矩减小。当工作点到达 E 点时，为提高制动效率，按时间原则，先使接触器 2K 闭合，将电阻 R 短路，动态工作点随之移到人为特性 4 上的 E' 点，使制动转矩发生跳变；当工作点移到 F 点时，继而使接触器 3K 闭合，将限流阻抗全部短路，工作点便跳到特性曲线 5 上的 F 点，电动机便沿特性曲线 5 继续减速运行。这一阶段一直将高速时积蓄的能量回馈给电网。直到越过低速时的同步转速 F' 以后，工作点稳定在 Q' 点。这一阶段经历 2 ～ 4 s。于是，在运行速度曲线上出现了低速爬行段，如图 2-8 所示。在 Q' 点稳速运行 2 ～ 3 s 之后，便断电抱闸停梯，实现了低速平层。

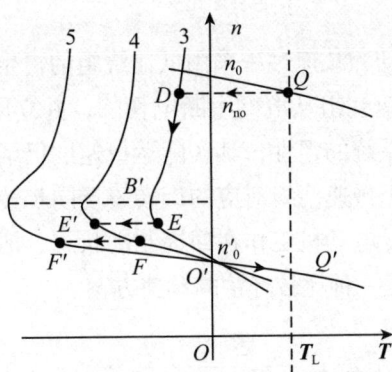

图 2-7　电机制动过程

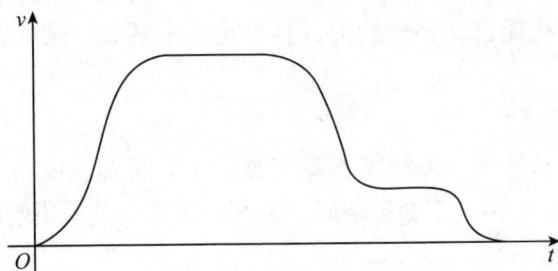

图 2-8　双速运行曲线

（三）交流双速电梯拖动系统的特点

交流双速电梯具有两种速度，在启动与稳定运行时具有较高的速度以提高电梯的输送能力，以较低速度的平层保证了平层准确度。交流双速电梯具有以下主要特点。

1. 变极调速

交流双速电梯拖动系统是通过改变电动机的极对数对电梯进行调速的。交流双速电动机有两组极对数不同的绕组，极对数一般为 4：1 的关系，极对数小的作为快速绕组，极对数大的作为慢速绕组。电梯在启动和满速运行时，接通快速绕组。慢速绕组工作在电梯制动减速、爬行、检修慢行和停车运行阶段，当电梯运行到换速点后，用慢速绕组代替快速绕组，电梯进入制动减速过程，直至平层停车。双速电梯的运行效率和性能与单速电梯相比，得到大幅度提高。

2. 回馈制动

交流双速电梯的制动和减速过程采用低速绕组的再生发电制动原理。当电梯减速至换速点时，把快速绕组从电网中断电切除，并立即把慢速绕组接入电网，此时由于电梯机械传动系统的惯性，其实际运行速度仍维持在原快速状态时的转速，即实际转速大大高于慢速绕组对应的旋转磁场同步转速，从而在慢速绕组中产生再生发电制动减速，电动机工作在回馈制动状态，把高速运行时积蓄的能量回馈给电网。因此，这是一种比较经济的调速方案。

3. 开环控制

交流双速电梯拖动系统是一种开环自动控制系统，其主回路和控制回路中间环节较少，元器件也较少。控制线路和控制过程比较简单，可靠性较高，成本较低。但由于没有速度负反馈控制，电梯运行精度和平层的准确度都不高，对外界的干扰无自动补偿能力，整个运行曲线也不够理想，乘坐舒适感较差。

4. 工作电压

交流双速电梯的调速系统工作在完整的工频正弦波电压下，不会产生高次谐波，不会污染电网，不会影响同一电网中工作的其他用电设备，也不会干扰附近的通信设备。

5. 舒适感差

电梯的乘坐舒适感是电梯的主要运行特性之一，由电梯的加速度和加速度变化率决定，加速度和加速度变化率又由电磁转矩的变化率决定。在交流双速电梯拖动系统中，变极调速和串入电抗器及电阻调速时，都会造成电磁转矩的突变。

因此，交流双速电梯拖动系统运行性能良好，驱动系统及其相应的控制系统又不太复杂，经济性较好，但调速性能较差，速度只能在 1 m/s 以下，主要应用于提升高度不超过 43 m 的低挡乘客电梯、服务电梯、载货电梯、医用电梯和居民住宅电梯中，或用于要求不高的车站、码头等公共场所。当前，电器控制的交流双速电梯已不再生产，特别是电器控制的低速交流双速电梯将被淘汰。但变极调速电梯有一些较为突出的优点，若采用现代控制技术，增加人为特性曲线的条数，以减少电磁转矩的变化幅度和跳变，在启动和制动过程中就能够实现动态工作点的平滑过渡，改善乘坐舒适感和平层准确度。因此，对于一般性应用场合，变极调速电梯也具有较好的技术经济性能。

三、交流多速电梯

交流多速电梯中，三相交流异步电动机的定子绕组内具有三个不同极对数的绕组。目前，国内主要有 6/8/24 极和 6/4/18 极两种形式的极对数之比。交流多速电动机（6/8/24）比一般交流双速电动机（6/24）多了一个 8 极的绕组，这一绕组主要作为电梯制动减速时的附加制动绕组，相当于交流双速电梯制动时为减少制动电流所附加的电阻或电抗器，使电梯在制动开始的瞬间具有较好的舒适感，从而减少了制动减速时的控制元器件。上海房屋设备工程公司的交流快速电梯就是采用的这种调速方式。极对数之比为 6/4/18 极的交流三速电动机中，6 极绕组为启动绕组，4 极绕组为正常运行绕组，18 极绕组为制动减速和平层停车绕组。有些新型交流双速客梯就是采用这种调速方式。

第四节　交流调压调速电梯拖动系统技术与设计

一、单相交流调压电路工作原理

（一）由两个晶闸管反并联构成单相交流调压器

交流调压电路的负载如果是交流感应电动机，则为电阻—电感性负载，负载阻抗角 $\varphi = \arctan \dfrac{\omega L}{R}$，当晶闸管控制角 α 一定时，φ 角越大，则电流滞后越大，晶闸管关断的延迟角就越大，即其导电角 θ 越大。所以，θ 对调压电路的工作有很大影响。单相调压电路 R–L 负载时的工作波形如图 2–9 所示。

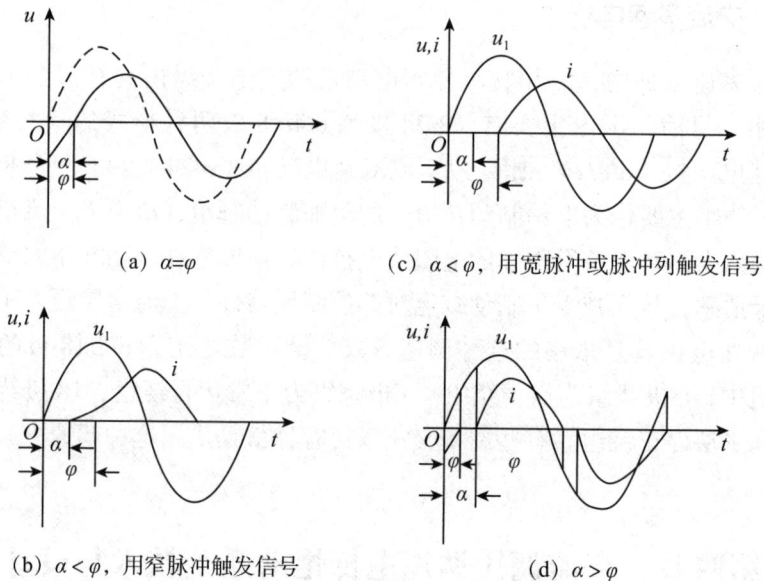

图 2-9　R-L 负载单相调压电路工作波形

当 $\alpha = \varphi$ 时，工作波形如图 2-9（a）所示。在电源电压 u_1 正半周，以控制角 α 触发晶闸管 VT_1，便出现负载电流 i。当电压 u_1 过零进入负半周时，电流 i 要滞后 φ 角才过零，恰在此时又以控制角 α 触发晶闸管 VT_2，于是在负载中便出现电流 i 的负半周，即负载电流 i 是连续的，负载得到正弦波全电压。因此，晶闸管在这种情况下不起调压作用。

当 $\alpha < \varphi$ 时，工作波形如图 2-9（b）所示，在电源电压 u_1 正半周，以控制角 α 触发晶闸管 VT_1，此时开始出现负载电流 i。在电源电压 u_1 进入负半周之后再以 α 触发 VT_2，由于阻抗角 φ 较大，负载电流仍为正值，所以 VT_1 还没有关断，VT_2 因承受反向电压而不会导通。

当 VT_1 的电流在滞后角之后过零使其关断时，VT_2 的触发脉冲已消失，VT_2 仍不会导通。于是，只有 VT_1 一个晶闸管在工作，负载上出现正、负不对称的电流波形。这样，不对称电流的直流分量会形成感性负载很大的直流过电流，对感性负载的工作极为不利，这是不允许的，所以必须避免。为此，可以采用宽脉冲或脉冲列触发晶闸管，如图 2-9（c）所示。这时在控制角 α 之后的一段时间均有触发信号作用，于是在晶闸管 VT_1 的电流过零后，VT_2 即可被触发导通。负载得到如图 $\alpha = \varphi$ 时一样的电流连续波形和完整的正弦电压波形，即负载电压也不能调整。

当 $\alpha > \varphi$ 时，工作波形如图 2-9（d）所示。在电源电压 u_1 正半周，以控制角 α 触发晶闸管 VT_1，此时开始出现电流 i。在电压 u_1 过零进入负半周时，电流 i 滞后 φ 角过零，使 VT_1 关断。在电源电压 u_1 负半周，再以 α 角触发晶闸管 VT_2，则负载中出现负半周电流 i。由此可见，当 $\alpha > \varphi$ 时，负载中的电流是断续的，导致负载电压也是断续的。因此，具有一定阻抗角 φ 的负载控制角 α 越大，晶闸管的导通角 θ 越小，就会使负载电压不连续的程度增加，即负载的电压就越低。于是，通过调整控制角 α 的大小就可调节负载电压。

综上所述，当交流调压电路带电感性负载时，为了使负载电压得到有效的调节，晶闸管的控制角 α 必须控制在 $\varphi \rightleftharpoons \alpha \rightleftharpoons 180°$ 范围之内。考虑到工作的可靠性，应采用宽脉冲或脉冲列触发方式。

（二）负载电流有效值

若在 $\omega t = 0$ 时，触发晶闸管 VT，则交流输入电压为

$$u_1 = \sqrt{2}U_1 \sin(\omega t + \alpha) \tag{2-25}$$

在 R–L 负载中开始出现负载电流 i。根据电路理论可知，电流 i 由强制分量 i_1 和自由分量 i_2 组成，即 $i = i_1 + i_2$。其中，i_1 为

$$i_1 = \frac{\sqrt{2}U_1}{Z} \sin(\omega t + \alpha - \varphi) \tag{2-26}$$

式中，$Z = \sqrt{R^2 + (\omega L)^2}$。

自由分量 i_2 为

$$i_2 = -\frac{\sqrt{2}U_1}{Z} \sin(\alpha - \varphi) \mathrm{e}^{-\frac{t}{T}} = -\frac{\sqrt{2}U_1}{Z} \sin(\alpha - \varphi) \mathrm{e}^{\frac{\omega x}{\tan\varphi}} \tag{2-27}$$

式中，$T = \dfrac{L}{R}$，自由分量衰减时间常数。

所以

$$i = i_1 + i_2 = \frac{\sqrt{2}U_1}{Z}\left[\sin(\omega t + \alpha - \varphi) - \sin(\alpha - \varphi)\mathrm{e}^{\frac{\omega t}{\tan\varphi}}\right] \tag{2-28}$$

因为是感性负载，所以电流必然在电压 u_1 过零进入负半周后才降为零，此时晶闸管 VT_1 过零自然关断，其导通角为 θ，在一定的控制角 α 时，阻抗角 φ 越大导电角 θ 也越大。当 $\omega t = 0$ 时，$i = 0$，根据式（2-28）有如下关系：

$$\sin(\theta + \alpha - \varphi) = \sin(\alpha - \varphi)e^{\frac{\theta}{\tan\varphi}} \tag{2-29}$$

式（2-29）是一个超越方程，表示 $\theta = f(\alpha, \varphi)$ 的关系。

根据式（2-29）绘制出曲线图，如图 2-10 所示。利用该曲线和给定的负载阻抗角 φ，可求得不同控制角 α 时的导电角 θ。由该曲线可知，在 $\alpha > \varphi$ 时，$0 \rightleftharpoons \theta < 180°$。

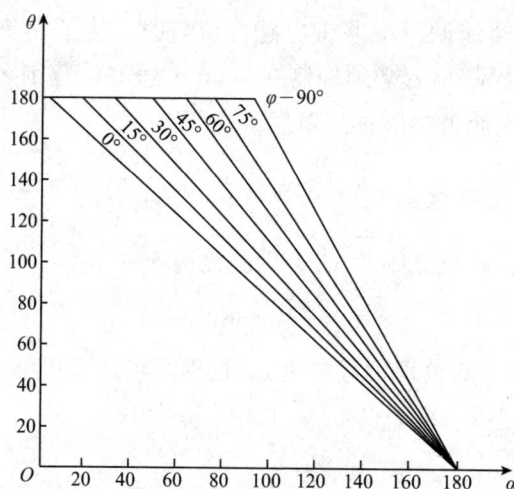

图 2-10 $\alpha > \varphi$ 时，$\theta = f(\alpha, \varphi)$ 曲线

流过单个晶闸管的电流有效值为

$$I_{TV} = \sqrt{\frac{1}{2\pi}\int_0^\theta i^2 \, \mathrm{d}(\omega t)} \tag{2-30}$$

代入式（2-29），可得

$$I_{TV} = \frac{\sqrt{2}U_1}{Z}\left\{\frac{1}{2\pi}\int_0^\theta\Big[\sin(\omega t + \alpha - \varphi) - \sin(\alpha - \varphi)e^{-\frac{\omega t}{\tan\varphi}}\Big]^2 \mathrm{d}(\omega t)\right\}^{\frac{1}{2}} = \sqrt{2}I_0 I_{TV}^* \tag{2-31}$$

式中：$I_0 = \dfrac{U_1}{Z}$，为 $\alpha = 0°$ 时输出电流有效值；$I_{TV}^* = \dfrac{I_{TV}}{\sqrt{2}I_0}$，为 $\{\cdots\}$ 内的量，是对应 α 值的实际电流有效值与以 $\alpha = 0$ 的电流有效值为基准的比值，称为晶闸管电流有效值的标幺值。

负载中电流有效值 I 为

$$I = \frac{\sqrt{2}U_1}{Z}\left\{\frac{2}{2\pi}\int_0^\theta\left[\sin(\omega t + \alpha - \varphi) - \sin(\alpha - \varphi)\mathrm{e}^{-\frac{\omega t}{\tan\varphi}}\right]^2 \mathrm{d}(\omega t)\right\}^{\frac{1}{2}} = \sqrt{2}I_0\sqrt{2}I_{TV}^* = 2I_0I_{TV}^*$$

（2-32）

可将式（2-31）中 I_{TV}^* 与 α，φ 的关系绘出曲线图，如图 2-11 所示。如果已知 α，φ 值，则由该曲线求出对应的 I_{TV}^*，将其代入式（2-32），便可求出负载电流有效值 I。

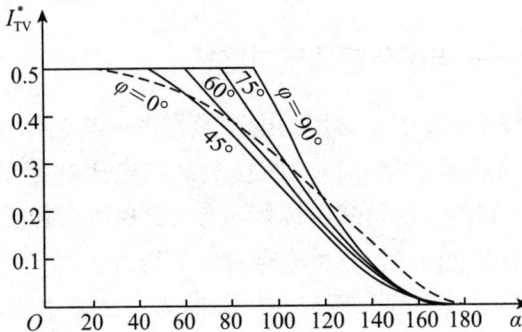

图 2-11　$\alpha > \varphi$ 时，I_{TV}^* 与 α，φ 的关系

选用晶闸管需用平均电流 I_{av}。其值为

$$I_{av} = \frac{1}{2\pi}\int_0^\theta i\,\mathrm{d}(\omega t)$$

$$= \frac{1}{2\pi}\int_0^0 \frac{\sqrt{2}U_1}{Z}\left[\sin(\omega t + \alpha - \varphi) - \sin(\alpha - \varphi)\mathrm{e}^{-\frac{at}{\tan\varphi}}\right]\mathrm{d}(\omega t)$$

$$= \frac{\sqrt{2}U_1}{Z}\left\{\frac{1}{2\pi}\int_0^\theta[\cdots]\mathrm{d}(\omega t)\right\} = \sqrt{2}I_0I_T^*$$

（2-33）

式中，标示值，即 $\{...\}$ 中的量，称为晶闸管电流平均值的标幺值。

根据式（2-33）中 I_T^* 与 α，φ 的关系绘制的曲线如图 2-12 所示。当已知 α，φ 值时，便可从该曲线求出 I_T^*，代入式（2-33）求出平均电流 I_{av}。

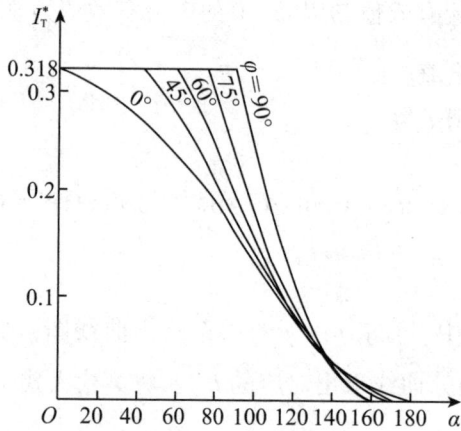

图 2-12 $\alpha > \varphi$ 时，I_T^* 与 α ，φ 的关系

二、三相电阻—电感负载调压电路

在三相交流调压电路中，常用的电路形式之一是星形（Y）连接电路。

由于三相电路的工作特点以及感性负载在电压过零点时电流并不过零，每相导电时间与控制角 α 和负载阻抗角 φ 有关，所以三相感性负载调压电路的工作情况较为复杂。这种三相调压电路有以下特点。

（1）因为电路没有中线，所以在工作时若有负载电流流过，至少要由两相构成回路，即至少有一相晶闸管与另一相晶闸管同时导通。

（2）为保证在电路起始工作时，能够使两个晶闸管同时导通，以及在感性负载的阻抗角 P 和控制角 α 较大时，仍能保证不同相的正、反向两个晶闸管同时处于导通状态，要求采用宽度大于 60° 的宽脉冲或双脉冲触发信号。

（3）对于三相电阻—电感负载，为了使调压电路的输出电压处于可控状态，要求 $\alpha > \varphi$，此时各相负载电压是断续的。

（4）为保证调压电路的输出电压三相对称，并有一定的调节范围，要求晶闸管的触发脉冲信号除必须与相应交流电源的相序一致以外，各触发脉冲信号之间还必须严格保持一定的相位关系。如果电源相序为 U、V、W，则要求 U、V、W 三相电路中的三个正向晶闸管（交流正半周工作的晶闸管）的触发信号互差 $\dfrac{2\pi}{3}$，三相电路中三个反向晶闸管（交流负半周工作的晶闸管）的触

发信号也互差 $\frac{2\pi}{3}$ ，而在同一相中反并联的两个正、反向晶闸管的触发信号相位应互差 π 。由此可知，各晶闸管触发脉冲的顺序应是 VT_1、VT_2、VT_3、VT_4、VT_5、VT_6。相邻两个触发脉冲信号的相位差为 $\frac{\pi}{3}$ 。于是，对电阻—电感负载三相调压电路在 $\alpha > \varphi$ 情况下工作时，对于一定的阻抗角 φ 来讲，控制角 α 越大，晶闸管的导电角 θ 将越小，流过晶闸管的电流也越小，其波形的不连续程度增加，负载的电压也就越低。调压电路和输出波形虽已不是完整的正弦波，但每相负载电压波形正负半周是对称的。

从对其波形的分析可知，对于电感性负载三相星形连接调压电路，同样需要满足 $\alpha > \varphi$ ，才能有效地调节交流电压，最大移相控制角 $\alpha > 150°$ 。因为当 $\alpha > 150°$ 时，相应晶闸管将承受反向线电压，所以不能触发导通。

三、其他形式的三相交流调压电路

三相交流调压电路除上述的星形（Y）连接形式外，还可能有三相带零线的星形（Y_0）连接形式、每相只用一个晶闸管和一个二极管反并联的三相不对称星形连接形式、将各相反并联的晶闸管和负载连入三角形（△）内的三相开口三角形连接形式以及只用三个晶闸管连成三角形的星点三角形连接形式。以上各种连接形式如图 2-13 所示。

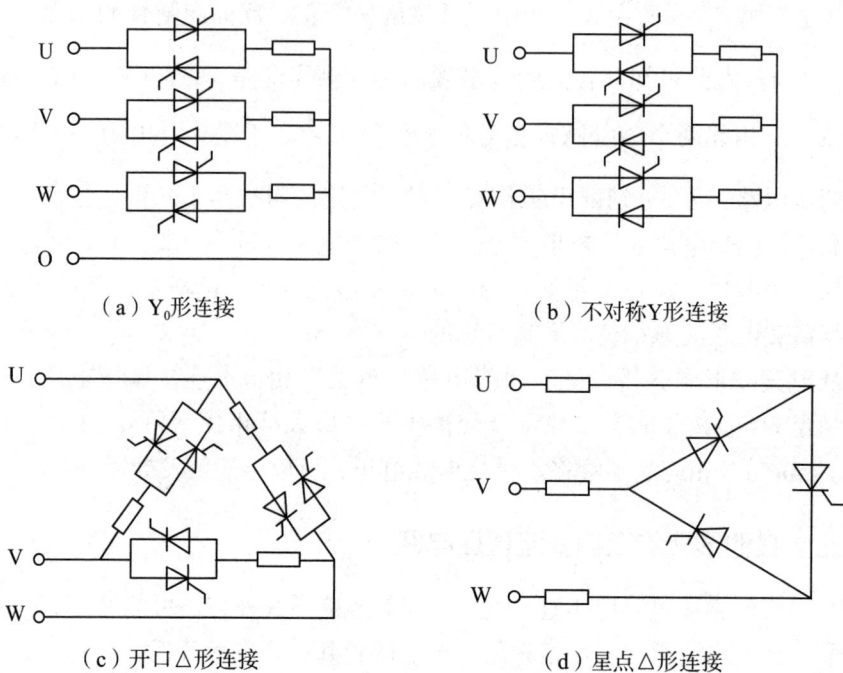

（a）Y₀形连接　　　　　　　　（b）不对称Y形连接

（c）开口△形连接　　　　　　　（d）星点△形连接

图2-13　几种三相交流调压电路

　　现将各种三相调压电路性能做比较，如表2-1所示。通过比较可发现，除了三相星形无中线连接形式工作性能较好以外，三相开口三角形连接形式性能也比较好，有时也用于电梯调速。只是电动机定子绕组必须承受电网线电压，还要求电动机绕组的六个端点单独引出，在使用上受到一些限制。

表2-1　各种三相调压电路性能比较表

连接形式	谐波情况	对某一种电动机，当转差=0.33时，与正弦电压控制比较输入电流增加百分比 /%	其他特点
Y	对称波形，只有奇次谐波	8	无中线，对电网无三次谐波电流干扰
Y₀	奇次谐波	14	中线有三次谐波电流，对电网有干扰

连接形式	谐波情况	对某一种电动机,当转差=0.33时,与正弦电压控制比较输入电流增加百分比 /%	其他特点
不对称 Y	不对称波形,有偶、奇次谐波	38.2	偶次谐波影响电动机,低速时出现脉动转矩,效率低
开口 △	有三次谐波环流	30	对电网无三次谐波电流干扰,但电动机绕组内有三次谐波环流;可窄脉冲触发;控制简单;需承受较高电压
星点 △	不对称波形,有偶次谐波	43.4	元件少,控制简单,可减少电网浪涌电压对元件的冲击;偶次谐波对电动机不利

第五节 变频调速电梯拖动系统技术与设计

一、异步电动机的变频调速原理

由电机学可知,三相交流电动机的同步转速 n_0 为

$$n_0 = \frac{60 f_1}{p} \qquad (2-34)$$

式中:f_1 为电动机定子电源频率;p 为电动机的极对数。

由此可知,若连续改变电源频率 f_1,则可平滑地改变电动机的同步转速 n_0。三相异步电动机定子每相感应电动势有效值 E_g 为

$$E_g = 4.44 f_1 N_1 K_1 \varphi_m \qquad (2-35)$$

式中:N_1 为定子每相绕组串联匝数;K_1 为基波绕组系数;φ_m 为每极气隙磁通量。

由式(2-35)可知,在 E_g 一定时,若电源频率 f_1 发生变化,则必然引起磁通量 φ_m 变化。当 φ_m 变弱时,电动机铁芯就没被充分利用;若 φ_m 增大,则会使铁芯饱和,从而使励磁电流过大,这样会使电动机效率降低,严重时会使

电动机绕组过热，甚至损坏电动机。因此，在电动机运行时，希望磁通量 φ_m 保持恒定不变。为此，在改变 f_1 的同时，必须改变 E_g，即必须保证

$$\frac{E_g}{f_1} = 常数 \tag{2-36}$$

这样，采用恒定的电动势频率比的协调控制方式，就可以保证磁通量 φ_m 恒定不变。这时，可根据图 2-14 所示的感应电动机等效电路推导出在恒定 $\frac{E_g}{\omega_1}$ 协调控制时的机械特性如下：

$$T_e = \frac{3p}{\omega_1} \frac{E_g^2}{\left(\dfrac{R_2'}{s}\right)^2 + \omega_1 L_{12}'^2} \frac{R_2'}{s} = 3p\left(\frac{E_g}{\omega_1}\right)^2 \frac{s\omega_1 R_2'}{R_2'^2 + s^2 \omega_1^2 L_{12}'^2} \tag{2-37}$$

式中：ω_1 为电源角频率；s 为电动机转差率；R_2' 为转子电路电阻与负载等效附加电阻之和的折算值；L_{12}' 为转子电路漏感折算值。

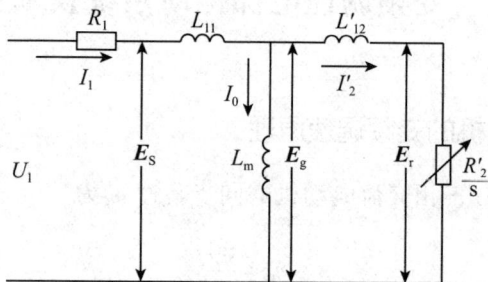

图 2-14　感应电动机稳态等效电路

在式（2-37）中，分子与分母均有 s。当 s 很小时，可将分母中含 s^2 项忽略，则

$$T_e \approx 3p\left(\frac{E_g}{\omega_1}\right)^2 \frac{s\omega_1}{R_2'} \tag{2-38}$$

式（2-38）表明，在 s 很小时，T_e 与 s 近似成正比，即这段机械特性可近似为直线。而且可以证明，在 "$\dfrac{E_g}{\omega_1} = 常数$" 的协调控制条件下，当改变频

率 ω_1 时，机械特性基本是上下平移的。此外，根据式（2-37）可求得最大转矩 $\boldsymbol{T}_{emax}$ 为

$$T_{emax} = 3p\left(\frac{\boldsymbol{E}_g}{\omega_1}\right)^2 \frac{\sqrt{\dfrac{R'_2{}^2}{2R'_2-1}}}{\dfrac{L'_{12}}{R'_2}+\dfrac{R'_2{}^2 L'_{12}}{2R'_2-1}} \qquad (2\text{-}39)$$

由式（2-39）可知，在 $\dfrac{\boldsymbol{E}_g}{\omega_1}=$ 常数时，$\boldsymbol{T}_{emax}$ 不随 ω_1 变化。恒定 $\dfrac{\boldsymbol{E}_g}{\omega_1}$ 控制方式的机械特性如图 2-15 所示。这种特性符合电梯拖动控制要求。

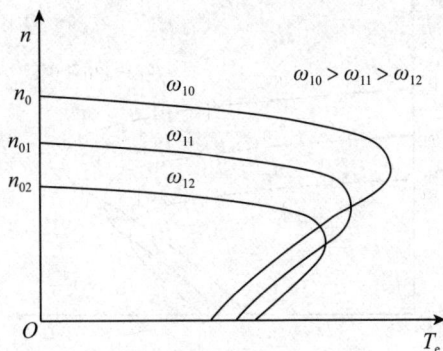

图 2-15　恒定 E_g/ω_1 控制时变频调速机械特性

然而，对绕组中的感应电动势 $\boldsymbol{E}_g$ 难以直接控制。但是，在 $\boldsymbol{E}_g$ 较高时，可以忽略图 2-15 中的定子绕组漏磁阻抗压降。因此，可认为定子每相电压 $U_1 \approx \boldsymbol{E}_g$，则得

$$\frac{U_1}{\omega_1}=\text{常数} \qquad (2\text{-}40)$$

这便是恒压频比控制方式。

采用同样的分析方法可知，机械特性在 s 较小范围内为近似线性段，且在负载一定情况下，随 ω_1 下调，线性段也随 ω_1 的改变而平移。在恒压频比时，求得的最大转矩 $\boldsymbol{T}_{emax}$ 为

$$\boldsymbol{T}_{emax}=\frac{3}{2}p\left(\frac{U_1}{\omega_1}\right)^2 \frac{1}{\dfrac{R_1}{\omega_1}+\sqrt{\left(\dfrac{R_1}{\omega_1}\right)^2+\left(L_{l1}+L'_{l2}\right)^2}} \qquad (2\text{-}41)$$

二、变频装置工作原理

对于按恒压频比控制方式进行变频调速的装置来讲，一类是直接变频（交—交变频）装置。这种装置的变频为一次换能形式，即只用一个变换环节就把恒压恒频电源变换成 VVVF 电源，所以效率较高。但是，所用的元件数量较多，输出频率变化范围小，功率因数较低，只适用于低转速、大容量的调速系统。

另一类为间接变频（交—直—交变频）装置。这种变频装置是将恒压恒频交流电源先经整流环节转换为中间直流环节，再由逆变电路转换为 VVVF 电源，如图 2-16 所示。

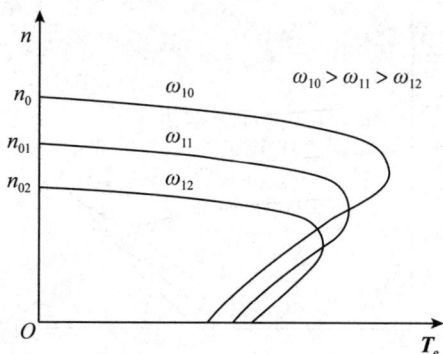

图 2-16　恒 U_1 / ω_1 控制时变频调速机械特性

间接变频装置的控制方式有以下两种。

第一种，用可控整流器变压，用逆变器变频的交—直—交变频装置。

这种装置的输入环节是由晶闸管构成的可控整流器。输出电压幅度由可控整流器决定，输出电压频率由逆变器决定。也就是说，变压和变频分别通过两个环节并由控制电路协调配合来完成。这种装置结构简单，元件较少，控制方便，频率调节范围较宽。但是，在电压和频率调得较低时，电网端功率因数也降低。若由晶闸管构成逆变器，则输出电压谐波较大。

第二种，用不控整流器整流，通过脉宽调制方式控制逆变器的同时进行变压变频的交—直—交变频装置。

由于输入环节采用不控整流电路，所以电网端功率因数较高，而且与逆变器输出电压大小无关。逆变器在变频的同时实现变压，主电路只有一个可控的功率环节，简化了电路结构。逆变器的输出与中间直流环节的电容电感参数无关，加快了系统的动态响应。选择对逆变器的合理控制方式可以抑制或消除低次谐波，使逆变器的输出电压为近似正弦波交变电压。

三、电力电子器件简介

（一）普通晶闸管 TH

在所有电力电子器件中，晶闸管工作容量最大。但是，其工作频率小于 0.5 kHz，而且没有自关断能力，除了大容量装置外，在现代交流调速系统中已很少采用。

（二）可关断晶闸管 GTO

可关断晶闸管的符号如图 2-17（a）所示。可通过门极施加负电流脉冲使其关断。其工作容量可达到的水平为 9 000 V、1 000 A，4 500 V、4 500 A。它是自关断器件中容量最大的器件。然而，其工作频率只有 1 ～ 2 kHz，是自关断器件中工作频率最低的器件，且在关断时，需要很大的反响驱动电流。

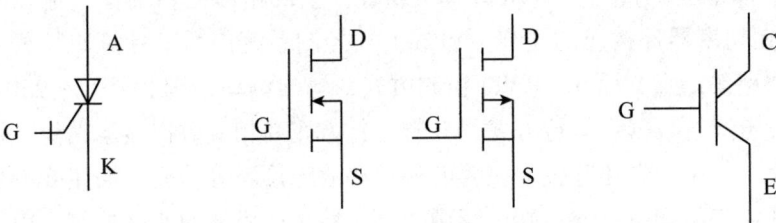

（a）可关断晶闸管GTO　（b）电力场效应晶体管MOSFET　（c）绝缘栅双极型晶体管IGBT

图 2-17　自关断电力电子器件图形符号

（三）电力晶体管 GTR

电力晶体管的单管工作容量水平可达 1 000 V、200 A，模块可达 1 200 V、800 A 和 1 800 V、100 A 水平。工作频率一般在 10 kHz 以下。GTR 是目前应用最为广泛的自关断电力电子器件，但其驱动功率较大。

（四）电力场效应晶体管 MOSFET

电力场效应晶体管的符号如图 2-17（b）所示。它是绝缘栅型单极型晶体管，有 N、P 沟道两种类型。其驱动功率小，电路简单，工作频率在 100 kHz

以上，是自关断型器件中开关速度最快的器件，热稳定性较好。然而，其通态压降大，且容量小，只有 1 000 V、38 A 水平。因此，只用于小功率装置。

（五）绝缘栅双极型晶体管 IGBT

绝缘栅双极型晶体管的符号如图 2-17（c）所示。IGBT 是 GTR 和 MOSFET 的复合，所以输入阻抗高，驱动功率比 GTR 小；速度快，热稳定性好，导通压降低，工作容量可达到的水平为 1 200 V、400 A 和 1 800 V、100 A；研制水平达 1 000 V、800 A。与 GTR 属同一等级。工作频率高于 10 kHz，用于快速和低功耗电力电子技术领域。IGBT 是 20 世纪 80 年代出现的新型自关断型电力电子器件，有取代电力 MOSFET 以及在中等功率容量范围内逐步取代 GTR 的趋势。

四、利用通用变频器构成电梯变频调速系统

通用变频器是指目前市场上销售的适用于一般对调速要求不高的风机、泵等通用机械进行变频调速的通用控制装置。其生产厂家较多，产品型号各异，但几乎都是交—直—交电压型变频装置，主回路由三相不控整流器和通常采用 GTR 功率器件构成的逆变器组成。其控制系统由微型计算机、相关大规模集成电路等组成，采用 SPWM 控制方式，输出频率范围为 0.3 ～ 250 Hz。可由键盘设定运行数据和运行方式，并有运行方式和相应数据显示功能，以及过压、过流、欠压、失速等较为完善的保护和故障诊断等功能。通用变频器常用来构成开环变频调速系统，被广泛用于一般性生产机械的速度控制。由于是通用性装置，因此在设计与制造上，对在高温、强干扰等恶劣环境中的应用均做了周密的考虑，且功能完善，其平均无故障时间在 20 000 h 以上，可靠性较高，应用范围广，生产批量大，价格较低。近年来，已将其用于电梯的拖动控制，开发出低于 2 m/s 的 VVVF 电梯产品。

当将通用变频器用于电梯调速系统时，应构成闭环控制系统。

通用变频器的控制端子如图 2-18 所示。其中，CM 是公共端，VR 是电源端，U 为调频控制模拟信号输入端，输入信号范围为 0 ～ 10 V，对应电机转速为零速到最高速。在变频器内部自动实现恒压频比电压频率协调控制。为了对低速的压频比进行补偿，使其具有转矩提升功能，其内部备有多条电压提升曲线供用户在使用中选择。

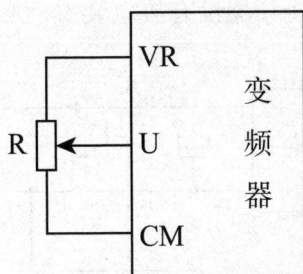

图 2-18　通用变频器控制端子示意图

　　由于通用变频装置内部已采取控制磁通恒定的措施，因此在用其构成闭环转差频率控制系统时，就不必另行设计磁通控制线路，使系统得以简化。系统构成原理框图如图 2-19 所示。由测速反馈环节输出与实测转速频率相对应的信号 U_ω，并与速度给定值 U_ω^* 比较，通过调节器输出转差频率信号 $U_{\omega s}$。根据前述分析可知，应对调节器的输出信号限幅。在变频器的模拟输入端 U，需输入与电动机定子的调速频率相对应的电压 $U_{\omega 1}$。在得到转差频率信号 $U_{\omega s}$ 以后，需要按 $\omega_s + \omega = \omega_1$ 的关系，通过加法器实现 $U_{\omega s} + U_\omega = U_{\omega 1}$。此外，U 端不需要判别极性，只要求固定极性的输入信号。因此，$U_{\omega 1}$ 信号还要通过绝对值电路，再送到 U 端。需另加设符号判别电路来对 $U_{\omega 1}$ 的极性进行判别，再将该电路连于变频器的选择端。

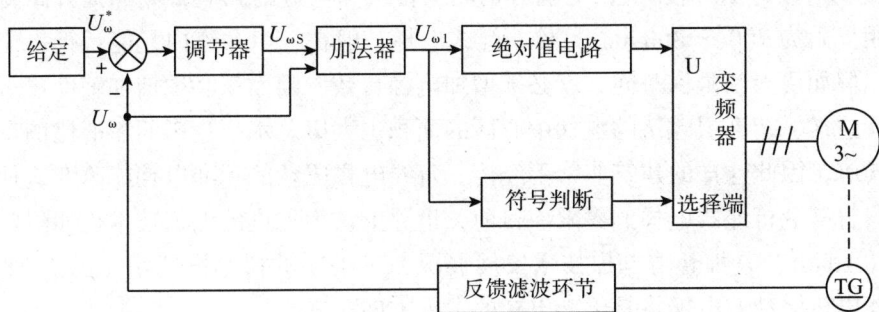

图 2-19　系统原理框图

　　此外，将通用变频器用于电梯控制时，还必须满足回馈制动的要求。通用变频器的销售产品一般可配接放电装置，如图 2-20 所示。当电机处于回馈制动状态时，回馈能量通过并联于 GTR 的二极管向直流侧电容 C 充电，但不能通过不控整流器回馈电网。这时，经电压检测装置控制放电环节，将能量消

耗于放电电阻 R 中。如果变频器没有放电装置，必须单独配备放电装置，才能用于电梯的调速控制。

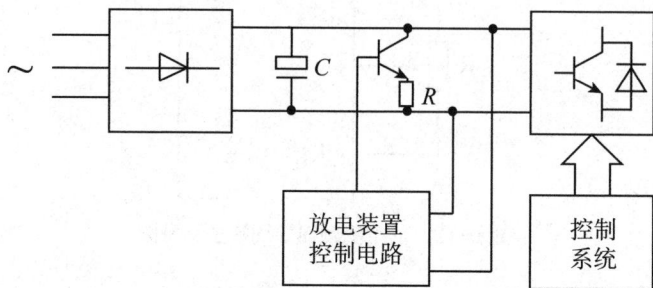

图 2-20　通用变频器放电装置

第六节　直线电机拖动的电梯系统设计

现在，国际建筑界提出并将有可能实现的超 1 000 m 的超高层大厦的构想引发了如何处理超高层大厦的垂直输送这一迫切需要解决的问题。以前，超高层大厦的垂直输送是使用悬吊的绳式电梯，当提升高度增大时，在总垂直载荷中钢丝绳重量所占比例增加，如果要满足国家标准中规定的钢丝绳极限强度的安全系数为 10 倍以上，受现行钢丝绳材料和构造的限制，电梯提升高度的实用界限为 700 ~ 800 m。另外，绳式电梯一般在一个井道内只能运行一个轿厢，假如要限制候梯时间，就必须增加电梯台数，因而就必须增加辅助建筑面积。这样，超高层建筑的电梯中心区的面积占大厦总水平投影面积的比例将超过 50%，因此这样的建筑非常不经济。直线电机驱动的无绳电梯能改变这种状态，打破现行绳式电梯的界限。目前，世界上认为先进的电梯技术正如阿尔伯特（Albert）等所著《电梯技术发展概况》一书中的树形图所示（图 2-21），直线电机驱动的电梯将是未来电梯的发展方向。

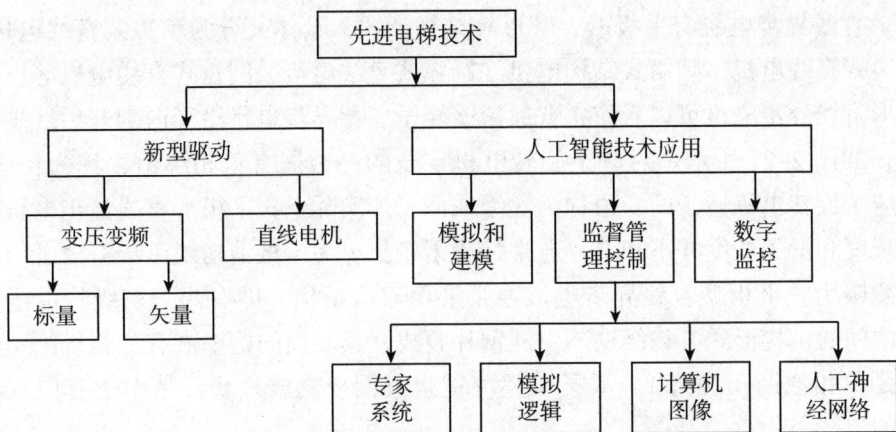

图 2-21　先进电梯技术主要组成部分的树形图

国外从 1983 年开始将直线电机应用于电梯驱动的研究。1990 年 4 月，第一台使用直线电机驱动的电梯被安装在日本东京都丰岛区万世大楼，它的载重量为 600 kg，速度为 105 m/min。在国内，浙江大学、哈尔滨泰富实业有限公司等都在这方面进行了研究，并研制出了样机。哈尔滨泰富电气有限公司开发的直线电机驱动的电梯采用 2 台 1 000 N 圆筒形直线电机直接驱动电梯。

一、直线电机简介

直线电机与普通旋转电机都是实现能量转换的机械，普通旋转电机将电能转换成旋转运动的机械能，直线电机则将电能转换成直线运动的机械能。直线电机应用于要求直线运动的某些场合时，可以简化中间传动机构，使运动系统的响应速度、稳定性、精度得以提高。直线电机在工业、交通运输等行业中的应用日益广泛。直线电机可以由直流、同步、异步、步进等旋转电机演变而成，其中由异步电机演变而成的直线异步电机使用最多。

直线电机传动的特点：省去了把旋转运动转换为直线运动的中间转换机构，节约了成本，缩小了体积；不存在中间传动机构的惯量和阻力的影响，直线电机直接传动反应速度快、灵敏度高、随动性好、准确度高；直线电机容易密封，不怕污染，适应性强。由于电机本身结构简单，又可做到无接触运行，因此容易密封，可在有毒气体、核辐射和液态物质中使用；直线电机散热条件好，温升低，因此线负荷和电流密度较高一些，提高了电机的容量定额；装配灵活性大，可以将电机与其他机件合成一体。但是，某些特殊结构的直线电机也存在一些缺点，如大气隙导致功率因数和效率降低，存在单边磁拉力，等等。

直线异步电机有平板形、管形等结构形式，具体又分为单边式直线电机、双边式直线电机、圆筒式结构电机、圆弧式直线电机、圆盘式直线电机等。平板形直线异步电机可以看作将普通鼠笼转子三相异步电机沿径向剖开后展平而成，如图 2-21 所示。对应于旋转电机定子的一边嵌有三相绕组，称为初级；对应于旋转电机转子的一边称为次级或滑子。实际上，平板形直线异步电机初级长度和滑子长度并不相等，通常是滑子较长。为了抵消初级磁场对滑子的单边磁吸力，平板型直线异步电机通常采用双边结构，即有两个初级将滑子夹在中间的结构形式。初级铁芯由硅钢片叠成，其表面的槽中嵌有三相绕组（有些是单相或两相绕组），滑子由整块钢板或铜板制成片状，其中也有嵌入导条的。

如图 2-22 所示，在普通鼠笼转子三相异步电机的定子绕组中通入三相对称电流时，会在气隙中产生转速为 n_1 的旋转磁场，转子导条切割旋转磁场而在其闭合回路中生成电流，带电的转子在磁场作用下产生电磁转矩，使转子沿旋转磁场的转向以转速 n 旋转。改变三相电流的相序时，可以使旋转磁场及转子的旋转方向改变。在直线异步电机初级三相绕组中通入三相对称电流时，其在气隙中产生的磁场也是运动的，只是沿直线方向移动，称之为移行磁场或行波磁场。滑子也会因此而沿移行磁场运动的方向以速度 v 移动，移行磁场及滑子的移动方向也由三相电流的相序决定。设电机极距为 τ，电源频率为 f，则磁场移动速度为 $v_1=2f\tau$，滑差率 $s=(v_1-v)/v_1$，次级移动速度 $v=2f\tau(1-s)$。

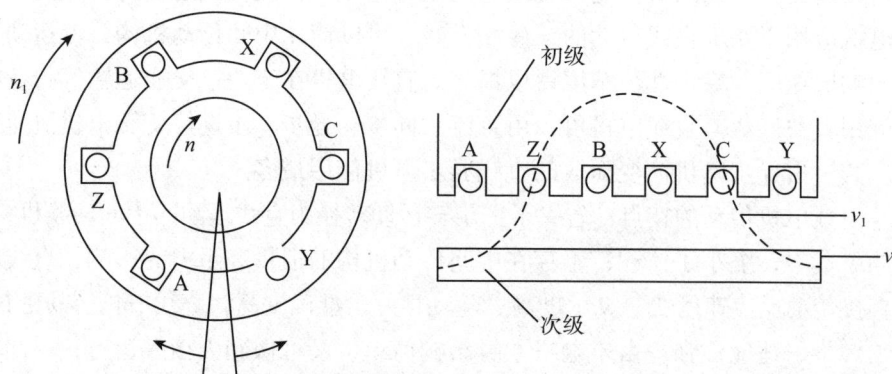

图 2-22　平板形直线电机结构、原理图

二、直线电机电梯的类型

目前，国内外所研究的直线电机电梯中有多种不同的类型、结构和控制方式，但归结起来主要为两大类：一类为直线感应电机驱动形式，它包括圆筒形电动机和扁平形电动机的驱动方式；另一类为直线同步电机驱动形式，它包括永磁直线同步电动机和超导直线电动机的驱动形式。

（一）直线感应电机驱动的电梯

直线电机驱动的电梯中，目前被认为比较实用的结构方式是采用圆筒形直线感应电动机驱动方式，其总体结构与一般曳引式电梯类同，该电梯的结构如图 2-23 所示。

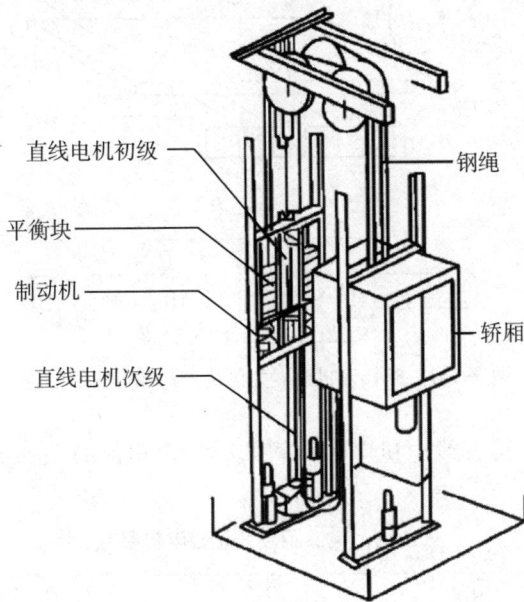

图 2-23　直线电机驱动电梯结构示意图

这种直线电机驱动的电梯也用钢丝绳将轿厢和对重相连接。对重装置中装有圆筒形直线感应电动机的初级。次级则呈立柱贯穿于对重，并延伸到整个井道。直线感应电动机既是驱动装置，又是对重的一部分。此外，对重装置上还装有制动器和速度检测装置以及其他传感器。

采用圆筒形直线感应电动机驱动电梯的主要原因：初、次级之间的单边磁拉力间距可以基本消除，初、次级之间的气隙易保持，电机结构简单；次级结构简单，升降路线构造亦简单；成本较低，易与现有传统电梯竞争；类似传统电梯，易被用户接受。旋转电机演变为圆筒形直线电机的过程如图 2-24 所示，其中图（a）为旋转电机，图（b）为扁平形单边直线电机，图（c）为圆筒形直线电机。

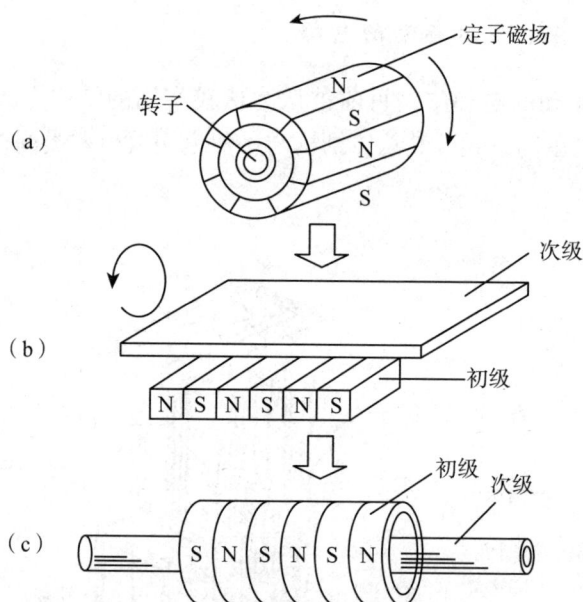

图 2-24　旋转电机演变为圆筒形直线电机的过程

表 2-2 为日本某直线电机电梯用直线感应电机的有关参数。

表2-2　电梯用直线感应电机参数

项　目	数　值
额定推力 /N	3 600
额定电压 /V	150
额定电流 /A	100
额定频率 /Hz	6
极数	6
气隙 /mm	2
初级重量 /kg	265

圆筒形直线感应电机电梯的整个控制系统结构如图 2-25 所示，它由四个控制部分组成：①运行管理控制部分，包括电梯的呼叫、登录、层次表示以及电梯的运行管理等；②运动控制部分，包括电梯安全装置的监视、产生到达目标层的指令等；③电动机控制部分，包括直线电机的运行速度控制，它通过安装在对重（平衡块）中的速度传感器的反馈信号，在运动控制部分产生速度指令进行跟踪反馈控制，由变频器控制直线电机的速度和推力；④门的控制部分，包括电梯门的开闭控制。

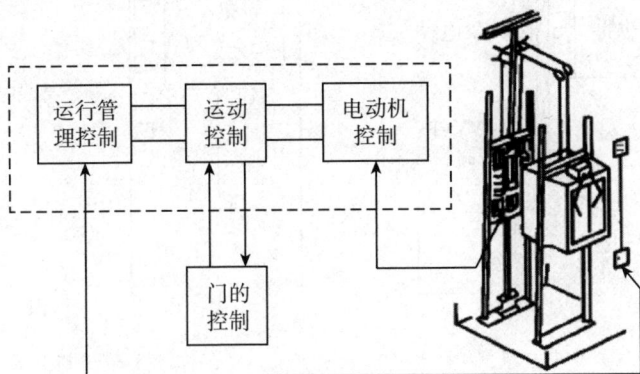

图 2-25　直线感应电机电梯控制系统图

（二）直线同步电机驱动的电梯

永磁体布置在运动体（或称次级）上，而永磁体的两边有电枢（或称初级），初级固定不动。这种双边型永磁直线同步电机对单边磁拉力会大幅减小，可以不考虑。电机的永磁材料一般选用钕铁硼。表 2-3 所示是日本某一电梯用永磁直线同步电机样机的有关参数。

表2-3　电梯用永磁直线同步电机有关参数

项　目	参　数
推力 /N	3 000
输送质量 /kg	270
运行速度 / ($m \cdot s^{-1}$)	1
电机铁芯 / $mm \times mm \times mm$	$3\ 055 \times 90 \times 150$
永磁体个数	32

采用双边型永磁直线同步电机驱动电梯，从性能和精度要求来说是合适的，但如果对性能要求不高，特别是精度要求较低的情况下，这种驱动方式的价格

是不合适的。一般对后一种情况仍采用感应式直线电机驱动较为合适。图 2-26 为永磁直线同步电机驱动电梯的两种方式示意图。

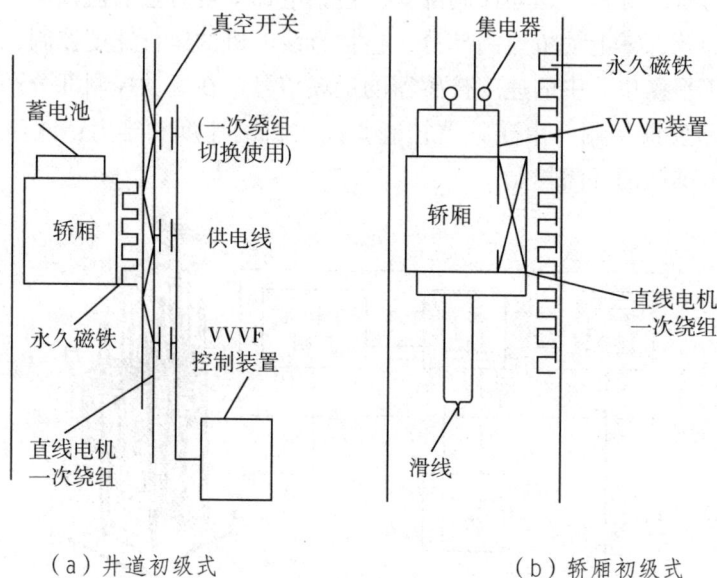

（a）井道初级式　　　　　　　　（b）轿厢初级式

图 2-26　永磁直线同步电机驱动电梯的两种方式示意图

在直线同步电机的电梯中，日本人还研究了超导体直线同步电机电梯。该电梯的驱动原理如图 2-27 所示。由图 2-27 可以看到，超导直线电机电梯是将超导体布置在轿厢上，井道边布置常导体。常导体中的电源频率可变，推力以及速度可自由控制。

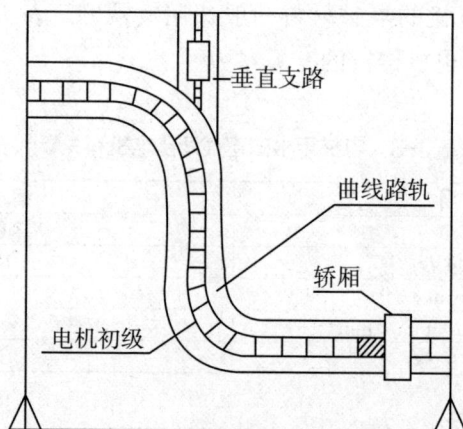

图 2-27　超导直线电机电梯原理

日本还提出了超导直线电机电梯的实用化构想，该构想中的电梯要达到如表2-4所示的要求。

表2-4　超导直线电机电梯实用化构想目标参数

项　目	参　数
定员 / 人	24
载重量 /kg	1 600
总重量 /kg	7 000
笼径 /m	2.5
最大速度 / (m · s^{-1})	10
最大加速度 / (m · s^{-2})	0.1

采用超导直线电机电梯具有以下优点：连续运行的效率高，系统运行成本低；占用的楼层面积减少，大楼有效利用率提高；电流密度高，与非超导比，同样体积下推力大。

第三章　智能电梯的电气控制系统创新设计

第一节　电梯的微机控制系统设计

计算机控制技术在电梯中的应用为电梯事业带来了无限的生机与活力。根据电梯使用的条件、场所及经济投资造价等不同，电梯微机控制系统常分为 PLC 控制、单片机控制等不同规模的控制系统，尽管组成结构有所不同，但具有的功能基本相同。

一、电梯微机控制系统的特点

电梯微机控制系统主要由微处理器、控制器、运算器、存储器、输入输出接口、拖动控制部分、信号控制部分等组成。拖动控制部分主要完成对曳引机、导向装置、轿厢、厅轿门、安全装置等的控制。信号控制部分主要完成电梯运行状态控制，与响应轿厢运动有关。利用微机对电梯进行控制，每台电梯控制器可以用一台或多台微机进行控制。如果系统楼层高、参数多，可以用一台微机担负电梯机房与轿厢的通信任务，用一台完成轿厢的各类操作的控制，还可以用一台专用于速度控制。

微机控制电梯与继电器控制的电梯相比，具有较大的优越性，主要表现在以下几个方面。

（1）自学习功能：微机自动计算并记录下电梯运行过程中的停站数、各层站的间距、减速点位置，一旦电梯安装完毕，在底层将电梯慢速逐层运行至顶层，微机就将上述这些参数自动计算并记录下来。这使系统的调试工作大大简化，提高了效率，并保证了系统的控制质量。

（2）自诊断功能：计算机具有辨别内部错误的能力。它会将自检结果全部储存在一个特殊的被保护的存储器中，保存的事件会记录并显示在显示器上或用打印机输出，能够提供不正常事件的详细记录，用户也可以通过显示器旁的键盘查找故障记录。高级的系统还可以按故障级别进行处理及采取应急措施。

（3）电梯开关门功能：在微机的参与下，电梯的开关可以实现平滑调速和按位置减速，进行无触点控制。门控制单元有逻辑控制、速度编程发生器、速度控制器、可控硅触发器和安全监控装置，这些单元都由微机进行控制，可以预先输入几条典型的开关速度及时间关系曲线，再由微机加以选择某一时刻的开关门速度曲线，作为速度调整的模式。同曳引电动机控制一样，门电动机速度控制也可采用双闭环结构，即速度反馈和位置反馈，以保证速度和位置的准确性。速度信号可由测速机取得，位置信号可由滑动电阻获得。

轿厢门的入口保护、自动重新开门、本层顺向外召唤开门、时间到强迫关门等功能也都由微机进行控制。尽管微机控制具有其他控制无法比拟的很多优点，但是对一般的电梯控制而言，应用微机控制也具有其局限性和不足之处，具体如下。

（1）微型计算机是按数字运算的需要而设计的，功能比较齐全，结构比较复杂；一般的电梯控制只需进行简单的逻辑运算，运算方式多为"与""或""非"几种，运算位数只需1位，即"1"与"0"。因此，使用微机就有"大材小用"之嫌。

（2）微机的专用接口电路没有标准件，而且一般不控制强电。但在电梯控制中，往往要求直接控制110 V或220 V的用电设备，用户专门配备接口电路既不方便又不可靠。

（3）微机配备的指令较多，要依靠掌握高级编程语言的专门人才来编制程序，从而使它的应用受到限制。

二、电梯微机控制系统设计

微机在电梯控制系统中的应用通常有两种实现形式：一种是将常规控制算法直接用软件程序来实现，但由于常规控制算法提供的性能受其固定逻辑程序的限制，不能使电梯最佳运行，不是最好的方法；另一种是研究开发出一种全新的控制策略及控制算法，按照每个轿厢应答召唤信号的时间，把层站召唤信号分配给轿厢。

电梯微机控制系统需要根据不同的应用场所和不同要求有不同的设计，但总体的设计方法和实现功能是相似的。

（一）硬件设计

图 3-1 为电梯控制系统的硬件结构框图，主要包括信号控制部分和拖动控制部分。

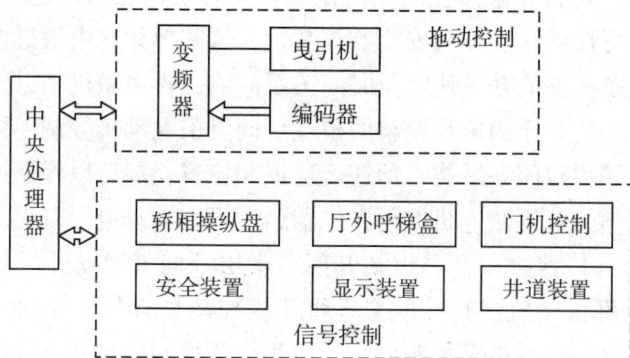

图 3-1　电梯微机控制系统框图

1. 信号控制部分

信号控制的任务是对电梯进行运行状态控制，主要包括层楼显示、门电动机的控制及其保护、轿内指示、语言合成等。

电梯信号控制功能主要由 CPU、I/O 信号及其软件实现。输入/输出接口功能框图如图 3-2 所示。主机的微处理器集中处理电梯的内选外呼信号、运行方式信号、安全保护信号、井道信号、门区信号、开关门及限位信号等各种输入信号，并输出显示电梯所到楼层、运行方向及呼梯应答响应等情况，完成开关门控制，再与变频器配合，实现曳引机正反转控制、速度平滑切换控制等输出控制功能。

```
┌──────┐  ┌──────────┐  ┌──────────┐  ┌──────────┐  ┌──────┐      ┌────────┐
│外召唤│  │继电器、接触器│  │蜂鸣、报警│  │光电隔离│─→│功放│─┬─→│ 曳引机 │
└──────┘  └──────────┘  └──────────┘  └──────────┘  └──────┘  │  ├────────┤
    ↑          ↑              ↑              ↑                  └─→│门电动机│
    │          │              │              │                     └────────┘
┌───┴──────────┴──────────────┴──────────────┴───────────────┐      ┌────────┐
│                          CPU                                │──┬──→│呼梯指示│
└──┬────┬────┬────┬────┬────┬────┬────┬────┬──────────────────┘  │   └────────┘
   ↑    ↑    ↑    ↑    ↑    ↑    ↑    ↑    ↑                     ├──→│层楼指示│
 ┌──┐┌──┐┌──┐┌──┐┌──┐┌──┐┌──┐┌──┐┌──────┐                      │   └────────┘
 │运││消││安││内││开││门││井││井││变频器│                      └──→│故障显示│
 │行││防││全││选││关││区││道││道││工作  │                          └────────┘
 │方││中││保││信││门││信││信││信││状态  │
 │式││断││护││号││信││号││号││号│      │
 │  ││  ││  ││  ││号││  ││  ││  │      │
 └──┘└──┘└──┘└──┘└──┘└──┘└──┘└──┘└──────┘
```

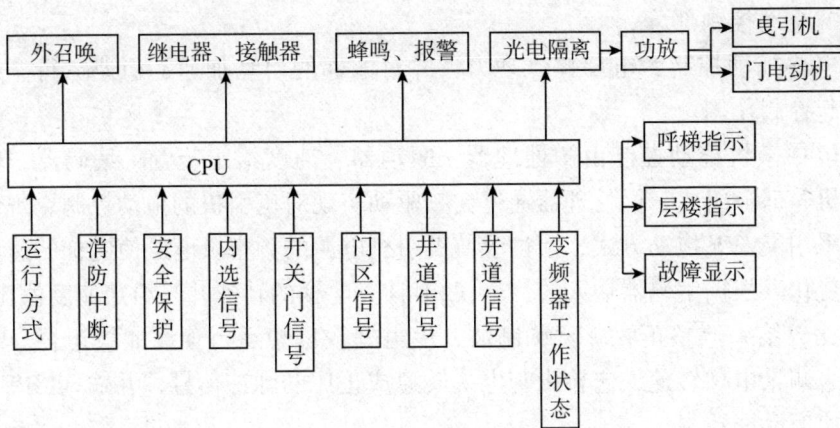

图 3-2　电梯微机控制输入 / 输出框图

（1）信号的传输与控制

微机信号传输有并行传输方式和串行传输方式两种。前者传输速度快，但接口及传输线用量大，抗干扰能力差；后者可大量节省接口和电缆，且可靠性高，抗干扰性好。为了实现对召唤信号和内指令信号的串行扫描，主要解决的问题是如何实现串行通信。由主机发出串行扫描信号，然后分布在各层楼的扫描器对串行信号产生作用并同主机之间进行通信，实现信号的登记和显示。目前，已有采用光缆来传输信号的电梯，速度快、可靠性高。

（2）轿厢的顺序控制

微机收集了轿内外、井道及机房各种控制、保护及检测信号后，按软件规定的控制原则进行逻辑判断和运算，决定操作顺序及工作方式。

为有效地将层站召唤信号分配给电梯轿厢，计算机需要得到每个轿厢的位置和状态信息。计算机必须知道轿门是否开着或者关闭，轿厢是否正在运行，是否已停靠或退出服务，等等。这些信息和层站、轿厢召唤信号等统一并传送给计算机。操纵盘、呼梯盒、轿厢位置、安全保护及变频器工作状态等信号通过输入接口输入 CPU，CPU 经分析计算，确定运行方向、运行速度和欲往楼层等，经输出接口分别向显示电路发出呼梯、定向、指层等显示信号，向门机和主拖动电动机（经变频器）发出控制信号，按设定曲线控制电动机运转。

根据电梯具备的基本功能、层站数及运行方式等确定具体输入输出点数，硬件设计中需留有一定的余量。

2.拖动控制部分

电梯拖动控制为电梯提供动力，并对电梯的启动加速、稳速运行、制动减速起控制作用。

电梯微机拖动控制由微处理器、驱动器、速度给定装置、编码器、曳引电动机等部分组成。微处理器通过变频驱动实现对曳引机的拖动控制，现代电梯多采用 VVVF 拖动方式，通过改变曳引机电源的频率及电压使电梯的速度按需要变化。根据编码器输入的信号，CPU 计算电梯的转速并与给定速度值比较，根据比较结果调整正弦脉宽调制波，使电梯按理想运行速度曲线运行。编码器用来测量电梯转速，它输出与电梯转速成正比的脉冲信号，并输入 CPU 中，构成速度反馈控制。

电梯微机拖动控制系统的主要功能是实现数字调节、数字给定和数字反馈。

（1）数字化的数字调节器

无论直流还是交流电梯，大多采用双闭环或三闭环调节系统。各调节器可以单独或共用一台微机来完成数字调节。软件化的数字调节器便于改变数字模型，实现各种控制规律，提高系统的控制精度和响应时间，由于简化了硬件结构，系统的可靠性提高。

（2）数字化的速度给定曲线

速度给定曲线可以依据不同的原则采取不同的方法获得。通常采用以下三种方法来实现。

①位移控制方法

把已编好的速度曲线数据存放在 EPROM 中，以位置传感器的位移脉冲数编码作为 EPROM 的地址，再从该地址中取出给定数据，这就是位移控制原则。

②时间控制方法

以分频器作为时钟，将时钟脉冲计数编码作为 EPROM 的地址，再由该地址取出数据构成速度给定曲线，这是时间控制原则。

③实时计算方法

根据移动距离、最佳的加速度及其变化率，通过微机直接实时计算出速度给定曲线，这是实时计算原则。

（3）数字化的反馈环节

电梯的电气拖动系统可以是速度和位置的闭环调节系统，在轿厢接近平层时引进位置控制，以保证停层准确。作为速度和位置的检测元件已数字化，目前发送数字脉冲的传感元件广泛采用的是光电元件。

速度传感器是用电动机轴上的转角脉冲发送器发送脉冲，然后计算出速度值。位置传感器采用位移脉冲发送器直接测量轿厢的位移，或通过转角脉冲发送器间接测量轿厢的位移。

（二）软件设计

电梯微机控制系统实质上是利用软件控制算法实现硬件逻辑功能，电梯控制系统不同功能的改变只需修改程序指令即可，无须变更或增减硬件系统的元件或布线，使用方便，易管理，提高了系统的可靠性，减少了控制系统体积，降低了能源消耗及维修保养费用。

为使电梯微机控制系统具有良好的灵活性、可操作性及可扩充性，系统采用模块化的设计思想。系统的不同功能由不同模块实现。这样的结构化设计使系统在硬件结构发生变化或系统需求发生变化时只需对相应模块做少量改动就可以适应变化，而无须重新设计系统。

电梯微机控制典型软件结构如图 3-3 所示。

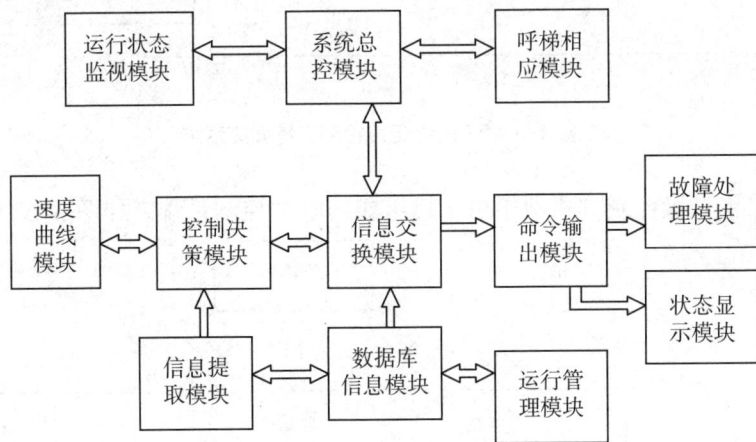

图 3-3　电梯微机控制系统软件结构

系统总控模块是软件程序的主体部分，它为各个功能模块提供了接口，实现了系统的链接和整合，使系统完成监测、控制、显示等功能。采用模块化结构，便于修改或替代。在执行过程中，先选择合适的输入输出通道，并能够与数据库之间进行信息传递，利用专用的软件程序，对输入输出通道提供的有关层站、轿厢召唤信号和状态等信息进行扫描。系统控制决策模块可根据系统当前的交通状况确定合适的控制算法，有效分配调度轿厢。运行管理模块记录电梯的运行保养、维护时间、故障信息等。

三、微机的控制方式

微机控制电梯的方式是根据电梯的功能要求以及电梯的不同类型进行设计的。因此，控制方式各有不同。

（一）单微机控制方式

单微机控制方式是只用一个 CPU（中央处理单元）。

（1）单板机控制方式：用 TP801 组成的控制系统控制调速系统，如图 3-4 所示，或用来控制管理系统等。

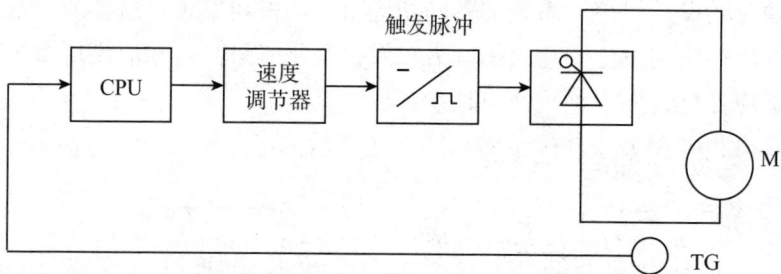

图 3-4　TP801 组成控制系统调速系统

（2）单片机控制方式即用单片机组成的电梯控制系统，如图 3-5 所示。

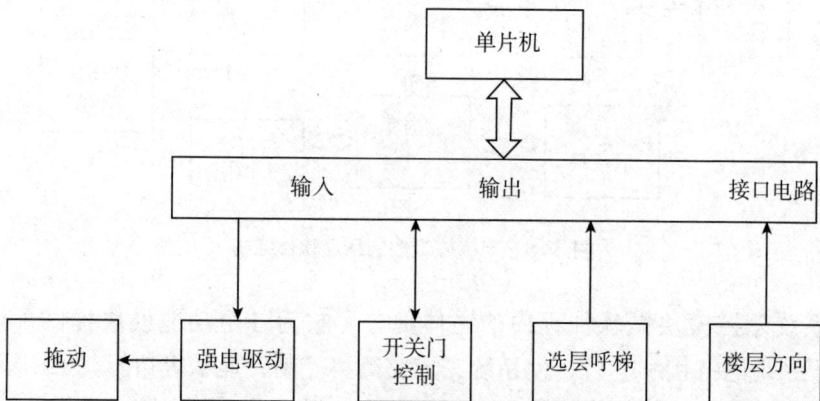

图 3-5　单片机组成的电梯控制系统

（二）双微机控制方式

在交流调压调速电梯中，采用双微机组成交流电梯控制系统，可使电梯性能大大改善，舒适感提高，平层精确，可靠性提高。此种方式是由控制系统CPU和拖动系统CPU以及部分继电器组成整个电梯的控制系统，可以实现启制动闭环、稳速开环控制，也可实现全闭环控制（图3-6）。相对于双速电梯，运行的舒适感和平层精度大大提高。

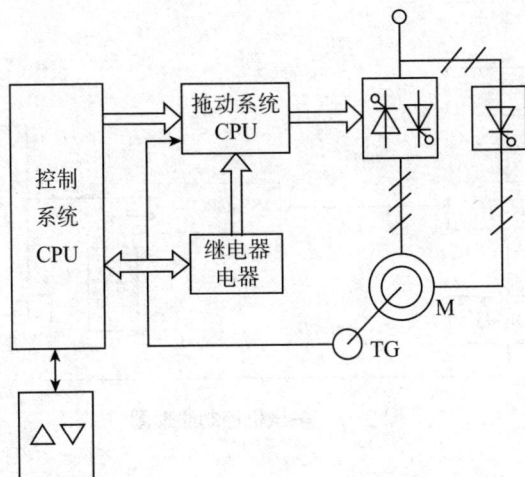

图 3-6　CPU 组成电梯控制系统

（三）三微机控制方式

三微机控制方式也称为多微机控制方式。例如，上海三菱的 VFCL 系统就采用了三个 CPU 来控制电梯，它的基本控制原理如图 3-7 所示。

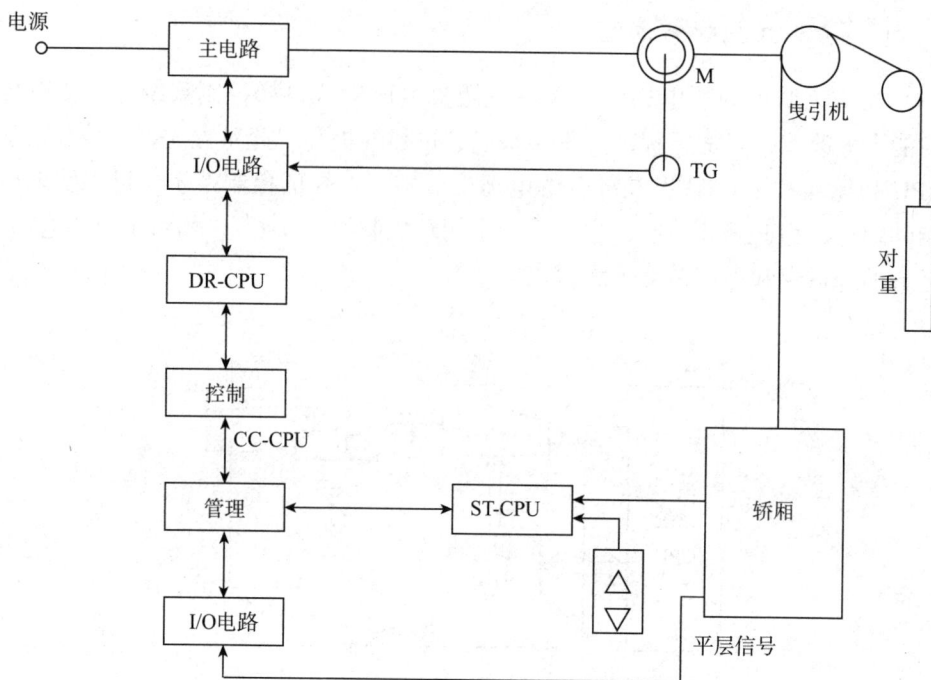

图 3-7　多微机控制原理图

VFCL 系统由三部分组成：DR-CPU 驱动部分、CC-CPU 控制和管理部分、ST-CPU 串行传输部分。VFCL 系统的驱动部分 DR-CPU 采用 VVVF 方式对曳引机进行速度控制，效率高、节能，并具有减少电动机发热等优点。控制和管理部分均由 CC-CPU 控制，控制部分的主要功能是对选层器、速度图形和安全检查电路三方面进行控制。管理部分的主要功能是负责处理电梯的各种运行。VFCL 系统的 ST-CPU 系统是串行传输系统，它的优点是无论楼层多高，传输线只有六根，主要是利用载波传输。

（四）群控电梯的微机控制方式

使用微机对群控电梯进行控制，方式各有不同，使用微机的数量也有所不同。例如，天津奥的斯电梯有限公司引进的 E401 电梯的控制系统使用 16 位微处理器，使用 CPU 的数量根据每组电梯轿厢的数量按 $2n+1$ 的比例增加，如果再加上人工语言合成和直观显示等，CPU 的数量还要多。此套控制系统共分为三部分：一是群控装置；二是运行控制装置；三是轿厢操作控制。群控装置在整个运行中负责合理分配轿厢，对呼梯进行登记和显示，主要起分派和调度的作用，此部分包括一个 CPU 和部分接口电路。运行控制装置主要是控制轿厢运行的速度、方向和制动，它由一个 16 位 CPU、接口电路及功率放大器等部分组成。操作控制部分主要是对轿厢的负荷、命令、位置进行处理，包括语音合成等，由一个 8 位 CPU 和相应的接口电路组成。如果将语音合成和直观显示部分包括进去，每个轿厢又增加两个 CPU。此种控制还包括位置传感器、转速传感器、负荷传感器，以便为控制系统、拖动系统提供信息，使电梯平稳运行，并完成各种特殊功能的控制。

第二节　PC 控制系统分析

PC（可编程序控制器）是一种数字运算操作的电子系统，专为在工业环境下应用而设计。它采用可编程的存储器，用于存储执行逻辑运算顺序控制、定时、计数和算术计算等操作指令，并通过数字式或模拟式输入输出控制各种类型的机械或生产过程，已成为现代十分重要和应用最多的工业控制器。

PC 控制的优点如下：

（1）结构紧凑简单，减少了数字运算部分，加强了直接控制需要的逻辑运算功能和计数、计时、步进等功能，并将输入、输出接口标准化，与控制器组装在一起，适合生产现场应用。

（2）可靠性高，稳定性好。一般允许输入信号的阈值比通常的微机大得多，与外部电路均经过光电隔离等隔离措施，具有很强的抗干扰能力。比如，一般 PC 机能承受峰值 1 000 V、脉宽 1 μs 的矩形脉冲的干扰，并有多种保护功能，一旦发生故障能使电输入迅速停止。

（3）编程简单，使用方便。PC 可采用继电器控制形式的"梯形图"进行编程。使用编程器或微机编程操作简单，易为电梯技术人员所接受。编程器除了编程外，还可进行监控。

（4）维护检查方便，PC 具有完善的监视诊断功能，如有醒目的工作状态、通信状态、I/O 状态和异常状态等显示。电梯各控制环节可以用故障代码表示。这样可以大幅降低故障的修复时间。有的 PC 采用智能 I/O 模块后，还可以把外部故障判断和检测功能从 CPU 中分开，提高了外部故障检测功能。

（5）采用模块化结构，扩展容易，使用灵活。图 3-8 是一般 PC 的原理框图。它的结构形式基本与微机相同。使用者可以采用联机或脱机编程，然后将指令或数据固化在 ROM 或 EPROM 存储器中。运行的微处理器对用户程序做周期性的循环扫描，逐条解释用户程序并加以执行。

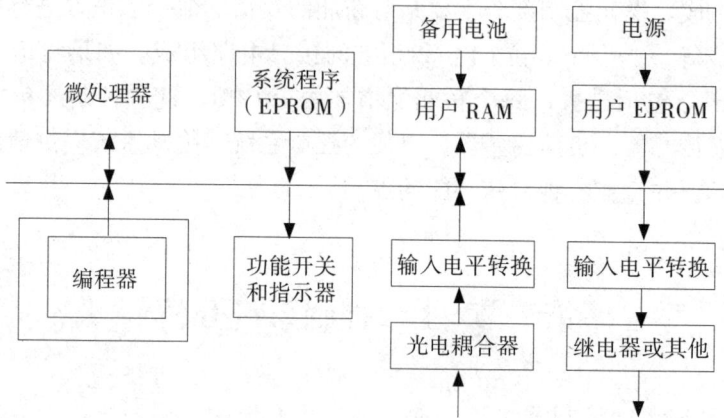

图 3-8　PC 原理框图

用 PC 控制电梯的方法是，将电梯发出的指令信号（如基站的电源钥匙、轿内选层指令、层站召唤、各类安全开关、位置信号等）作为 PC 的输入，将其他的执行元件（如接触器、继电器、轿内和层站指示灯、通信设施等）作为 PC 的输出部分。图 3-9 是一种系统 I/O 配置框图。根据电梯的操纵控制方式，确定程序的编制原则。程序设计可以按照继电器逻辑控制电路的特点来完成，也可以完全脱离继电器控制线路重新按电梯的控制功能进行分段设计。前者程序设计简单，有现成的控制线路作为依据，易掌握；后者可以使相同功能的程序集中在一起，程序占用量少。

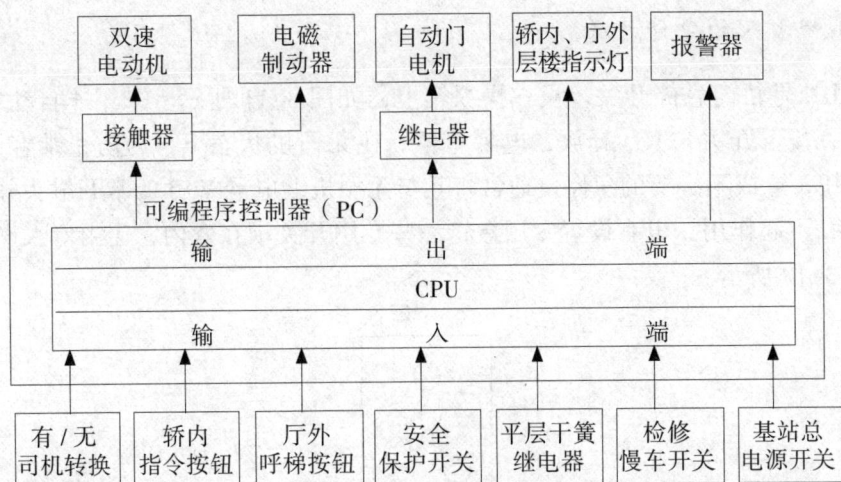

图 3-9 I/O 配置框图

第三节 安全保护系统设计

电梯的机械类安全装置大多有相应的电气设备。这些设备加上电力拖动系统上的保护开关以及检修人员应急操作开关，构成了电梯安全保护系统。

一、安全保护继电器

电梯电气线路上一般都设有安全保护继电器——电压继电器。一旦发生危险，保护线路中对应的安全开关动作，安全保护继电器释放，其触点切断电梯控制电源，使电梯急停，如图 3-10 所示。

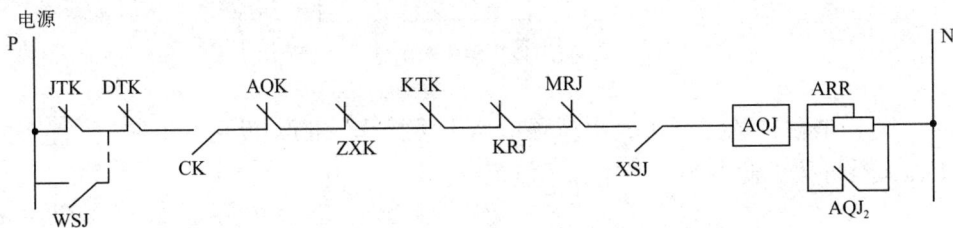

图 3-10 安全继电器回路

（一）人为急停开关

JIK 是轿内急停开关，设在操纵箱上，如图 3-11 所示。采用非自动复位开关，按下开关，AQJ 释放，电梯急停。在无司机状态下，为防止乘客误按此按钮，造成不必要的急停，通常将其与无司机继电器 WSJ 的常开触头并联，使 JTK 不起作用。也有设置专用盒将一些专用开关锁在盒内，需由专人操作，如图 3-12 所示。

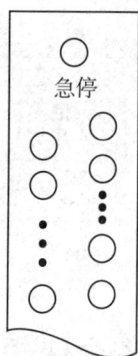

图 3-11　操纵箱上的急停开关

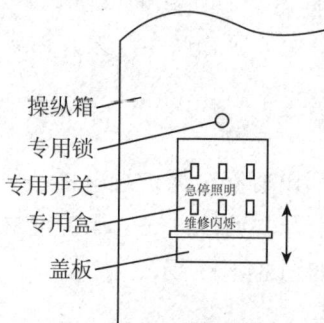

图 3-12　急停专用盒

DTK 是轿顶急停开关，由轿顶检修人员操作。KTK 设在井道底坑，底坑工作人员可按下此按钮，使电梯不能运行。

（二）安全运行开关

图 3-10 中的 CK、AQK、ZXK 是安全运行开关。

安全窗是为应急营救而设的。电梯运行时必须关好安全窗，使 CK 闭合、AQJ 吸合，才能运行。

安全钳动作时，AQK 断开，使 AQJ 释放，切断控制电源。为了防止因限速器钢丝绳断裂及过度伸长造成超速保护失灵，常设置限速器断绳开关 ZXK，ZXK 动作使电梯急停。有的限速器上设有超速开关，开关触点串在 AQJ 回路上，当电梯超速时，超速开关先动作使 AQJ 释放，如果 AQJ 释放之后速度继续上升，则安全钳动作。

（三）电力拖动系统保护

电动机电流过载超过允许值，延时一定时间后仍继续过载，KRJ 或 MRJ 动作，切断控制电源，以免电动机烧毁。表 3-1 为国内 JR16、JRO 系列热继电器的动作数据。

表3-1　JR16、JRO系列热继电器动作数据

整定电流倍数	二相和三相保护的动作时间	实验条件
1.05	1 h 内不动作（60 A 等级以下） 2 h 内不动作（63 A 等级以上）	冷态开始
1.2	20 min 内动作	热态开始
1.5	3min 内动作	热态开始
6	大于 5 s 动作	冷态开始

相序错误会使电动机反转造成危险；断相运行会使电动机过热，以至于烧毁。XSJ 相序继电器可以起到对两者的保护作用。

如果过热电器动作发生在电梯运行过程中，则电梯急停，会造成困人。如果采用图 3-13 所示的线路，则可以避免这种情况。它可以使电梯在最近层停止、开门、让乘客离开电梯，电梯才会急停。因为过热保护是针对较长时间过载而设的一种保护方式，过热继电器动作后再做短时运行通常不会有问题，因此这种线路是合理的。

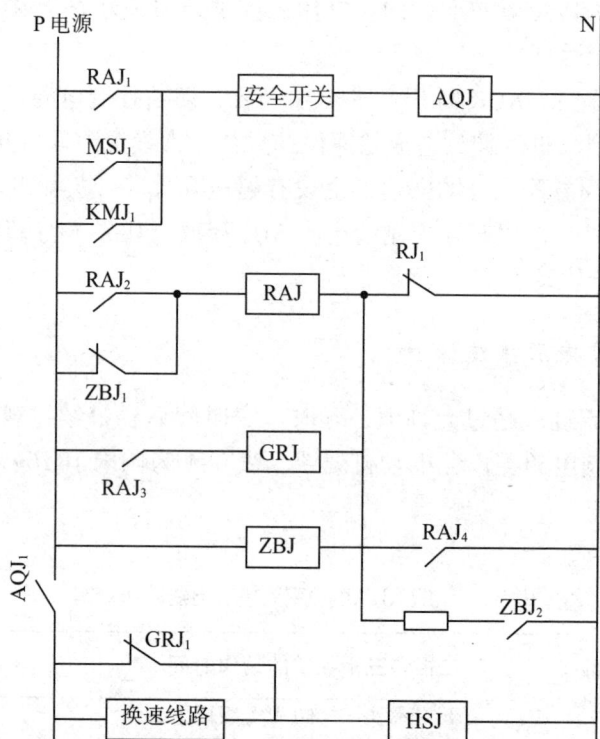

图 3-13 电动机过热运行保护线路

其工作原理如下：电动机过热时 RJ 吸合→过热继电器 GRJ 释放，但此时 AQJ 并不立即释放，GRJ 使换速继电器 HSJ 吸合，发出减速停止指令使电梯在最近层停止。同时，热安全继电器 RAJ 释放。电梯停止开门后 MSJ 释放、KMJ 释放→ AQJ 释放，电梯门全开后进入急停状态。要使电梯恢复正常运行，必须检修后重新合上电源才能实现。其原理如下：合上电源时 RAJ 吸合→ TJ 吸合。ZBJ 吸合后经 ZBJ_2 自保，ZBJ_1 断开 RAJ 靠 RAJ_2 自保，RAJ_1 使 AQJ 吸合。由此可见，RAJ 因过热释放后即使 RJ 复位，也不能再吸合。

二、终端越位

为防止终端越位造成事故，在井道顶端、底端设置了强迫减速开关、终端限位开关和终端极限开关。

强迫减速开关在线路中的设置常采用图 3-14 所示的方式。上下限位开关在线路图中的设置常采用图 3-15 所示的方式。

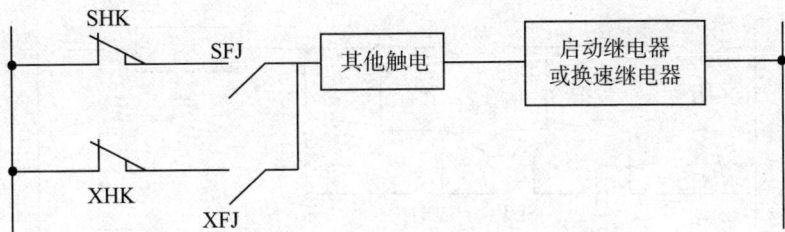

图 3-14　强迫减速开关在线路上的设置

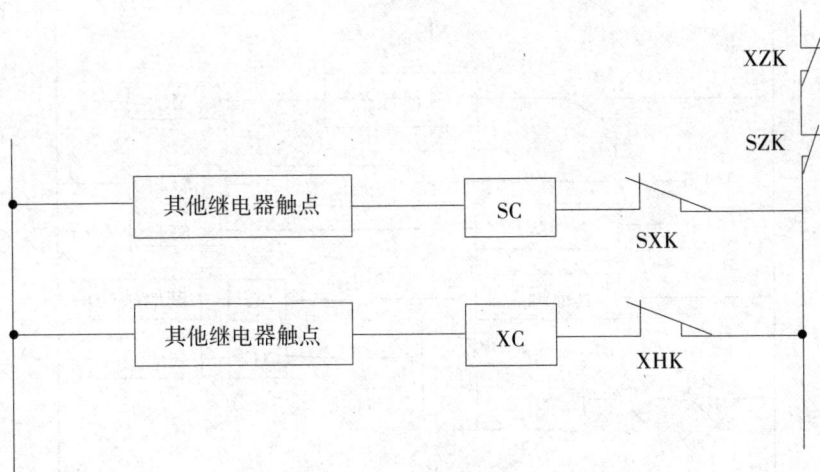

图 3-15　终端极限开关在线路上的设置

三、中途停止

电梯中途停止的逃离办法有手动强行开启轿门、通过安全窗离开电梯，还有一种方法是利用检修方式，将电梯以低速开到平层位置。在很多情况下虽然电梯不能正常运行，但检修运行功能还可用。因此，可以设想一种方式，如果电梯在正常运行状态下，不在平层位置停止，则控制线路自动转入慢速状态，使电梯低速运行到平层位置，开门后恢复正常运行。图 3-16 是实现这种功能的一种线路。

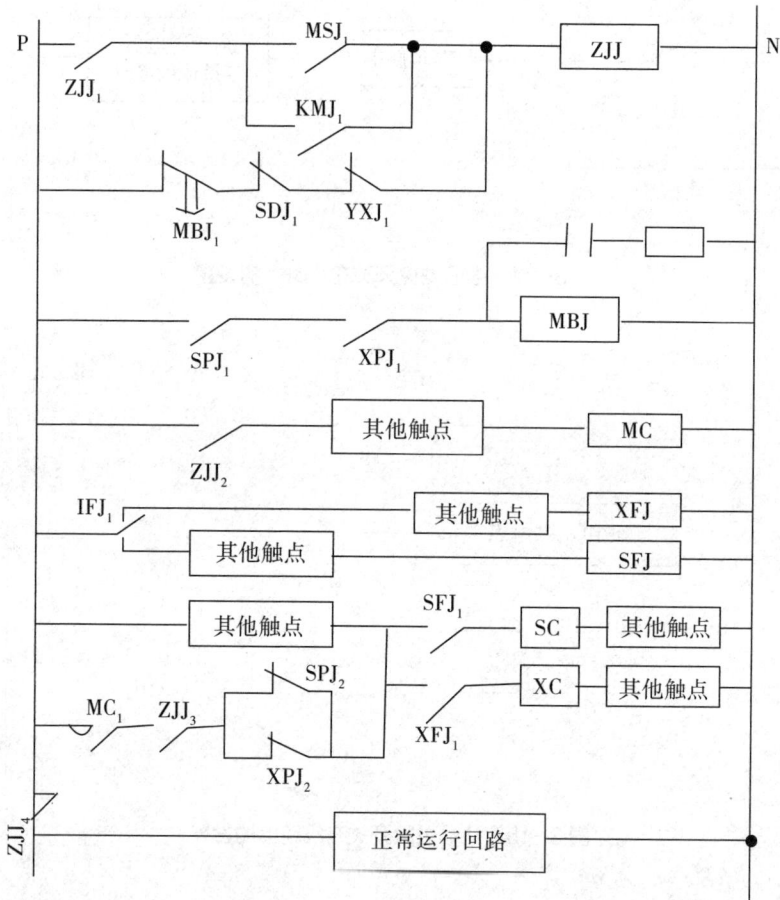

图 3-16 低速自救线路

电梯不在平层位置 SPJ 或 XPJ 释放；电梯停止，YXJ 释放；速度为零，SDJ 释放。电源 P 经 MBJ_1—SDJ_1—YXJ_1，使低速自救继电器 ZJJ 吸合，ZJJ_2 使慢车接触器 MC 吸合，在基站附近，基站继电器 JJ 吸合，选上方向；不在基站附近，JJ 释放选下方向。MC_1—ZJJ_2、SPJ_2（或 XPJ_2）使上行或下行接触器（SC 或 XC）吸合，电梯慢速下行或上行，同时 ZJJ_4 使正常回路断电。

电梯慢行到平层位置 SPJ、XPJ 吸合，SC（或 XC）释放，电梯停止，同时 SPJ_1、XPJ_1 使 MBJ 释放、MBJ_1 断路，在电梯开门后 MSJ_1 断路、KMJ_1 断路、ZJJ 释放，使正常运行回路恢复。

四、报警系统

当电梯发生故障或遇到危险情况时，乘客可以通过报警系统通知值班人员。轿厢操纵屏上可设置警铃按钮，按下按钮可使值班室的报警系统工作。

设置电话，它可使乘客与值班人员直接对话。还可以在轿内设置对讲机，平时值班人员可通过听筒监视轿内动静，乘客遇到危险时只需按下对讲机按钮，操纵屏上固定话筒便可将声音传到值班室直接对话。

五、照明

电梯的照明电与动力电分开设置，在电力电源停止供电时，照明仍可继续供电。有些电梯设置应急电源，正常照明停电，蓄电池可马上供电。电话电源也取自照明电。

六、应急电源

尽管电梯中设置了不少安全保护设施，但如果停电，失去动力，还是会造成困人的。随着电梯技术的发展，应急动力电源已逐步应用于电梯上，尤其更适用于变频变压调速的节能系统。一旦停电，应急电源能马上工作，使不在平层位置停止的电梯驶往最近层，开门后才停止电梯使用。应急电源一般采用汽车蓄电池，放电率为 35 Ah。

第四节　基于现场总线技术的分布式电梯控制系统设计

一、分布式电梯控制系统的原理

（一）电梯主控单元功能设计

主控制器是整个电梯的核心，不但要保证整个系统的稳定运行，而且要在极短的时间内（小于 10 ms）对系统所有的任务进行响应。其任务如下：接收、处理电梯的各种状态，并做出相应的动作，控制电梯的总体运行；实施对电梯驱动部分的控制，包括抱闸的松放，门机的开关，变频器低、中、高速给出等控制；接收轿厢控制器送来的内选信号；执行内选外呼指令；向轿厢控制器、呼梯控制器发送楼层指示信号；实施安全保护；等等。为了实现电梯状态监控的需要，主控制器还加入了基于 LCD 显示的电梯参数设置、监控系统。电梯主控系统是一个功能繁多、运行复杂的控制系统。电梯每一步运行都要考虑到各种安全问题。总的来说，系统按运行来说可分为正常运行、非正常运行两大框架结构，按功能又可分为开关门、上下运行等功能部分。另外，为了保证系统安全正常运行，及时发现安全隐患，还要对整个系统的各种参数进行自身检测，并且把电梯的一些内部参数、内部状态通过液晶屏显示出来，以便及时发现问题并报警。

1. 系统运行状态

电梯运行时，根据不同的情况，可分为正常运行、检修运行、自学习运行、消防运行等运行状态，要求各状态之间可随时互相转换。

（1）正常运行

电梯正常运行部分是电梯运行的主要部分，它占据了整个电梯运行的大部分运行时间，按运行状态来说，正常运行状态大致可分为平层区状态和非平层区状态。

①平层区状态

正常运行时，电梯一旦监测到平层区标志，就要进入平层区状态，根据呼叫计算，分别决定是停车还是继续运行。如果电梯到达运行目的楼层，系统进入停车模式。考虑到电梯的顺利停车、乘客安全、机械部分的损坏等问题，系统必须按照一定的规则停车。其状态流程如图 3-17 所示。

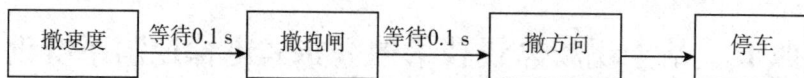

图 3-17　电梯停车流程

电梯停车时，第一步就是撤销电梯的运行速度，即把所有的速度输出端口置零。此时，变频器接收不到速度请求便停止向曳引机输出运行功率，但轿厢由于惯性原因还会继续运行。经过短暂的时间，轿厢停止运行，变频器立刻输出零速度的反馈信号。为保证曳引机完全停止运行，系统需要等待 0.1 s，然后撤除抱闸控制信号。一旦报闸控制信号撤除，抱闸装置在弹簧的带动下，紧紧地把电梯轿厢的曳引机抱住，使轿厢被机械装置卡住，稳定地停在平层区。在系统方向信号没有撤销之前，变频器由于还有信号输入，因此其输出保持曳引机处于静止状态、保证轿厢不会在重力作用下滑动。当电梯的抱闸装置起作用后，轿厢被抱闸卡住，变频器已经失去作用，为保险起见，系统再等待0.1 s，最后撤销方向信号，电梯结束停车流程，电梯停车。

电梯停车后，系统自动输出开门信号，自动开门，随即进入电梯等待阶段。在此阶段，电梯中的乘客可以自由地进出电梯，开门、关门，登记呼叫。由于在等待状况下，系统各功能不会像停车状态那样按照一定的流程进行，而是完全由外部情况决定。因此，系统各功能处于并行处理方式，其状态流程图如图 3-18 所示。

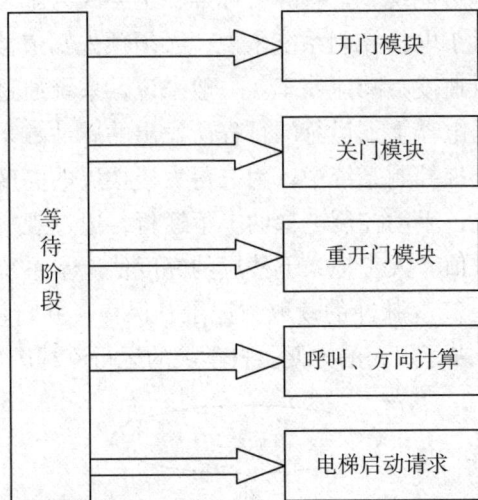

图 3-18 平层区等待状态流程图

在等待期间，如果有呼叫请求，并且电梯关门到位，门联锁闭合 0.5 s 时间，系统就进入了启动阶段。电梯启动过程与电梯停车过程正好相反，其状态流程图如图 3-19 所示。

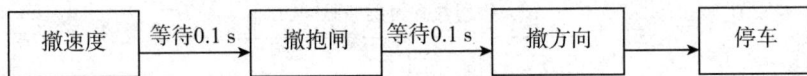

图 3-19 电梯启动状态流程图

②非平层区状态

非平层区状态相对于平层区状态来说比较简单，主要完成电梯在运行途中系统通过 CAN 总线与呼梯、轿厢的通信，提出登记楼层呼叫情况，并计算电梯运行目标楼层，决定电梯运行的速度和方向，以及计算即将到达的目的地是否停车等任务。

（2）检修运行

检修状态是电梯控制系统中最基本的运行部分，是电梯安装、调试必不可少的状态。检修状态只包括电梯的几个最基本功能：开门、关门、上行、下行。在电梯初次安装、调试或出现故障时，调用最基本、最简单的运行功能，以便解决其他问题。

（3）自学习运行

为增加电梯控制系统的智能化程度，系统加入了自学习功能。因为安装电梯的楼房楼层高度不可能统一，就算有标准，也会因为施工存在误差而导致楼层高度存在差异。对于电梯控制系统来说，必须预先知道楼层的高度，以便准确、及时地改变运行速度，减速停车。一般来说，系统通过读取电梯曳引机端的脉冲编码器，根据电器上下运行的行程所发出的脉冲数来得到电梯所在楼层的层高。在传统的电梯控制系统中，为取得大楼楼层的高度值，安装调试的时候采用检修运行方式，手动控制电梯的上下运行，通过观察电梯主控系统的脉冲计数器所读到的数值，人工记录下楼层的高度值。本系统中引入了自学习功能，即自动完成楼宇高度脉冲的读取、记录、保存，并自动检测大楼楼层数，这给电梯安装调试带来了很大的方便。自学习的运行流程图如图 3-20 所示。

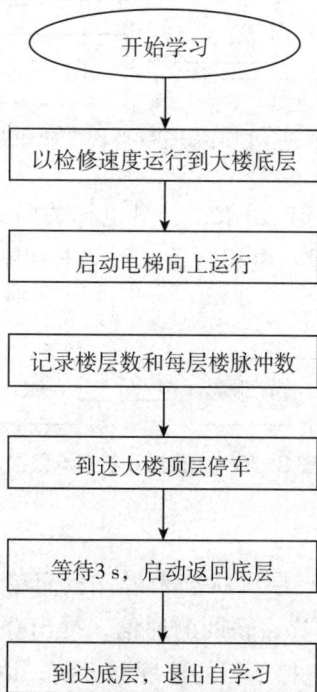

图 3-20　电梯自学习运行流程图

（4）消防运行

在电梯运行时，如果有人把设置在系统基站的消防开关开启，电梯立刻进入消防状态。消防状态是电梯系统在楼层发生火灾的情况下，为了保护乘客的安全以及方便消防人员救火救人而设置的一种功能状态。一般来说，消防状态可以分为消防保护阶段和消防再次运行阶段。

①消防保护阶段

电梯在正常运行时，如果有消防呼叫，系统即处于消防保护阶段。在此阶段，系统具有以下功能：第一，进入消防保护阶段前，电梯处于向上运行过程时，即当前楼层高于消防楼层，电梯就近停车；第二，进入消防保护阶段前，电梯处于向下运行过程时，即当前楼层低于消防楼层，电梯就近停车；第三，进入消防保护阶段前，电梯处于静止状态时，电梯关门；第四，当系统处理完以上状态后，电梯停车延时 3 s，启动运行至消防楼层；第五，电梯运行至消防楼层后开门，并保持开门，清除所有内外呼叫请求。

②消防再次运行阶段

电梯完成消防保护阶段的所有内容后，自动进入再次运行阶段，以便消防人员和急救人员紧急使用和临时使用电梯。在此阶段，电梯除了具有自动运行状态大部分功能外，还具有以下特殊功能：按下电梯关门按钮电梯关门，但关门按钮必须一直有效到关门到位，即门完全关闭，一旦关门途中丢掉关门按钮，系统自动开门；关门后，只允许一次呼叫有效，电梯未到达目的地时，其他呼叫不响应；电梯到站自动开门，但不自动关门；禁止外呼请求。

2. 电梯功能模块

（1）开门、关门

电梯的开关门状态是系统中最复杂的控制部分，它通过对系统各种状态进行分析判断，然后决定对开关门继电器进行控制，实现电梯的开关门控制。

①开门

a. 开门基本条件

第一，电梯开门到位开关未动作。

第二，抱闸闭合。

第三，电梯运行信号或者速度信号为零。

第四，处于非消防状态。

第五，开门时间未到，或者系统为消防状态并且电梯在基站。

第六，电梯处于门区，如果不在，则必须处于检修状态。

如果电梯状态不满足开门的基本条件中的任意一条，系统立刻清除开门信号，并清除开门时间。当电梯运行状态满足全部条件时，电梯就可以根据开门的必要条件，决定是否输出开门信号了。

b. 开门必要条件

第一，当电梯运行状态由检修转为正常的时候，电梯开门。

第二，有开门呼叫，并且呼叫持续 0.1 s 以上的时候。

第三，当处于正常运行状况下，关门时间未到，并且开门信号有效的时候。

第四，关门时间未到的情况下，电梯运行信号为零，门联锁闭合，如发生超载现象，系统自动开门。

第五，当电梯处于基站平层区时，如电梯处于消防状态，电梯自动开门。

第六，电梯初次上电时，自动开门。

第七，当处于平层区又有同层开门呼叫时。

当以上条件满足的时候，系统置出开门标志，并驱动开门继电器，驱动开门门机开门，并保持一段时间的开门时间。

②关门

同开门功能一样，关门功能模块也分为基本条件和必要条件两部分。

a. 关门基本条件

无开门信号；电梯处于非超载状态；无开门呼叫；无同层呼叫；关门最小时间未到；电梯抱闸断电后 3 s，允许关门。

b. 关门必要条件

第一，当有关门呼叫的情况，电梯必须处于正常运行状况、运行处于无司机方式、关门最小时间未到时，系统可以关门。

第二，当有关门按键按下，并且按键按下 0.1 s，保证关门按钮确实按下的情况下，系统关门。

第三，当电梯处于正常运行的情况时，如果出现消防呼叫，电梯将自动关门。

第四，处于平层区时，开门后等待时间到，电梯将自动关门。

第五，电梯处于检修状态时，如果由检修转变成自动运行状态，电梯将自动关门。

（2）上行、下行

电梯在准备运行和运行途中时，为保证运行时的安全，防止意外事故发生，必须对运行条件随时监测，一旦出现不符合的运行条件，取消运行，或者就近停车，进入故障处理程序。根据电梯运行要求，系统需要向上或者向下运行时，必须满足电梯运行的基本条件，即上下运行的基本条件。

上下运行基本公共条件：

①关门到位。只有当电梯关门到位、信号有效，且门联锁闭合到位的情况下，才允许运行。

②开门信号为零，即没有开门请求时。

③电梯变频器运行正常，无故障输出时。

④运行信号发出后，延时最小时间到，抱闸打开。

当以上条件系统全部满足的时候，电梯进入运行准备状态。这时需要进行呼叫的计算，并提出运行方向，准备运行。

向上运行其他条件：

①在正常运行的情况下，电梯无故障运行，电梯通过运算给出上行请求时。

②当处于检修情况下，有慢上请求时。

③电梯处于向上爬行方式，持续爬行最大时间未到。

向下运行其他条件：

①在正常运行的情况下，电梯无故障运行，电梯通过运算给出下行请求时。

②当处于检修情况下，有慢下请求时。

③电梯处于向下爬行方式，持续爬行最大时间未到。

电梯如果满足以上任何一个条件，系统将给出方向信号，启动电梯向上下运行。在运行过程中，为保证系统的运行安全，每一个系统运行周期都必须对整个系统状态进行重新检测，一旦发现向上/下不符合运行条件，电梯将变成爬行速度，按原来的方向行驶，在就近的平层区就近停车，如果电梯已经通过了当前楼层的换速点，并没有减速停车，那么电梯保持爬行速度越过当前平层区，行驶到下一个平层区停车。

3. 故障检测

对于电梯控制系统来说，其安全问题尤为重要。能够及时发现、解决系统的电子、机械问题，并显示相应的故障代码，指明故障情况，将给电梯故障的预防、故障出现后电梯的检修带来很大的帮助。一般来说，电梯控制系统中的故障不仅有控制电路的器件故障，包括元件老化、失灵、损坏等情况，还有变频器运行故障，分布式控制系统的串行通信故障，门联锁、抱闸接触器、主接触器等机械故障。

（1）输入口输入信号不一致，故障代码显示"---"

分布电梯控制系统虽然许多数据通过串行总线部分进行通信，但为保证系统的高可靠性、高安全性，许多重要的参数、数据必须通过点对点的 I/O 方式进行发送，包括强迫上下行换速开关、开关门到位、自动/检修、门联锁安全开关等。对于自动/检修、变频器运行信号等几个重要输入量，为保证输入信号的可靠性，一般采用双通道输入的方法，即一个信号同时输入两个端口。系统同时检测这两个输入端口，只有两个端口读到的数据一致，系统才正常；一旦发现读入数据存在差异，就证明系统输入器件出现故障，系统进行报警显示。

（2）正常运行不在平层区停车，显示"A"

如果在正常行驶的情况下，电梯在非平层区停车，整个系统将出现故障，显示代码"A"。一般来说，这是由以下故障所引起的：①电梯抱闸断开，电梯强行停车。②门联锁拖开，门联锁拖开一般表示有一个或者多个梯门没有闭合。当电梯正常运行时，必须保证每一层楼的电梯门关闭，以免乘客出现危险。③电梯运行途中停电。④变频出错。

（3）变频器故障，显示"B"

变频器是电梯驱动单元的主要部分，它的稳定性直接关系到电梯运行部分的稳定。特别是当电梯运行时，电梯安全装置——抱闸已经打开，载人的轿厢完全由变频器带动曳引机牵动，如果此时变频器出错而系统不进行任何处理，轿厢将处于悬空状态，随时有下落可能。因此，一旦发现变频器出现故障，应立即报故障，进入故障处理程序。

（4）正常运行时，自动重开门超过 10 次，显示"C"

电梯正常运行时，电梯到站后将自动开门，等待一段时间后将自动关门。但是，如果此时有障碍物挡在门口或者有硬物卡在电梯门的滑道中，门机还是持续关门，很有可能使门机持续发热而被烧掉。为了防止这种现象的发生，当关门动作产生了一段时间后仍检测不到关门到位信号，门将自动被打开，系统再自动关门，即重开门。如果重开门 10 次还是关门不到位，为了保证不死循环等待，电梯报错，结束关门。

（5）正常运行在平层区不停车，显示"H"

在正常运行时，如果通过计算得出来的目标楼层与电梯将要到达的楼层相同，运行到每层楼的换速点时，系统应该进入减速停车模式，以爬行速度运行。但如果系统错误，并没有换成爬行速度，还是以中速或高速向上/下运行，那么电梯很有可能到平层区时来不及减速而停不了车。当电梯通过换速点换成爬行速度继续运行时，如果出现一些其他的原因也会发生电梯在平层区不能正常停车的情况。出现这种情况时，如不及时处理，会使电梯出现楼层呼叫混乱的情况，且可能导致系统死循环运行。当出现这种故障时，电梯将以爬行速度继续运行，直到下一个平层区停车。前一次的楼层呼叫被取消。

除此之外，故障监控部分还有主 C 接触器触电粘连；门联锁短路开门，延时到门联锁仍然闭合；抱闸接触器触点粘连；松抱闸延时到仍闭合等故障。

4. 系统监控

为准确掌握电梯内部参数，了解当前运行状况，采用基于 LCD 液晶屏的电梯监控系统。操作人员可以通过上、下、左、右、ENTER、EXIT、RESET 七个操作键对监控系统进行操作，观察自动 / 检修 / 消防、电梯运行方向、当前速度、上 / 下限位等运行状态，还可以进入参数设置窗口，对电梯运行速度、换速脉冲、开关门时间等一系列参数进行设置。

初始时，显示屏进入监控状态窗口，包括累计运行、召唤 / 指令监视窗和消防窗口。通过上下操作在各窗口间进行切换。在监控状态窗口可以了解电梯的运行情况。

（二）电梯呼梯单元功能设计

电梯呼梯单元是电梯的呼叫部分，位于每一层楼电梯门的左边或者右边，是每一层楼的呼叫装置，用于给出每一楼层的呼叫请求信息，并显示电梯当前运行情况。按照功能来说，呼梯控制器包括三大部分：显示部分、呼叫接收部分和通信部分。

1. 显示部分

呼梯单元是乘客与电梯之间人机交流的部分，它的作用是使在电梯门区等待电梯的乘客及时地了解电梯当前所在运行楼层、电梯当前运行方向以及当前本楼层的呼叫情况。本系统采用两个 8 段发光 LED 作为楼层显示器，采用两个带有上下箭头的 LED 作为电梯上下运行的方向显示器，呼梯控制器通过与主控进行通信，获取当前电梯情况并显示出来。

2. 呼叫接收部分

当乘客需要乘坐电梯而电梯并不在乘客所在楼层时，乘客需要通过每层楼中的呼梯面板上的两个呼叫按钮进行呼叫，给电梯控制系统发出上呼（需要到达当前楼层以上的地方的呼叫）和下呼（需要到达当前楼层以下的地方的呼叫）请求。呼梯接收到呼叫请求后，经过处理，通过通信部分发送给主控制器。

3. 通信部分

在传统的电梯控制系统中，呼梯和主控之间通信是采用点对点的通信方式，即 I/O 直接控制方式，主控器通过 16 根楼层显示线、2 根方向显示线、2 个呼叫登记等多根信号线直接与每一层楼的呼梯板进行直接连接，当电梯楼层增加时，系统连线就会异常复杂。因此，本系统采用目前比较流行的工业现场总线 CAN 总线完成呼梯与主控之间的通信。

（三）电梯轿厢单元功能设计

电梯轿厢单元类似于电梯呼梯单元，也是乘客与电梯控制系统人机交流的一部分。其显示部分和通信部分与呼梯显示相同，只是呼叫接收部分根据各个电梯系统所应用不同大楼的楼层数而不同。轿厢键盘按键的个数随着楼层数的增加而增加，并且新添加了开门按键、关门按键、有 / 无司机按键等一些功能按键。另外，轿厢还增加了语音功能。

语音功能使电梯控制系统进一步人性化，使乘客在乘坐电梯时感觉到亲切，更加直观地了解电梯的运行情况。

二、系统硬件设计

（一）主控系统硬件设计

主控制模块的主要功能是接收系统各方面的输入信号，根据系统的状态进行处理，并输出控制信号，完成整个系统的控制。根据电梯控制系统的特点，本书提出了一种新型、高效的系统结构——DSP+CPLD 结构。DSP（数字信号处理器）是一种适合进行实时数字信号处理运算的微处理器，能够快速、实时地完成数字信号处理运算。CPLD 是一种复杂的用户可编程的逻辑器件，以编程方便、集成度高、速度快、价格低等特点受到了广大电子设计人员的青睐。DSP 技术和 CPLD 技术的结合为电梯控制系统提供了一个很好的解决方案。

电梯主控单元按功能来分可分为四个部分：

第一，以 TI 公司的 TMS320LF2407 DSP 和 ALTER 公司出品的 MAX 7128 CPLD 为核心的主控器 CPU 板。

第二，由继电器组成的驱动板。

第三，以单片机 MCS196 和东芝公司的 T6963 为核心的液晶显示模块。

第四，电源模块。

电梯主控制器整体框图如图 3-21 所示。

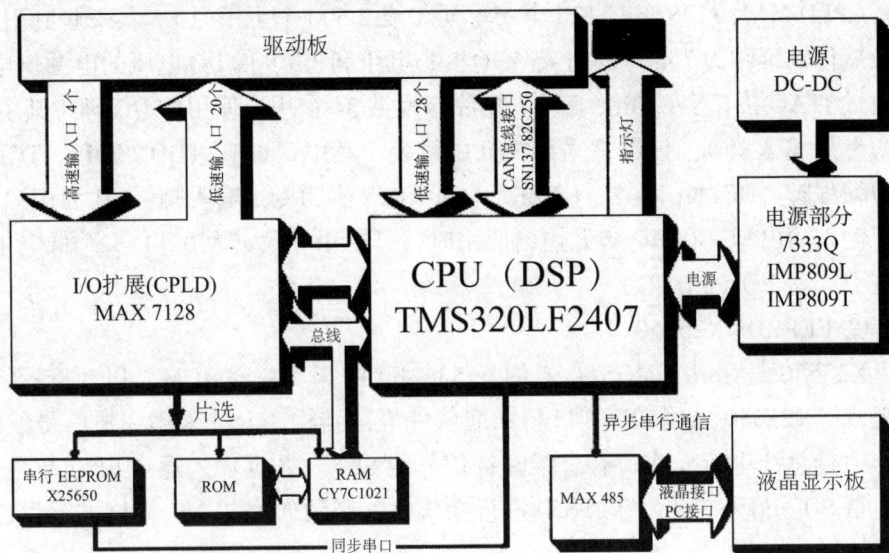

图 3-21　电梯主控制器整体框图

1.CPU 主板

CPU 部分主要是由 TI 公司的 DSP 芯片 TMS320LF2407、ALTER 公司的 CPLD MAX 7128 两大部分共同组成，为了方便电梯运行调试，系统加入一个 64 K 的 RAM 模块 CY7C1021。采用串行 EEPROMX25650 在系统断电时依然能够保存数据。

（1）主要芯片

① DSP TMS320LF2407

TMS320LF2407（以下简称"LF2407"）是 TI 公司最新推出的高性能 16 位数字信号处理器，是 24X 家族中的新成员，是定点 DSP C2000 平台系列中的一员，专门为电机控制与运动控制数字化优化实现而设计。它集 C2XX 内核增强型 TMS320 设计结构及适用于电机控制的低功耗、高性能、优化外围电路于一体，CPU 内部采用增强型哈佛结构，四级流水线作业，几乎每条指令可在 33 ns 完成，与 F240 相比性价比更高，组成的控制系统的体积大幅减小。

TMS320F240 总线结构支持丰富的片内外设的访问。两种类型的总线接口用于片内外设。绝大多数的外设通过外设总线进行访问，如双模数转换器（A/D）、串行外设接口（SPI）、串行通信接口（SCI）、看门狗（WD）和实时中断定时器（RT）。对这些外设的每次访问需要多于一个周期。事件管理器能直接与数据总线匹配，从而能得到全速的 CPU 处理能力。

CPLD MAX 7128 含有 128 个宏单元（或 2 500 个可用门），其引脚到引脚的最短传输延时为 7 ns，采用 +5 V 的核心电压和 3.3 V 的 I/O 电压的电源供电，可通过 JTAG 接口实现在线编程，并带有可供 84 个用户使用的 I/O 脚（其中 4 个为专用输入脚）。该器件采用 PQFG 封装。其中，TDI、TDO、TMS、TCLK 脚为编程脚，GCLK、GOE、GCLEAR、REDIN 脚为专用输入脚，I/O 为用户可编程输入输出脚。在 I/O 脚做输出使用时，可由用户设定为 0、1、2（低电平、高电平、高阻）三个状态。

② EEPROMX25650

X25650 是采用 CMOS 工艺的 65536-bit 的串行 EEPROM，以 8 K×8 形式组成。X25650 采用 SPI 接口和标准软件规范结构，允许采用 3 根信号线组成的串行总线进行操作，有总线时钟信号线 SCK、数据输入通道 SI 和数据输出通道 SO。另外，当对 X25650 进行操作时，必须通过芯片选择口进行片选，开启使能。

（2）CPU 板的构成

采用新型、高效的系统结构——DSP+CPLD 结构，实现了电梯控制核心 CPU 板的设计。DSP 芯片完成电梯的数据处理、任务安排、I/O 控制电路，部分安全保护设计在一片 CPLD 中。这种设计不但功能强大，而且给以后的升级带来了很大的灵活性和方便性。

DSP TMS3202407 与 CPLD MAX 7128 采用总线方式进行连接，即 DSP 上的数据 D0～D15 和地址线 A10～A15 与 CPLD 上的 I/O 口相连，定义 CPLD 与 DSP 的数据信号线连接的 I/O 为双向 I/O 口、CPLD 与 DSP 的地址信号线连接的 I/O 为输入口，DSP 中的外部数据访问使能口 /DS、外部 I/O 空间使能口 /IS、外部程序使能口 /PS，以及 DSP 读信号 /RD、写信号 /WE 全部与 CPLD 的 I/O 进行连接。其 DSP 与 CPLD 具体连接情况如表 3-2 所示。

表3-2　DSP与CPLD连接情况表

序　号	DSP 管脚	CPLD 管脚	CPLD I/D 配置	功　能
1	D0～D15	I/O 1～I/O 16	双向 I/O	用于 DSP、CPLD 之间的数据通信
2	A10～A15	I/O 17～I/O 21	单向输入口	用于 DSP、CPLD 之间的地址通信
3	/DS	I/O 22	单向输入口	数据空间选通引脚
4	/IS	I/O 23	单向输入口	I/O 空间选通引脚
5	/PS	I/O 24	单向输入口	程序空间选通引脚

序 号	DSP 管脚	CPLD 管脚	CPLD I/D 配置	功 能
6	/RD	I/O 25	单向输入口	读使能选通引脚
7	/WE	I/O 26	单向输入口	写使能选通引脚

在 DSP 运行时，如果需要从 CPLD 读取数据，应沿 DSP 的 /RS 脚由常态的高电平变为低电平，此时 CPLD 检测到 /RD 脚连接的 I/O 25 变为低电平，立即改变 I/O17 ~ I/O21 的状态，由配置的高阻状态转变成为单向输入口，延时两个 CPLD 的延时周期，当 DSP A10 ~ A15 发出的数据稳定时，CPLD 锁存地址数据并判断是否是有效地址。当地址处于 CPLD 有效地址时，CPLD 检查 /IS、/DS、/PS 端口，进行分别处理。

①当 /IS 信号有效，其他信号无效时，表明 OP 需要读取电梯的输入信号，CPLD 立即配置 I/O 1 ~ I/O 16 端口，由高阻状态转变为单向输出口，把相应的数据送到与 DSPD0 ~ D15 连接的 CPLD 的 I/O 1 ~ I/O 16 的数据端，并锁存。此时，DSP 便通过 CPLD 读取到了电梯输入的数据。

②在系统的仿真状况下，程序通过 JTAG 口下载到 DSP 板上的 RAM 中。当程序运行时，DSP 执行 RAM 中的程序代码。当 /PS 信号有效、其他信号无效时，表明 DSP 需要读取外部程序。当 /DS 信号有效、其他信号无效时，表明 DSP 需要读取外部数据。CPLD 判断地址的有效性，CPLD 输出 RAMCY71021 的片选信号，RAM 输出数据到 DSP。

③在系统处于实际的工作情况下，程序处于 DSP2407 的内部，片外的 RAM 用于动态数据的存储。当程序运行，DSP 读取外部 RAM 的 /PS 有效、其他信号无效时，表明 DSP 需要读取外部数据。CPLD 判断地址的有效性，CPLD 输出 RAMCY71021 的片选信号，RAM 输出数据到 DSP。

DSP 与液晶显示模块是采用串行通信接口（SCI）进行通信的，它提供了通用全双工的异步接收 / 发送（UART）通信模式，可与 PC 机串口、打印机等标准器件通信，可采用 RS-485 协议。

看门狗定时器（WD）是一个 8 位增量计数器。在正常工作情况下，程序周期性对定时器进行清零。若程序出错、飞出或死机，则定时器溢出，产生复位信号。

事件管理器（WD）包括三个通用定时器、三个全比较单元、脉宽调制电路、捕获单元以及正交编码器脉冲（QEP）电路。事件管理器这个为应用而优化的外围设备单元与高性能的 DSP 内核一起，使在所有类型电机的高精度、高效和全变速控制中使用先进的控制技术成为可能，事件管理器中包括一些专用的脉宽调制（PW）单元。

（3）电源部分

为保证电梯系统能正常工作，必须给电路一个稳定纯净的电压。由于工业现场情况比较复杂、噪声比较多，电源比较不稳定。一般来说，电源噪声有差模、共模之分。所谓差模信号，是指电源两条输入线相对大地或系统基准电压大小相等、方向相反的噪声；所谓共模噪声，是指大小相等、方向相同的噪声。对于本系统来说，电源输出端的 GND 被当作系统的电源基准，因此系统电源不存在共模干扰，只存在差模干扰。对于电源设计，应该采取硬件抗干扰措施，如滤波器。

滤波器按结构分为无源滤波器和有源滤波器。由无源元件电阻、电容和电感组成的滤波器为无源滤波器；由电阻、电容、电感和有源元件（如晶体管、线性运算放大器）组成的滤波器为有源滤波器。

滤波器最重要的是其频率特性，可用对数幅频特性 $20\lg A$ 表示。在抗干扰技术中又称为衰减系数，即

$$衰减系数 = 20\lg\frac{U_o(j\omega)}{U_i(j\omega)} \tag{3-1}$$

式中：U_o 为滤波器的输出信号；U_i 为滤波器的输入信号；ω 为信号的角频率。

这里主要介绍无源滤波器，无源滤波器包括以下几种。

第一，电容滤波器。电容 C 的电抗与频率有关。设输入量为电流 $I_C(S)$，其输出为电压 $U_o(S)$，则传递函数为

$$A(S) = \frac{U_o(S)}{I_C(S)} = \frac{1}{CS} \tag{3-2}$$

频率特性为

$$A(j\omega) = \frac{U_o(j\omega)}{I_C(j\omega)} = \frac{1}{j\omega C} \tag{3-3}$$

对数幅频特性为

$$20\lg A(\omega) = 20\lg\frac{1}{\omega C} = -20\lg\omega C \tag{3-4}$$

显然，随着频率 $\omega = 2\pi f \to \infty$，滤波器的输出电压衰减逐渐增加，起到了低通滤波的效果。其输入输出特性如图 3-22 所示。

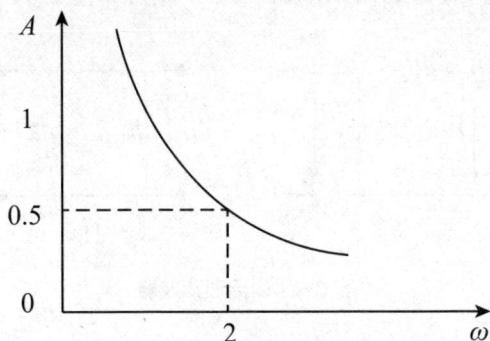

图 3-22　电容滤波器的特性

第二，电感滤波器。电感 L 的电抗与频率有关。设输入量为电流 $I_L(S)$，输出为电压 $U_L(S)$，且与电流变化率方向相反，则传递函数为

$$A(S) = \frac{U_L(S)}{I_L(S)} = LS \qquad (3\text{-}5)$$

频率特性为

$$A(j\omega) = \frac{U_L(j\omega)}{I_L(j\omega)} = J\omega L \qquad (3\text{-}6)$$

对数幅频特性为

$$20\lg A(\omega) = 20\lg \omega L \qquad (3\text{-}7)$$

显然，随着频率 $\omega = 2\pi f \to \infty$，电感线圈两端电压 U_L 将增加。由于电感串联在线路中，因此滤波器的输出电压 $U_o = U_i - U_L$ 将衰减，起到了滤波的效果。电感滤波器的输入输出特性曲线如图 3-23 所示。

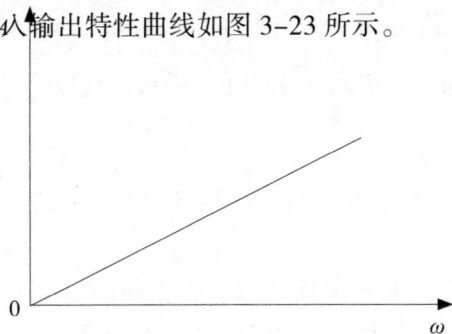

图 3-23　电感滤波器的特性

第三，低通滤波器。为了达到比较好的滤波效果，可以采用电感和电容

组成的低通滤波器，其按电路的结构主要可分为 L 形、Π 形两种，如图 3-24 所示。

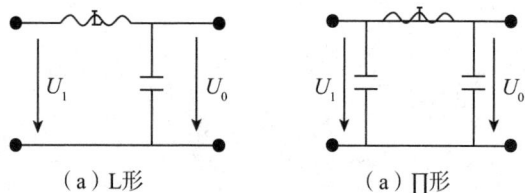

（a）L形　　　　　　　　　　（a）Π形

图 3-24　低通滤波器

L 形低通滤波器构结如图 3-24（a）所示，若设电感 L 的直流电阻为 R，则传播函数为

$$A(S) = \frac{U_o(S)}{U_i(S)} = \frac{\frac{1}{SC}I(S)}{\left(SL + R + \frac{1}{SC}\right)I(S)} = \frac{1}{S^2LC + SEC + 1} \qquad (3-8)$$

其频率特性为

$$A(j\omega) = \frac{1}{j\omega RC + 1 - \omega^2 LC} \qquad (3-9)$$

幅频特性为

$$A(\omega) = \frac{1}{\sqrt{(\omega RC)^2 + \left(1 - \omega^2 LC\right)^2}} \qquad (3-10)$$

$$20\lg A(\omega) = -20\lg\sqrt{(\omega RC)^2 + \left(1 - \omega^2 LC\right)^2} \qquad (3-11)$$

Π 形低通滤波器结构如图 3-18（b）所示，其传递函数为

$$A(S) = \frac{U_o(S)}{U_i(S)} = \frac{\frac{1}{SC}I(S)}{\left(SL + R + \frac{1}{SC}\right)I(S)} = \frac{1}{S^2LC + SRC + 1} \qquad (3-12)$$

由此可见，Π 形与 L 形低通滤波器有相同的衰减系数。根据对各种滤波电路的性能测量，对于差模干扰信号，Π 形低通滤波器有较好的表现，因此系统采用 Π 形低通滤波器。

当系统输入电源出现间歇性短路、掉电情况时，为了保证系统正常工作，本系统采用了图 3-25 所示的设计。但外部电源供电正常时，电流通过二极管给系统供电，并给电容充电。一旦输入电源掉电，由于电容开始放电，加上二极管的单向导通特性，二极管右端仍可以维持短暂的系统所需的电压。

对于单一输入的 +24 V 的电压，为了变换出多路的 +5 V、+12 V 电压，系统采用了目前应用非常广泛的 DC/DC 功率变换模块作为直流电源的转换器，加上 DC/DC 模块有很好的隔离性质，使系统内部与外界处于隔离状态，进一步减少了外部噪声对系统的干扰。

（4）数据的保护电路

由于对电梯的数据的安全性要求比较高，在任何情况下，电梯的运行状态、楼层高度、楼层呼叫请求等信息不允许丢失，随时需要调用。如果数据丢失，就会引起电梯运行的混乱，带来严重的后果。鉴于此，必须对电源进行监控，保证系统掉电之前做出相应的处理，保护数据。系统采用串行 8 × 8 K 的 EEPROMX25650 作为存储单元，当系统掉电时，用于保存数据。DSP 与 X25650 的连接是采用串行外设接口（SPI）连接的，它是一种高速的同步串行 I/O 口，用于 DSP 与外部设备或其他控制器间同步数据通信，支持 125 种不同的波特率，如当系统时钟 SYSCLK 是 10 mHz 时，波特率的范围是 78.125 kbps 到 2.5 Mbps。

本书所研究的系列是一个 3 脚封装的电源管理模块，用于监控电源的稳定性，其电源模块连接图如图 3-25 所示。

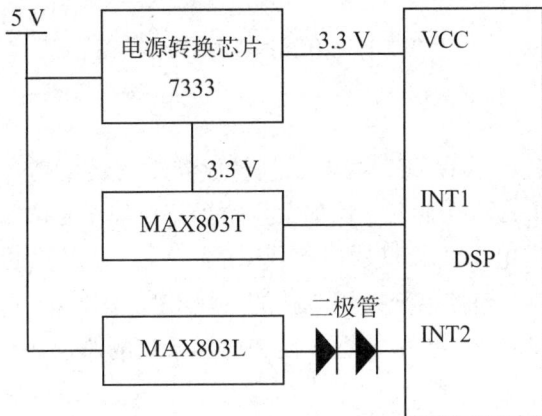

图 3-25　电源模块连接图

电源转换芯片 7333 的作用是把系统的 5 V 电源转换成 3.3 V，作为 DSP 的工作电源。MAX803T 用于监控 7333 转换后的 3.3 V DSP 工作电压，并把监控信号连接到 DSP 的中断口 INT1 上，MAX803T 监控 5 V 的系统电压，把监控信号连接到 DSP 的中断口 INT2 上，考虑到 MAX803T 输出的高电平信号为 5 V，而 DSP 工作电压为 3.3V，因此采用两个二极管进行降压，信号降压后送入 DSP 中断口 INT2 上。当电梯掉电时，由于电压下降有一段过程，如图 3-26 所示，电源监控模块 MAX803L 监测到系统电压低于 4.38 V 时，即图中 B 点处，表明系统电源出现掉电现象，立即会给 DSP 发出一个中断信号，DSP 进入中断，并把所需保存的数据存入 X25650 中，保存数据完毕后，输出控制信号使电梯停止运行，图 3-26 中时间段 a 为数据保存的最大时间。经过反复试验，数据可在该时间段内完全保存。当电压继续下降到 3.08 V 以下时，即图 3-26 中 C 点处，系统已经不能保证 DSP 正常工作了，电源监控模块 MAX803T 将不断地发出复位脉冲给 DSP，使系统处于复位初始状态，直到电压恢复到正常状态。

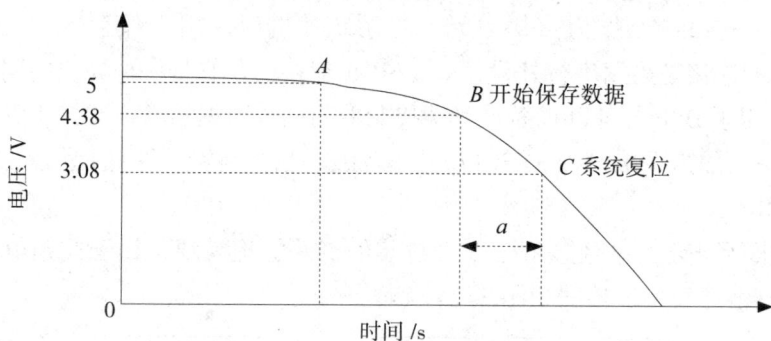

图 3-26　系统数据紧急保存示意图

2. 液晶板

近年来，液晶显示器 LCD 在电子测量仪器中的运用越来越广泛。液晶显示器有低功耗、低驱动电压、体积小而且薄等特点。正是由于液晶显示器的这些优点，它成为在电子测量仪器中替代 CRT、LED 显示器的最佳选择。为了增加系统的灵活性，监控系统采用单独的一块 CPU MCS80C196KB 作为液晶显示器的控制器，完成与主控的数据交换和电梯系统的监控。

（1）主要芯片介绍

① MCS80C196KB

MCS196 系列单片机是美国英特尔公司 20 世纪 80 年代中后期推出的一种 16 位单片机，也是国内使用较多的一种单片机。MCS196 系列单片机是一种高性能单片机，与 MCS51 系列相比，该系列单片机不仅有 16 位的片内 CPU 和较高的总线速度，还有相当多的片内 RAM、高速 I/O（HSIO）、10 位 A/D 转换器、程序监视器和其他一些特殊功能电路。该系列单片机的 CPU 无累加器，实行寄存器到寄存器的直接运算，相较 MCS51 单片机，大大提高了系统的工作效率和灵活性。

②液晶块

系统采用北京清华蓬远科贸公司的带有液晶控制器 T6963C 的液晶显示模块，它的分辨率为 64×128 点阵，为反射背光方式。T6963C 多用于中小规模的液晶显示器件，常被安装在图形液晶显示模块上，以内藏控制器式图形液晶显示模块的形式出现。它有以下特点：

T6963C 采用液晶图形显示控制器，能与标准总线结构的处理器直接接口。

T6963C 的字符字体由硬件设置，其字体有 5×8、6×8、7×8、8×8 4 种。

T6963C 以图形方式、字符方式及图形和字符合成方式进行显示，可以实现字符方式下的特征显示和屏幕拷贝操作等。

T6963C 具有内部字符发生器 CGROM，共有 128 个字符，可管理 64 K 的 RAM，作为显示缓冲区及字符发生器 CGROM，并可允许 MPU 随时访问显示缓冲区，甚至可以进行位操作。

液晶块的框图如图 3-27 所示，D0 ~ D7 为数据总线，/WR 为写信号，/RD 为读信号，/RES 为硬件复位信号，A0 为寄存器选择信号，/CS 为选通信号，VCC 为 +5 V 电源，GND 为地，VEE 为负电源，它控制液晶显示对比度的大小。

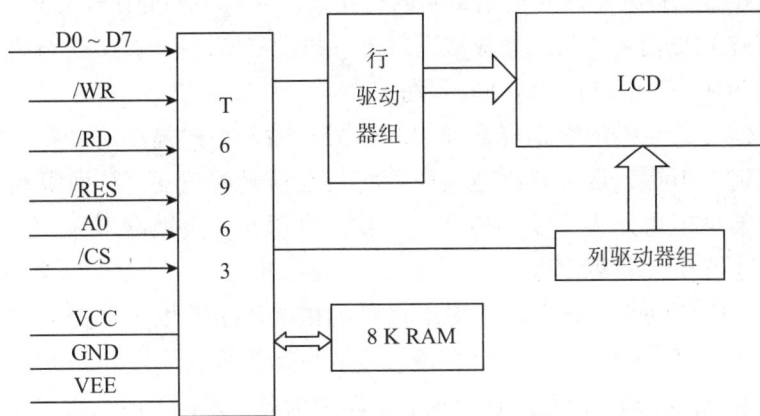

图 3-27　液晶显示模块内部结构

（2）液晶板的构成

为了使主控器快速准确地进行电梯控制，避免其他程序对控制系统进行干扰，本系统主控采用双 CPU 分布式控制，即 DSP 负责整个电梯主控制，一块 MCS196 作为液晶的控制，并采用 485 和 DSP 作为通信交换数据的通道。其电路图如图 3-28 所示。

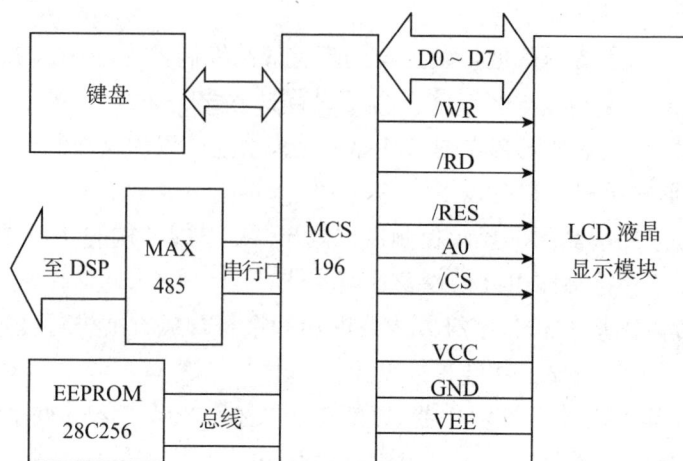

图 3-28　液晶模块示意图

MCS196 通过 74LS573 进行总线扩展，用于连接 LCD 板和数据存储器 28C256。28C256 是一块 32 K 的 FLASHROM，整个系统的程序就存放在 FLASHROM 中，当 80C196 有效复位后，CPU 通过总线从 28C256 的程序区 2080H 区开始执行程序，并根据不同的程序情况执行不同的操作。MCS196 通过 D0 ~ D7 数据信号线与液晶板数据口进行数据交换，通过 A0 进行寄存器选择，通过 /RD、/WR 控制 CPU 的读写。

数字信号的传输随着距离的增加和信号传输速率的提高而变化，在传输线上的反射、串扰、衰减和离地噪声等将引起信号的畸变，从而限制通信距离。普通的 TTL 电路由于驱动能力差、输入电阻小、灵敏度不高，抗干扰性能差，传输信号的距离很短。

RS232 接口电路，其驱动器输出信号的幅度比 TTL 电平大得多，使抗干扰能力大大提高，但由于 RS232 标准规定，驱动器允许有 2 500 pF 的电容负载，通信距离也受到了限制。在要求通信距离为几十米以上时通常采用 RS485 接口。RS485 收发器采用平衡发送和差分接收，即在发送端，驱动器将 TTL 电平信号转换成差分信号输出，在接收端，接收器将差分信号变成 TTL 电平。因此，RS485 具有抑制共模干扰的能力，加上接收器灵敏度高，能检测到低达

200 mV 的电压，故传输信号能在很远的距离得到恢复。使用 RS485 总线、一对双绞线可以实现分布式系统中多点的网络通信。

为提高 RS485 在系统工程总线应用中的可靠性，使主 CPU 板和显示板间之间能互不干扰地进行通信，系统使用独立的一套电源给 485 芯片供电，并通过高速光耦 6N137 进行隔离。

（二）呼梯硬件设计

电梯呼梯部分功能比较简单，系统采用一块 8 位的 51 单片机 MCS 89C51 来实现其功能。为保障系统有一个纯净的工作电源，系统中采用一块 DC/DC 电源模块把工业 +24 V 电压转变成 +5 V 电源，既实现了电压转换，又起到了隔离防干扰的作用。对于显示电路，由于发光元件采用 LED 作为显示装置，电流消耗比较大，为不加大 DC/DC 模块的功率负担，显示部分采用单独的稳压电源 7805 提供 +5 V 电源，可以在不增加干扰的情况下降低系统的成本。显示部分同 CPU 之间采用串行通信方式进行数据的交换，为避免不同电源之间的干扰，采用了高速光耦合器 6N137 进行隔离。因为 MCS 89C51 自身不带 CAN 总线控制器，因此需要采用单独的 CAN 总线控制器 SJA 1000 用于 CAN 总线的连接。呼梯控制器的总体框图如图 3-29 所示。

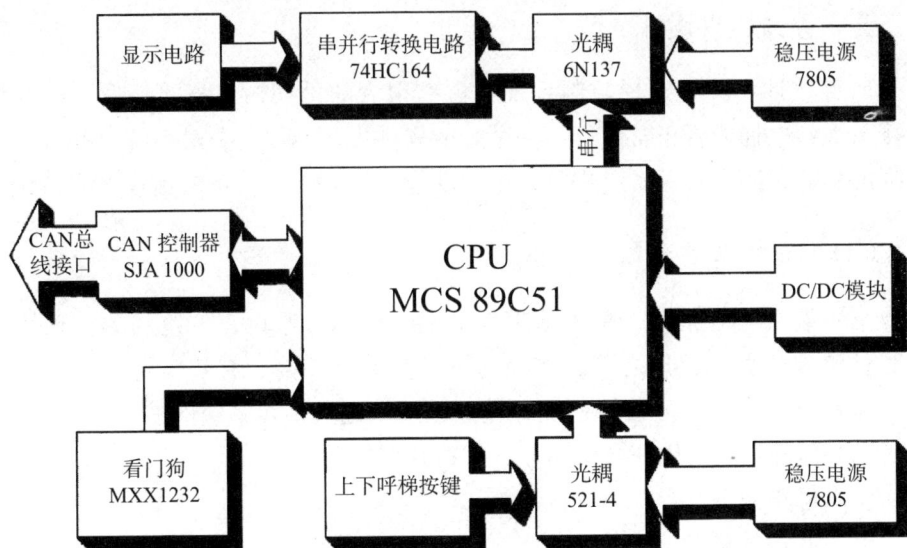

图 3-29　呼梯控制器的总体框图

（三）轿厢硬件设计

轿厢部分与呼梯功能上差别不大，鉴于一套电梯只有一个轿厢控制器，系统采用内部集成 CAN 总线控制器的 DSP TMS320LF2407 作为控制核心，使系统简洁、明了。轿厢控制器总体框图如图 3-30 所示。

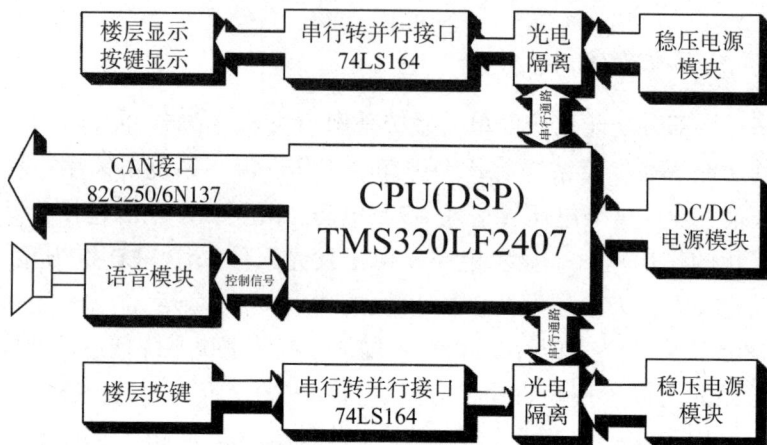

图 3-30　轿厢控制器总体框图

三、系统软件设计

软件设计在整个电梯控制系统中占有很大的份额，系统软件设计的好坏直接关系到电梯能否正常运行。一个好的软件设计不仅需要对系统流程有一个清晰的了解，还需要对系统进行详细的功能模块划分，真正做到软件模块化。

（一）系统任务分配

当系统十分复杂时，集中处理任务的工作十分艰巨，传统的单机环境难以胜任该项任务。相比之下，多处理机具有吞吐率高、有效支持多任务等特点，能够很好地支持复杂的系统。任务分配问题是多机系统的核心问题之一，是研究如何确定系统中任务集向多处理机映射的关系。

基本思路如下：

分布式系统的任务分配是一个必须考虑通信代价、负载均衡、等待时间以及系统总效率等多目标优化的问题。有关它的策略、方法以及算法的研究已经取得了许多成果。一般有静态转移和动态转移方法、发送者启动和接收者启动策略等。

静态转移方法不考虑节点的当前状态，一般采用散列等技术来实现。这种方法实现简单，但效率不高。各节点以及系统的状态是不断变化的，只有利用这些状态才能提高转移目标的优化程度。动态转移方法一直是分布式系统中任务分配的主要研究对象。发送者启动策略是发送节点寻找合适的接收节点的过程，它在系统总负载较轻时是比较有效的。接收者启动策略是接收节点寻找合适的处理任务的过程。和发送者启动策略相比，在系统总负载较重的情况下，它具有更强的忍耐力。近几年，人们已经尝试把两者结合起来，扬长避短来产生更好的算法。

　　分布式计算机系统的一个重要问题是，如何将应用系统的多个任务分配到各处理节点，使整个系统通信开销最小、负载均衡、减少等待时间以及提高系统效率等。对于容错实时性系统，还应实现任务的冗余分布及满足系统实时性要求。一般来说，分布式系统任务分配算法可分为静态分配、动态分配及混合分配三类，对于某一具体应用需要根据应用要求确定最佳分配算法。

（二）主控单元控制算法

　　主控单元用于电梯的主体控制，完成电梯的运行。系统借助嵌入式系统的控制思想，采用以各个电梯运行函数为基础、调度程序为核心的一套控制方式，即在软件设计时按照电梯的运行状态划分为一个个独立的任务，通过采用一个专门的调度程序，分配、调度和管理这些任务，实现电梯的正常运行。系统类似一个多任务适时操作系统，对于各种任务的调配可以采用基于优先级的抢占式调度算法和轮转调度算法两种算法。

　　如果使用基于优先级的抢占式调度算法，系统中的每个任务都有一个优先级，任意时刻，内核将 CPU 分配给处于就绪的优先级最高的任务运行。基于优先级的抢占式调度算法示意图如图 3-31 所示。

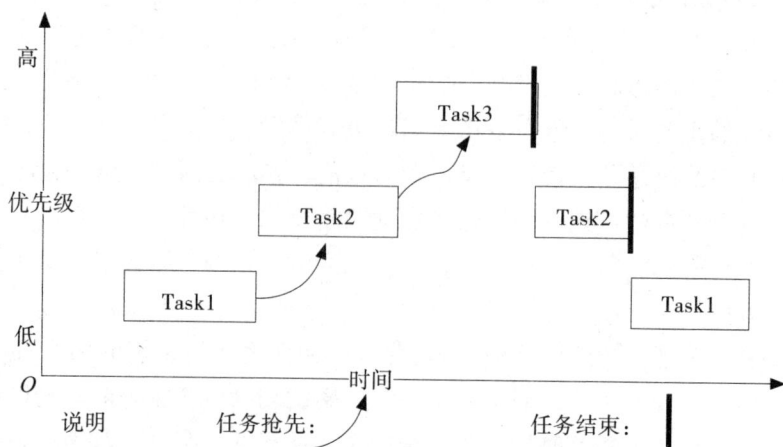

图 3-31　基于优先级的抢占式调度算法示意图

在图 3-31 中，任务 Task1 运行中被高的优先级的任务 Task2 抢占，Task2 又被 Task3 抢占，当 Task3 运行结束时，Task2 继续执行，当 Task2 运行结束时，Task1 继续运行。但是，当系统存在多个相同的优先级的任务共享 CPU 时，第一个获得 CPU 的任务可以不被阻塞地独占 CPU。如果没有阻塞的情况出现，它就不会给其他相同优先级的任务运行机会。对于电梯控制系统，大多数任务处于同一优先级状态，如向上运行、呼叫登记、安全监控、开关门、抱闸运行等，如果其中一个任务执行时独占了整个 CPU 的资源，很有可能导致电梯处于向上运行阶段不能执行呼叫登记、安全监控等任务，这将使电梯运行存在很多安全隐患。因此，基于优先级的抢占式调度的算法不能完全应用于电梯控制系统。

轮转调度算法试图让每个任务优先级相同，处于就绪状态的任务公平地分享使用 CPU。它通过使用时间片来实现这种相同优先级任务 CPU 的公平分配。

一组任务中的每个任务执行一个预先确定的时间片，然后另一个任务执行相等的一个时间片，依次进行。这种分配是公正的，它保证一个优先级组中，在所有任务都得到一个时间片之前，不会有任务得到第二个时间片。轮转调度算法的示意图如图 3-32 所示。

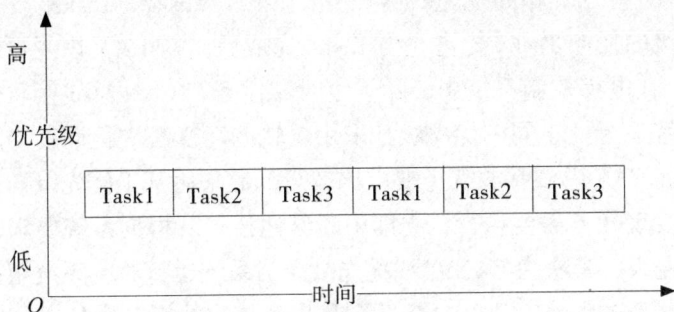

图 3-32 轮转调度算法的示意图

在图 3-32 中，Task1、Task2 和 Task3 处于同一个优先级，系统最先执行 Task1 任务，完成后执行 Task2，结束后 Task3 继续执行。这样，系统每个任务处于平等的关系，谁也不会影响谁。但是，轮转调度算法如果应用于电梯控制系统中也会存在一些问题。

电梯运行的大多数任务存在一个标准运行时间，包括开关门时间、抱闸时间、启动时间、停车时间等，因此必须有一个精确的时间定时任务运行，并且此任务处于所有任务的最高优先级，一旦任务需要运行，不容许被耽误，且运行途中不允许被打断。另外，对于 CAN 总线接收任务服务程序，为及时了解分布式控制系统其他分布式控制器的运行情况，必须对接收的数据立刻读取、及时处理。因此，轮转调度算法不能完全应用于电梯控制系统。为发挥以上两种算法的优越性，避开其在本系统的不适用点，系统采用基于优先级的抢占式调度与轮转调度相结合的算法（图 3-33）。

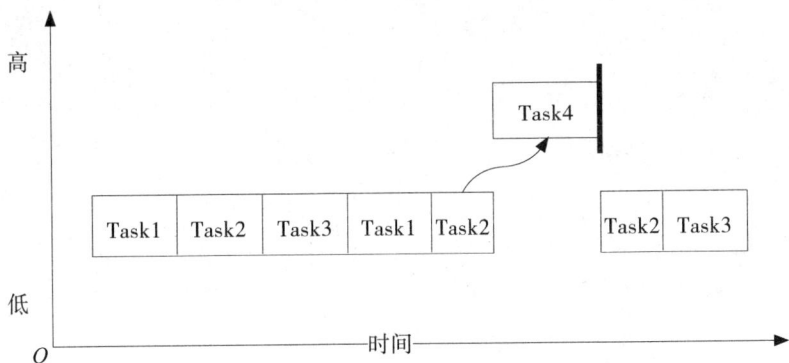

图 3-33 基于优先级的抢占式调度与轮转调度相结合的算法

图 3-33 中有三个相同优先级的任务：Task1、Task2、Task3。Task2 在执行时被高优先级的任务 Task4 抢占，当 Task4 完成后，Task2 又恢复运行，完成后执行 Task3。在电梯控制系统中，除了定时器任务和 CAN 总线接收任务外，其他任务对系统运行处于同一优先级，采用轮转调度算法进行调度。因为系统对定时器任务和 CAN 总线接收任务要求比较高，故采用基于优先级的抢占式调度算法，一旦发现任务需要执行，立即中断其他任务。根据系统要求，分配定时器为最高优先级，其次为 CAN 总线优先级。当系统运行时，系统根据不同的情况进行各种任务的调度，进行任务队列排序，依次执行各个任务。在程序的设计中，对于每一个任务进程都有一个运行条件和运行时间，一旦发现进程不满足运行条件或者超出运行时间，系统将按照轮转调度算法保存当前进程的各种状态，退出当前进程。当一个进程运行时，如果比它优先级高的进程发出中断请求，系统将按照基于优先级的抢占式调度算法进行当前进程保存，执行中断进程，中断完成后恢复所保存的进程。采用基于优先级的抢占式调度与轮转调度相结合的算法后，电梯控制系统将能够合理分配进程，协调运行。

（三）主控软件总体结构

基于主控器的软件设计主控程序流程图如图 3-34 所示。

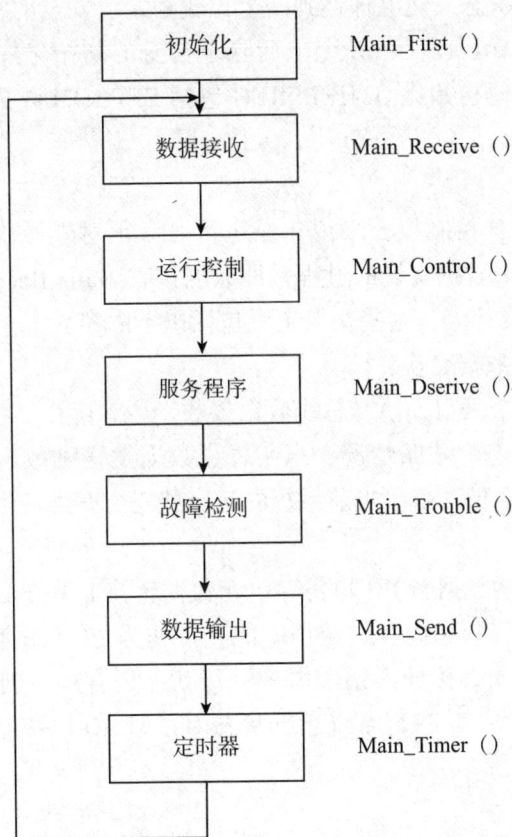

图 3-34　主控程序流程图

1. 初始化 Main_First（）模块

初始化模块是电梯控制系统初始运行部分，负责初始化系统的各种参数，根据情况把电梯设置成一种初始上电运行状态。初始化模块包括以下几部分：①定时器 1、2 初始化 ST_TIME（）。完成定时器的内外部时钟的选择，设置可编程的定标器的初值，选择计数时钟频率、计数模式等。②定时器标志初始化 ST_BTIME（）。完成定时器所选择寄存器的内存清零工作，为初始参数提供一个空白区间，避免干扰。③液晶显示屏数据初始化 ST_SHOW（）。对于主控 DSP 与显示控制 CPU 之间的通信采用标准函数 SH_SSEND（），函数只提供一个内存接口。液晶显示屏数据初始化程序就是对其接口内存初始化。④ CANPeli 模式初始化 ST__CPELI（）。对 DSP320LF2407 内 CAN 控制段中的寄存器进行初始化。⑤ I/O 初始化（）。在电梯上电的初始状态，系统的 I/O 状态是不定的，这样会对电梯造成极大的危险。I/O 初始化主要是根据当前情况设置输入输出状态，使电梯达到一个比较稳定、安全的状态。⑥CPLD 数据初始化 ST＿CPLD（ ）。CPLD 上电后除了自身的初始化外，还要和 DSP 进行数据交换。⑦其他初始化 OTHER_REG 包括 EEPROM 数据提取、电梯换速点设置等一系列初始化。

2. 数据交换

对于 DSP+CPLD 控制核心来说，在运行时必须对外界数据进行读取、处理、输出，完成一个数据交换的过程，即数据接收 Main_Receive（ ）和数据发送 Main_Send（ ）两部分。这些交换主要包括以下内容。

（1）CAN 总线数据交换

这部分包括两个函数：CAN 总线数据接收函数 RE_CAN（ ），用于接收呼梯、轿厢的运行状态、呼叫情况；CAN 总线数据发送函数 SECAN（ ），根据电梯控制器处理的结果，给出当前系统的运行状态寄存器的值、电梯运行当前楼层、运行方向等。

（2）内部寄存器数据与 I/O 口寄存单元数据转换 IND_TRAN（ ）

系统的各种运行状态内存的数据不能直接作为 I/O 口的输出格式，I/O 口读回来的数据也不能直接导入系统电梯运行状态内存中。因此，要通过数据转换程序 IND_TRAN（ ）进行系统运行状态内存和 I/O 口寄存单元的数据交换转换。

（3）I/O 口数据交换

这部分包括输入 SE_IODATA（ ）和输出 RE_IODATA（ ）两个函数，完成数据和硬件端口的交换。

3. 运行控制 Main_Control（ ）

运行控制部分是电梯运行的核心部分，也是系统最复杂的部分，Main_Control（ ）的设计直接关系到电梯运行是否稳定、高效。其流程图如图 3-35 所示。

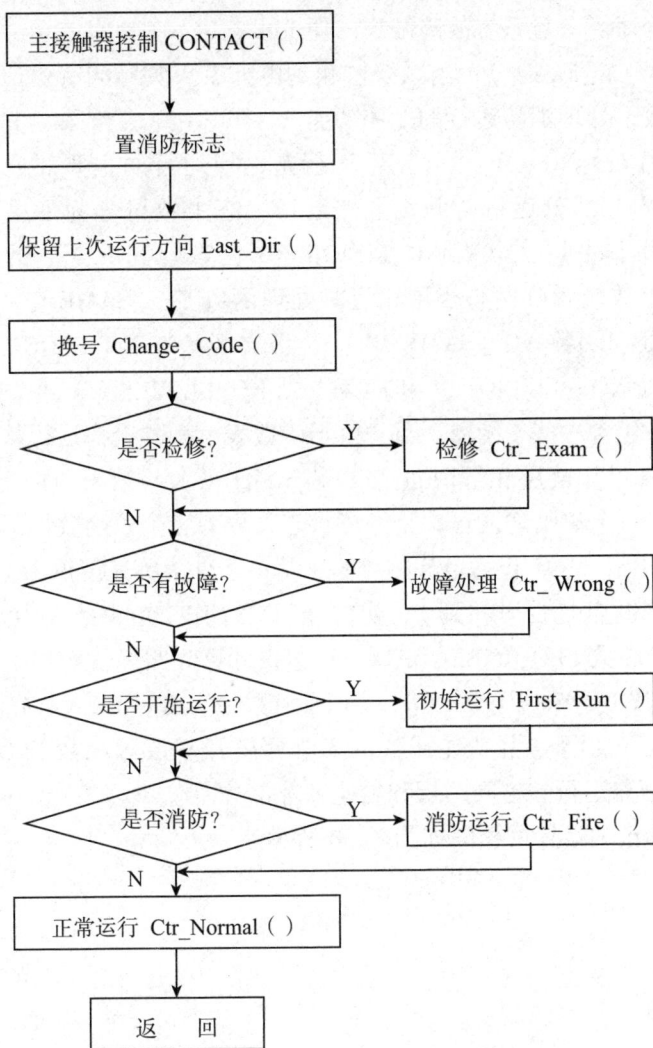

图 3-35 运行控制主流程图

主接触器控制 CONTACT（ ）函数完成电梯主接触器安全条件的判断、保护，保证主接触器正常运行。

保留上次运行方向 Last_Dir（ ）函数用于对电梯前一周期的运行部分状态进行保留，作为电梯呼梯、轿厢部分电梯运行销号的判断条件。

换号 Change_Code（ ）函数用于处理电梯运行的楼层号码。根据电梯运行情况以及系统设定的换号要求进行自动换号。

故障处理 Ctr_Wrong（ ）：当系统出错后，系统应马上退出正常运行状态，并启动保护程序。一旦系统故障解决，便退出，进入其他状态。

消防运行 Ctr_Fire（ ）：当系统监测到电梯有火灾呼叫有效请求时，立即进入消防函数，处理消防运行的一些功能。

正常运行 Ctr_Normal（ ）：正常运行是电梯运行的主要部分，它占据整个电梯运行的大部分运行时间，电梯运行状态大致可分为平层区状态 AT_FLOOR（ ）和非平层区状态 NO_FLOOR（ ）函数。其中，平层区状态 AT_FLOOR（ ）函数包含呼叫与楼层相等时处理函数 YES_SAME（ ）和呼叫与楼层不相等时处理函数 NO__SAME（ ）。非平层区状态 NO_FLOOR（ ）函数包括换速点未到 NO__FL_NO（ ）和换速点到 NO_FL_YES（ ）两个函数。在这些函数中，又包含一些子函数，每一个子函数表示一种电梯运行状态。

当电梯呼叫与楼层相等时进入 YES_SAME（ ）函数，即进入停车模式。为了使系统有一个清晰的流程，将停车状态又分为三个子函数：①到平层区函数 FLOOR_FIRST（ ），包括电梯的停车（结束条件为零速度输出）、抱闸（结束条件为抱闸断电延迟时间到）、初次开门等动作（结束条件为开门到位）；②在平层区子函数 FLOOR_SECOND( )，包括计算呼叫函数 FLOOR_CALL( )、同层开门函数 DOOR_SOPEN（ ）、开门函数 DOOR__OPEN（ ）、关门函数 DOOR_CLOSE（ ）等一些功能函数；③电梯离开平层区函数 FLOOR_THIRD（ ），包括变频器运行、抱闸运行和给速度等部分。

整个电梯正常运行的框图如图 3-36 所示。

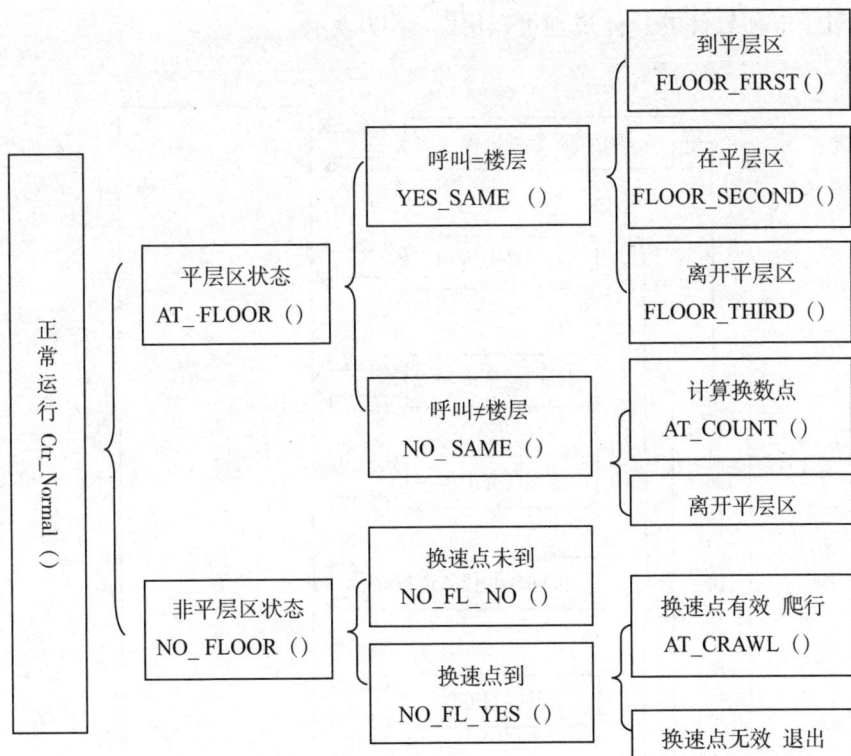

图 3-36　电梯正常运行的框图

四、主控单元内存分配

考虑到电梯控制系统任务繁多，各个任务之间相互关联。相互影响的参数较多，如果各个功能函数采用完全独立的进程来执行，将引起系统的数据混乱。如果给每个函数进程按照入口参数和出口参数进行设计，就可以加强系统各进程的联系，但在电梯控制系统中，各个进程中牵扯到的数据太多，如对各入口参数和出口参数进行设计，将使系统程序设计非常复杂。根据电梯控制系统的特殊情况，系统提出了一种基于共享内存的进程控制思想。不采用系统内存动态分配的原则，而是根据系统的要求，指定 CPU 所使用的内存单元，所有进程需要固定读取或者修改所指定的单元。这样既避免了进程之间频繁地输入、返回参数值，又使各个进程通过指定的内存单元紧密地联系起来了。

对于电梯软件的总体规划可以用图 3-37 表示。

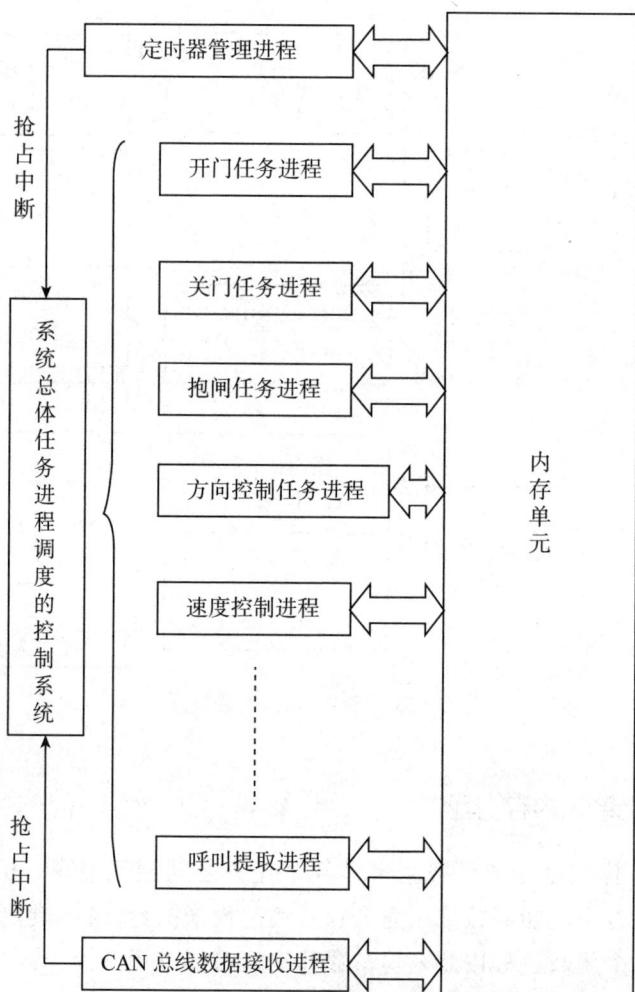

图 3-37　电梯软件的总体规划

系统总体任务进程调度的控制系统根据电梯的运行过程进行任务调度，按照优先级的抢占式调度与轮转调度相结合的算法进行电梯各进程的调度，当有定时器管理进程、外部中断进程和 CAN 总线数据接收进程需要响应时，系统将保护当前运行进程，执行抢占的任务进程，完成后恢复当前进程。对定时器和 CAN 总线进程同时提出或者 CAN 总线进程已经运行时定时器进程提出申请，根据系统优先级设定，先执行定时器管理进程。系统各进程并没有入口、返回参数，而是根据系统指定的固定内存单元进行进程的执行以及参数的修改。当某个进程完成后，其他进程执行时可以通过访问同一个内存单元使用这个进程的运行结果，而不用进行参数传递，从而使系统运行明了、简洁。

五、基于 LonWorks 现场总线的电梯技术改造

随着电梯数量的快速增长与频繁使用，电梯已经成为人们日常出行的重要设备，甚至被提到了"垂直交通工具"的高度。与此同时，超过 10 年使用年限、技术落后的老旧电梯数量不断增加，各种运行故障难以避免且呈高发态势，从而引发了困人、伤人等安全事故。据统计，全国每年电梯事故造成人员死亡的例子很多，社会对电梯安全的关注度不断提高。事前的应急救援演练、事故发生后第一时间开展有效的应急救援和应急处置对降低人员伤亡和财产损失起着重要的作用。

如今，LonWorks 现场总线技术已广泛应用于工业控制、智能楼宇、能源、交通等领域，具有以下显著特点：数据传输采用多种方式，支持多种网络拓扑方式，有高效的数据处理能力，采用变压器隔离技术，有统一的通信平台和更强的监控能力等。国家特种设备应急培训演练基地（重庆）运用 LonWorks 总线技术，通过对乘客电梯、自动扶梯进行技术改造，增设监控装置和控制软件等，以专门用于应急培训和应急演练，是在国内属较早开展综合性电梯应急培训演练研究及应用的基地。研究内容紧密结合电梯常见事故现象及原因，并能直观地展现出多种故障现象。一方面，可为电梯维保、使用单位以及公安消防等组织提供应急演练的真实平台，用于培训、提高相关人员的应急救援技能；另一方面，可在对应的故障情况下检验应急预案的可行性、合理性等，有助于推动电梯应急处置能力的整体提高。

（一）系统控制原理及示意图

由计算机操作平台统一控制各种功能模式的演示。先将现场的指令以数字信号的形式传输至数据采集部件（输入信号卡），利用电梯监控系统将现场各种运行模式的控制信号传输至数据输出卡，再经数据采集部件（输出信号卡）将模拟信号送到电梯主板或者控制器，以对电梯相关器件实施控制功能，从而直观演示出电梯的各种不同故障现象。其中，电梯数据采集部件的具体配置与电梯操作方式有关。整个控制系统示意图如图 3-38 所示。

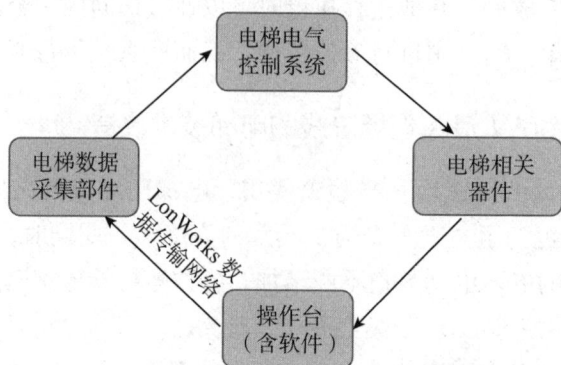

图 3-38 控制系统示意图

　　系统中采用了 LonWorks 现场总线技术装置，将用户操作台与电梯设备控制系统中的相关组件相互连接，以实现对电梯集中进行监控和管理。LonWorks 数据传输网络系统简图如图 3-39 所示。在电梯关键部位安装监控系统，如轿厢、安全钳、限速器、门联锁等，与 LED 显示屏连接后，可实时观摩故障演示中电梯有关部件的动作变化过程以及应急培训演练中的具体细节。

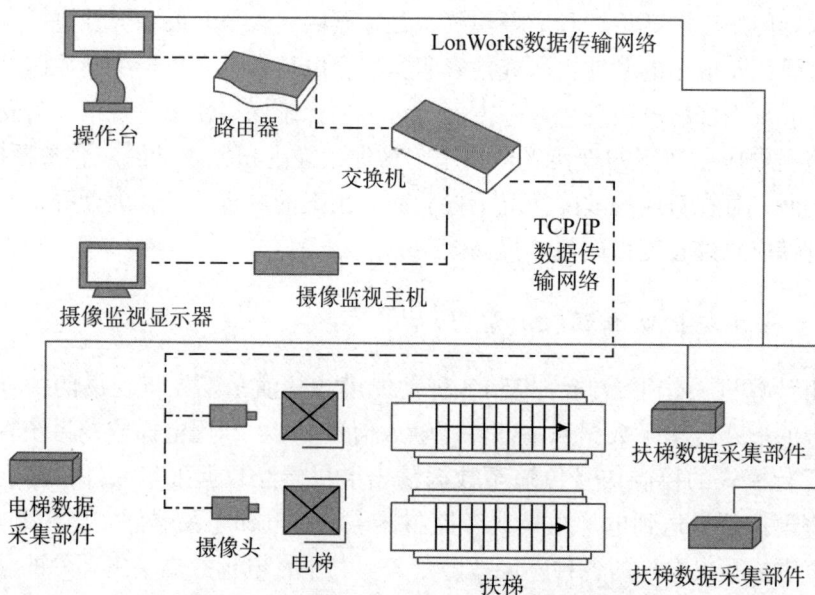

图 3-39　LonWorks 数据传输网络系统简图

（二）主要功能模式

为真实再现电梯典型事故的现场状态，如停电后轿厢困人、门区剪切、蹲底、安全钳意外动作以及挤压、踩踏事故等，乘客电梯、自动扶梯经技术改造后可同时实现多种故障演示模式。操作演示界面局部示意图如图3-40所示。各种功能模式具体描述如下。

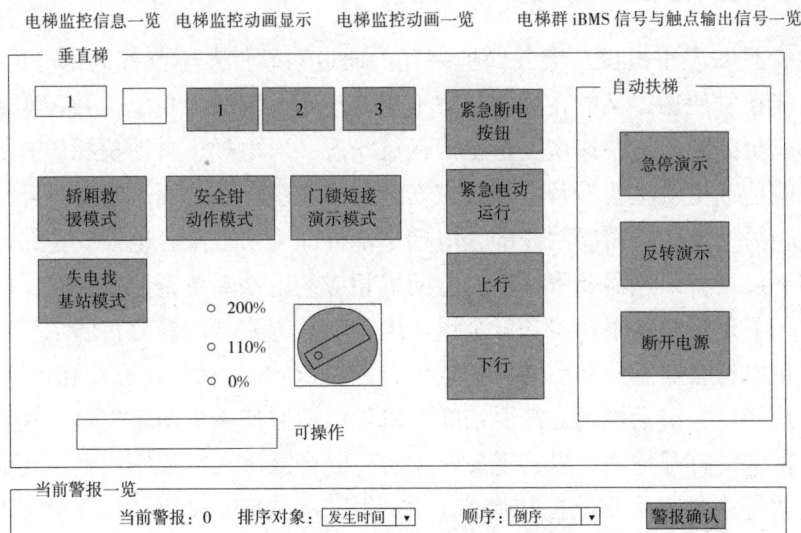

図 3-40　操作界面局部示意图

（1）轿厢救援模式：可使电梯在正常运行中突然停止，进而实施电梯困人救援操作。

（2）安全钳动作模式：可在电梯未超速运行的情况下，使限速器联动安全钳动作并将轿厢迅速制停在导轨上，从而按照相应安全操作规程救出被困人员，也可使参与者直观感受、了解电梯的安全保护系统。

（3）失电找基站模式：电梯在下行中对选层不响应，而是继续运行至基层，待找到基站后才重新响应所选楼层并退出该模式。

（4）门锁短接演示模式：电梯会在门开启的状态下仍向上或向下运行，待平层后才能退出该模式。

（5）轿厢超载机械溜车体验模式：当给出的模拟信号超过额定载重量时，电梯保持开门停止运行状态并发出超载报警声；当重量模拟信号继续增加时，电梯会继续下行至蹲底并撞击缓冲器。

（6）自动扶梯急停演示模式：在扶梯正常向上或向下运行过程中，通过急停按钮使其立即停止运行。

（7）自动扶梯反转演示模式：待放置重物的梯级运行至自动扶梯上部时，启动反转演示模式，自动扶梯会由正常速度降至零速后立即反向运行，且在梯级上存在重量偏差的作用下运行速度逐渐加快。

（三）技术改造方案及主要内容

电梯具有多重机械及电气保护装置。通过对硬件及电气控制部分的改造，电梯既能正常使用，又能在受控状态下直观演示不同故障现象，并在实施应急救援和应急处置后能快速恢复至正常运行状态。对电梯、自动扶梯的有关零部件进行改造或更换主要涉及电梯机械安全保护系统。一方面，需要拆除部分保护装置；另一方面，需要制作部分电梯零部件。为实现乘客电梯安全钳动作模式，需更换设备限速器及张紧轮，并配置相应的电动装置，使电梯在实际未超速的情况下仍能联动限速器和安全钳产生动作。为实现门锁短接演示模式，需拆除防止电梯轿厢意外移动的保护装置，并通过软件提供门机到位信号。为实现自动扶梯反转演示模式，需要切断电机供电回路使主机刹车失效，提供制动器线圈供电，打开抱闸，以实现反转演示。其余故障或事故模式则主要通过利用组态软件来进行集中监控和管理，并采用 LonWorks 现场总线技术将上位机与电梯控制系统进行通信，以实现对多种典型事故状态的直接模拟。

第四章 智能电梯群控与远程监控系统设计

第一节 智能电梯群控系统创新设计

一、电梯的并联设计

以苏州默纳克控制技术有限公司生产的 NICE3000 电梯一体化控制系统为例介绍电梯并联回路的设计。

图 4-1 为默纳克 NICE3000 系统的 CAN 通信方式并联方案。在图 4-1 中，两台电梯的 CAN 通信线中 CAN+ 通过主控板的 Y5-M5 进行转接，保证了两台电梯在掉电等异常情况下不互相影响。

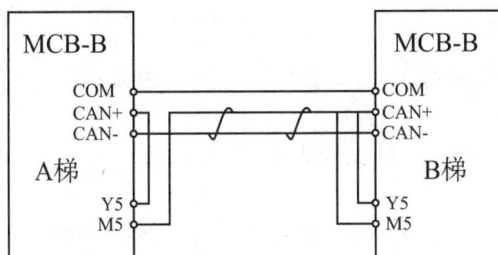

图 4-1 并联 CAN 通信连接示意图

CAN 通信方式相关参数设定如表 4-1 所示。

表4-1　CAN通信方式并联参数设值表

参　数	说　明	设定值	备　注
F5-30	Y5 功能选择	14	Y 端子，根据实际需要可调整
F6-07	群控数量	2	1：单梯运行 2：2 台并联运行 3～8：群控运行
F6-08	电梯编号	1 或 2	主机编号：1（轿顶板拨码为 4、5 为 ON，主控板短接环 J5 接上部两个插针） 副机编号：2（轿顶板拨码为 1、2、4、5 为 ON，主控板短接环 J5 接上部两个插针）

对于默纳克 NICE3000 系统而言，还可以采用主控板监控口（485 方式）并联处理（此方案只应用于现场干扰大的场合）。

采用主控板监控口 485 通信进行并联处理时，要将监控口 232 通信信号转换成 485 通信信号，因此必须额外配置两个隔离 232/485 转换接口，现场应用时只需将 232/485 转换器与主控板 CN2 端连接，如图 4-2 所示。

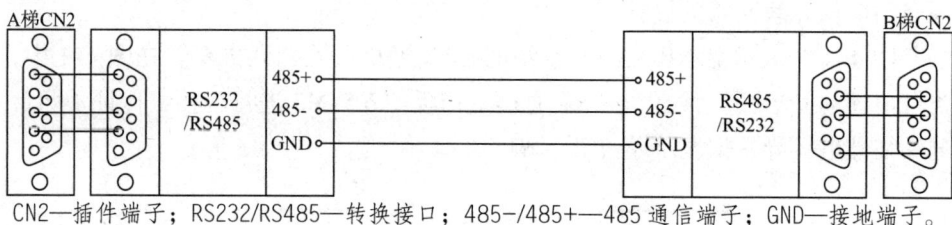

CN2—插件端子；RS232/RS485—转换接口；485-/485+—485 通信端子；GND—接地端子。

图 4-2　主控板监控口 485 通信处理

并联 232/485 相关参数设定如表 4-2 所示。

表4-2　并联232/485连接参数设值表

参　数	说　明	设定值
F6-07	群控数量	2
F6-08	电梯编号	1 号梯设 1，2 号梯设 2
F6-09	监控口并联处理	4

二、电梯的群控设计

以苏州默纳克控制技术有限公司生产的群控板 MCTC-GCB-A 为例，对电梯的群控设计做简单介绍，如图 4-3 所示。

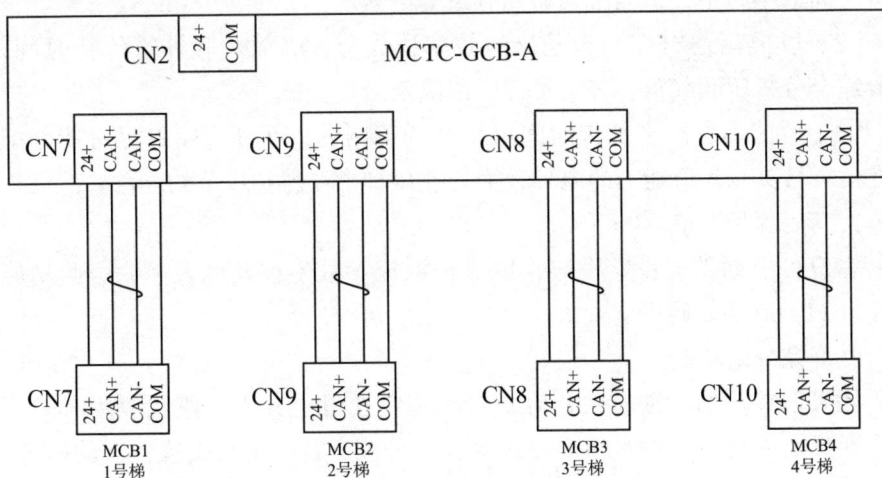

图 4-3　群控电梯示意图

（一）特性

（1）实现 3 ~ 8 台电梯的群控，最大层数为 31 层，因此适应范围很广，能够满足绝大多数用户的需求。

（2）提供两种厅外召唤信号的分配模式：以等待时间最小为原则的时间优先模式和以模糊逻辑控制为基础的效率优先模式。

（3）群控板与单梯主控板之间的信号传递采用 CAN-BUS 的串行通信方式，能够实现数据高速、可靠传送。

（4）自动切除非正常运行电梯。如果系统发现某台电梯在收到分配到的召唤信号后长时间不响应，就会自动切除该台电梯，重新分配召唤。

（5）群控板出现故障或掉电时，群控系统中的各电梯自动切换为单梯运行；当群控板恢复时，若系统中各梯满足群控条件，能自动恢复群控功能。

（6）配备通用调试键盘，使调试简单方便。

（7）可选配液晶显示。

（8）可选配 IE 卡，使其具备以太网通信功能。

（9）配备配套的上位机监控调试软件。

（二）功能概述

1.群控分配原则

（1）按等待时间最小原则进行外呼梯分配。外召唤分配的主要原则是以等待时间最小为主，适当考虑轿厢载重等因素。

（2）以模糊逻辑控制为基础的效率优先分配方式。除计算等待时间外，还要综合分析轿厢载重、客流量等，以决定最优分配方式。

（3）节能运行。在等待时间可接受的范围内，厅外召唤将尽可能分配给正在运行且具有运载能力的电梯，而使空闲梯继续待梯以节约能源。

2.密码保护功能

客户可根据需要设定密码，以保护群控参数不被其他人修改。此功能在群控板 FP-00 功能码中实现。

3.群控分组功能

如果群控分组功能有效，客户可根据需要设定其中一段或两段时间将某梯分到其中一组，其他时间则按正常方式分配。每一组可设置各自的服务层、集选方式等，从而最大限度地利用电梯资源，实现最优控制。

4.群控基站功能

采用 NICE3000 的基站功能，每台电梯分别设置。

5.分散待梯功能

当群控中电梯空闲达一定时间后，若分散待梯功能有效，将按照分散待梯规则运行到相应楼层待梯。

6.高峰服务功能

采用 NICE3000 的高峰服务功能，每台电梯分别设置。

7.强行单梯运行功能

客户可设定一段或两段时间使某一梯退出群控系统进行单梯运行，而在其他时间恢复正常的群控运行状态。

8.服务层设定功能

系统根据需要灵活选择关闭或激活某个或多个电梯服务楼层及停站楼层。

9.可选液晶显示功能

实时直观地显示群控各梯的当前运行状态。

10.可选上位机监控功能

上位机通过串行口通信，用于对群控系统内各梯的当前运行情况的实时监控。

11. 可选远程监控功能

通过监控系统与装在监控室的终端连接，显示电梯的楼层位置、运行方向、故障状态等情况。

（三）群控板规格及安装配线

1. 外观及尺寸

外观及尺寸如图 4-4 所示。

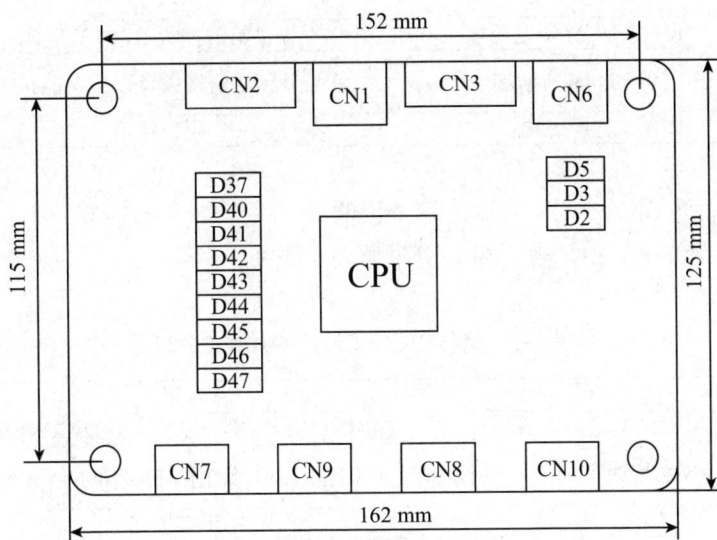

图 4-4　群控板安装尺寸

2. 端子定义说明

（1）群控板指示灯说明

群控板指示灯说明如表 4-3 所示。

表4-3　群控板指示灯说明

标　号	名　称	说　明
POWER	电源指示灯	群控板通电以后 POWER 灯点亮（红色）
CAN1～CAN8	群控梯通信正常指示灯	1～8 号群控梯通信正常对应的 CAN1～CAN8 指示灯闪烁（绿色）
TXD-N	IE 输入信号指示灯	IE 输入信号接通时点亮（绿色）
RXD-N	IE 输出信号指示灯	IE 输出信号接通时点亮（绿色）

标　号	名　称	说　明
LINK-N	IE 通信正常指示灯	IE 通信正常时点亮（绿色）

（2）插件 CN2 输入端子说明

插件 CN2 输入端子说明如表 4-4 所示。

表4-4　插件CN2输入端子说明

标　号	名　称	说　明
24 V	外部 DC24 V 电源输入	提供给群控板 DC24 V 电源
MOD+	Modbus 通信端子	液晶显示通信端以及以后功能扩展用
MOD-		
COM	接地端	用于接地

（3）插件 CN7 ~ CN10 输入端子说明

插件 CN7 ~ CN10 输入端子说明如表 4-5 所示。

表4-5　插件CN7~CN10输入端子说明

标　号	名　称	说　明
24 V	外部 DC24 V 电源输入	提供给对应 CAN 通信模块 DC24 V 电源
CAN+	CAN 总线通信端子	用于群控板和各群控电梯的主控板之间的 CAN 总线通信
CAN-		
COM	接地端	用于接地

另外，CN1 为操作面板接口；CN3 为 RS232 接口，用于同上位机或者 IE 卡通信；CN6 为 IE 接口。

（4）跳线功能说明

跳线功能说明如表 4-6 所示。

表4-6　跳线功能说明

标　号	接　法	说　明
J1	短接 2、3 脚	ISP 程序下载
J2、J3	短接 1、2 脚	232 通信
	短接 2、3 脚	IE 远程监控
J4	短接 1、2 脚	485 通信终端匹配有效
J5、J6、J7、J8	短接 1、2 脚	CAN 总线终端匹配有效

（5）群控电梯主控板功能码设定说明

群控电梯主控板功能码设定说明如下：

主控板的 F6-07（群控电梯数量）应设为 3、4 或者 5。

主控板的 F6-08（群控电梯编号）用于设定群控时的电梯编号：一号梯的主控板该功能码设为 1，并且通过群控板的 CN7（CAN1）接口进行 CAN 通信；二号梯的主控板该功能码设为 2，并且通过群控板的 CN9（CAN2）接口进行 CAN 通信；三号梯的主控板该功能码设为 3，并且通过群控板的 CN8（CAN3）接口进行 CAN 通信；四号梯的主控板该功能码设为 4，并且通过群控板的 CN10（CAN4）接口进行 CAN 通信。

主控板的 F6-09（并联选择）应确保设定为 0。

（四）典型应用

图 4-5 为典型的群控板接线示意图。

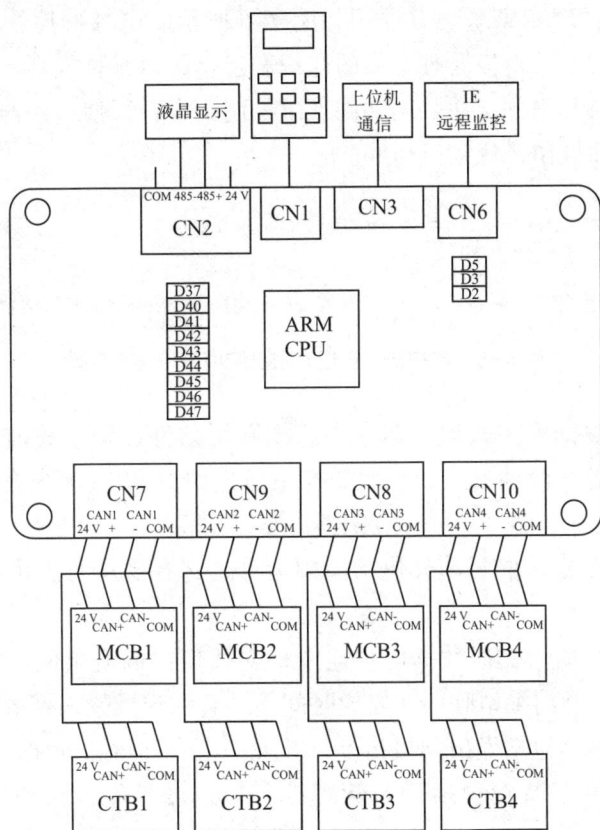

图 4-5　群控板接线示意图

第二节　基于专家系统的电梯群控系统设计

广义地说，专家系统是一种仿真模型，想要了解专家系统的作用，应从电梯控制系统的仿真模型谈起。

一、专家系统

电梯控制系统使用四种仿真模型：人工智能、专家系统、随机（概率性）仿真及系统仿真。

专家系统是一种具有特定领域内大量知识与经验的程序系统，它应用人工智能技术根据知识与经验进行推理还判断，模拟人类专家求解问题的思维过程。

电梯群控管理专家系统方框图如图4-6所示。电梯群控管理专家系统行使模糊控制，将有关群控管理专家的知识和经验，以某种规则形式变成知识数据加以记忆，再和电梯交通数据共同推出控制指令，行使对梯群进行控制和管理的功能，从而推出最优运行轿厢。

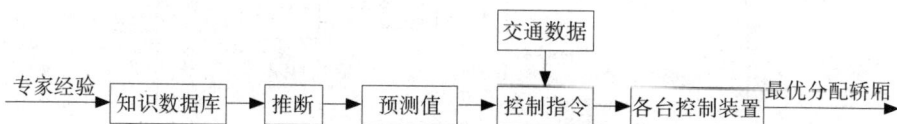

图4-6　电梯群控管理专家系统模糊控制方框图

（1）知识数据库。知识数据库中的规则用条件语句形式描述，分为产生式规则和模糊规则两种形式。它们的控制格式如下：IF（确定条件）→ THEN（实行顺序）；IF（模糊条件）→ THEN（实行顺序）。

（2）推断部分。推断部分包括模糊运算、选择和实行，由计算结果得到预测值。

（3）交通数据。交通数据即描述电梯交通情况的变量值，如电梯所在位置、轿厢呼叫、顺向乘站呼叫和候梯时间等，它们组成输入模糊集。

（4）控制指令包括发出预报指令、开关门指令和轿厢分配指令等。

（5）各台控制装置包括运行管理控制、速度控制、驱动控制和轿厢控制等。

二、电梯群控专家系统的模糊控制应用

（一）层站呼叫的轿厢分配

层站呼叫的轿厢分配技术条件如图4-7所示，电梯轿厢共有4台，其中1、3号梯处于上行中，2、4号梯处于停梯等待中。在此种模式下有两种配置方案可实施。

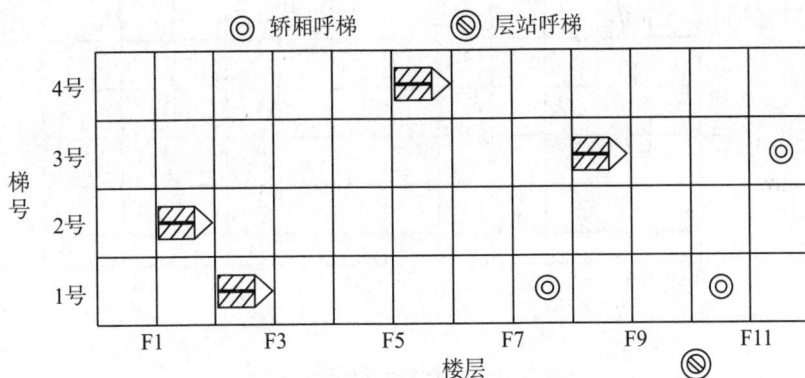

图4-7　由乘客A确定的乘站呼叫发生时的状态

1. 方案1

如图4-7所示，乘客A确定的第10层下行呼梯一发出便分配4号梯，候梯时间为最短。但是，这样就使上方楼层中有3台轿厢集中服务，可以想象得到，在下方楼层中的服务减弱了。于是，用如下的规则是有效的。

IF(在上方楼层有乘站呼叫)和(已经有相当多的轿厢向上方运行)THEN(从已经向上方楼层行使的轿厢中所定的评价函数中确定一选择规则)，则第2、4号梯对于在下方楼层将要发出的层站呼叫将被保存，第1、3号梯中评价值最好的3号梯作为被选择的分配梯。电梯运行图如图4-8所示，在由乘客B～I确定的随机数固定的情形下，表示各乘客B～I的候梯时间如图4-9所示。

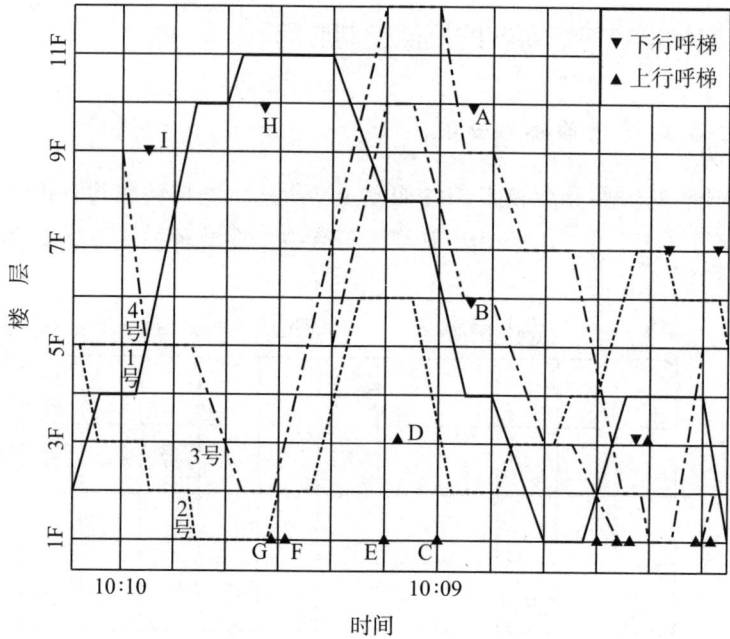

图 4-8　方案 1 确定的运行图线

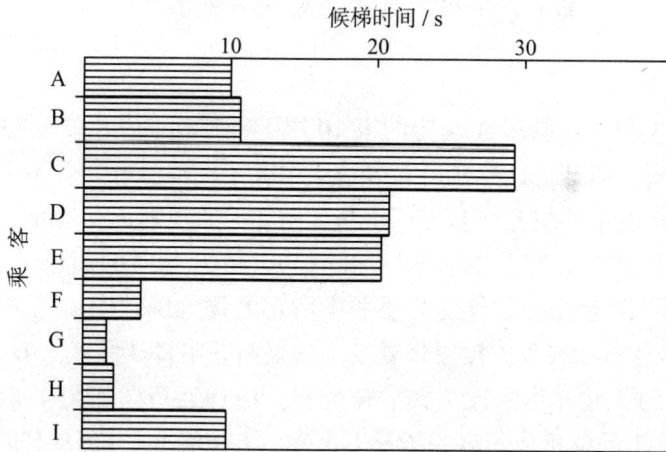

图 4-9　方案 1 确定的候梯时间

2. 方案 2

电梯运行图线如图 4-10 所示。由图 4-7、图 4-8 和图 4-9 得知，第 10 层的乘客 A 的候梯时间显得稍长一些，其他乘客 B～I 的候梯时间均有缩短。如此，不仅要控制当前的轿厢状态，还要预测将来的轿厢位置，从而提供优质服务。

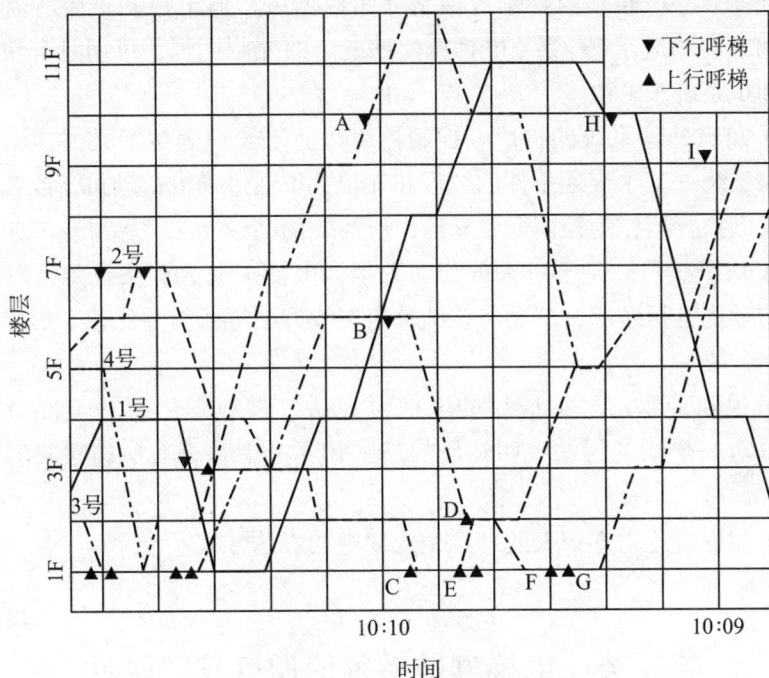

图 4-10　方案 2 确定的运行图线

实践中将方案 2 与方案 1 进行比较，发现平均候梯时间能缩 15% ～ 20%，60 s 以上的长候梯率减小 30% ～ 40%。

（二）模糊群控专家系统要处理的问题

带有模糊规则的电梯群控专家系统具有其自身优点，如富士通的 FLEX8800、日立的 CIP52000、三菱的 A1-2100 和 AI-22000 都使用了专家系统技术。仿真结果表明：平均候梯时间与传统的系统相比，减少了 15.4%，60 s 以上的候梯率减小了 36.0%。但是，对于复杂多变的电梯系统，专家的知识和经验还存在着局限性，控制规则并不完善，所以单纯使用专家控制方法并不能很好地适应不同大楼的模型要求，控制效果还有待完善。

具体说来，模糊群控专家系统需要考虑和处理的问题如下：

（1）如何表达关于"模糊表达式"的定性知识和基于经验的规则。专家知识包括很多涉及模糊表达的条件，该问题要利用模糊理论进行处理。

（2）在线和实时控制问题。具有即时决策功能的电梯群控制器必须具有短的响应时间（100 ～ 150 ms），这个时间反映了在输入电梯状态的数据（位置、方向等）、轿厢呼叫数据或层站呼叫数据后，输出控制指令所需要的时间。该问题利用适于 EGCS（电梯群控系统）的控制逻辑，可用具有快速响应时间的知识系统来解决。

（3）知识处理系统的构成。控制器组以适于知识表达形式的知识数据来表达专家系统。基于交通条件的数据和知识数据通过模糊推理机，或者规则选择器、规则执行器作为控制命令来输出所需要的结论。

（4）知识获取。基于过去的交通数据，由模拟退火算法找到针对产生的交通量的最优运行轿厢，然后将该结果与传统方法进行仿真比较，形成最优运行的分配方法。

（5）规则分组。根据应用的电梯群控系统将规则进行分类，一般分成两类：针对一个新的层站呼叫注册的规则和不考虑是否有层站呼叫的发生的规则。

（6）知识表达。知识表达即产生式规则的表达方式。

第三节　电梯群控系统的调度算法设计

一、电梯群控系统的特征分析

电梯群控系统服务于乘客，必须满足乘客多方面的要求，因而它的实现是一个复杂的调度问题，其复杂性表现在固有的多目标性、不确定性、非线性和信息的不完备性等方面。以下主要介绍的是乘客对电梯群控系统的要求、电梯群控系统的系统特性、主要控制模式。

（一）乘客对电梯群控系统的要求

电梯乘客对电梯性能的评价是十分重要的。作为交通工具的电梯系统，最重要的是安全运行，这样，乘客对电梯才能产生信任感。乘客对电梯的要求可分为两类：生理上的要求和心理上的要求。

生理上的要求是指乘客对其在垂直平面内的运动方式的要求。当人们在垂直平面内运行时，会产生不舒服的感觉，这种感觉发生在人体承受加速或减速时，即所谓重力加速度效应。人们对重力加速度效应的反应不仅取决于年龄，还与人们在生理和心理方面的健康状况以及运行是否突然发生等因素有关。目前，人们还没有明确找出加减速度达到多大时构成对人体的危害，但凭经验可以确定：人们对乘坐电梯的速度没有限制，但加减速度应限制在大约 1.5 m/s² 之内，加速度的变化率应限制在 2 m/s² 之内。人们的不舒服感正是由加速度变化率引起的。如果加速度变化率不超过 2 m/s² 且保持恒定，这种不舒服感便可以减轻。

乘客心理上的感觉是十分微妙的。乘客对电梯的服务级别都有一定的要求，但同样的乘客在不同时间及不同地点，对电梯的服务级别有不同的要求。比如，乘客在上班乘电梯的过程中对电梯的服务没有太多的要求，但当他们下班时若不能迅速乘梯离开，他们将变得十分烦躁。对比之下，同样是这位乘客，对住宅楼内的电梯的服务级别并不做同样的要求。乘客的这一要求可以归纳为乘客的候梯时间要求。对办公大楼而言，最长的乘客候梯时间应不超过 30 s，而对住宅而言，应不超过 60 s。候梯时间是乘客主要的心理要求。

乘客的乘梯时间长短是影响乘客心理状态的第二因素。比如，去建筑物顶层的乘客在乘梯时间长于 90 s 时，会对电梯的中间层停靠变得极不耐烦，其容忍程度还取决于其是否有同伴同行以及其他乘客的行为举止如何。这种心理上的要求被斯特拉科施总结为"乘客乘坐电梯的时间应保持在一个特定的期限之内"。

对于装有厅外楼层指示器的群控电梯，电梯的通过不停站频率是影响乘客心理的第三因素。比如，在层站候梯的乘客经常见到电梯通过不停站，乘客对梯群的信赖程度将降低，也容易变得不耐烦。一般应避免这种情况的出现。

另外，也存在其他心理因素，如美观大方的轿内装潢、考究的厅轿门外观等因素，可以提高乘客乘坐电梯的舒适度，使人们克服对乘坐电梯的担心心理。

乘客对电梯的生理要求主要由单台电梯的运行性能的提高来满足，而心理要求需要梯群的有效协调控制来满足。

乘客对乘坐电梯的心理要求主要表现在候梯时间和乘坐电梯的时间要求上，但在不同的客流交通情况下转变为不同的具体要求。

（二）电梯群控系统的特性

电梯群控系统是多台电梯的调度问题，但是它又有自己的特点，是一个复杂的调度问题。它的特性是多目标性、不确定性、非线性、扰动性和信息的不准确性。

1.多目标性

电梯群控系统是用来管理多台电梯并为建筑物内所有乘客提供服务的系统，它所包含的事件在时间和空间上都是离散的，其控制目标体现在服务质量、服务数量和节能三方面。因此，电梯群控系统的控制目标为多目标，具体如下：

（1）平均候梯时间短

候梯时间是指乘客按下层站呼叫按钮，直到所派电梯到达此层，乘客进入轿厢所经过的时间。平均候梯时间是指所有候梯时间的平均值。平均候梯时间是评价电梯群控系统的性能指标之一。

（2）长候梯率低

长候梯时间一般是指超过 1 min 的候梯时间。长候梯率是指长候梯时间发生的百分率。统计表明，乘客的心理烦躁程度是与候梯时间的平方成正比的，当候梯时间超过 60 s 时，其心理烦躁程度急剧上升，所以应尽量减少这一情况的发生。

（3）系统能耗低

单台电梯的能耗与所选电梯的驱动方式、机械性能等有关。比如，最初的电动机的发电机组能耗比较大，效率较低，而现在的 VVVF 驱动电梯的能耗和效率都比较高。电梯能耗的消耗特征是电梯全速运行时所消耗的电能远远低于减速和加速时的电能消耗。电梯停靠的次数越多，所消耗的电能就越多。对于电梯群控系统而言，电梯型号一经确定，单台电梯一次启停的电能消耗就已经确定。所以，电梯群控系统节能主要依靠群控系统的合理安排与调度。

（4）平均乘梯时间短

乘客的乘梯时间是指从乘客进入电梯到乘客到达目的层并离开的这段时间。乘客乘梯时间的增长往往会使乘客感觉不舒服、烦躁。比如，去建筑物顶层的乘客在乘梯时间长于 90 s 时，会对停靠变得极不耐烦，所以乘客的乘梯时间应保持在一个特定的期限之内。

（5）客流的输送能力高

电梯的输送能力是电梯的重要指标之一。输送能力的不足往往会造成乘客的拥挤、平均候梯时间长等不良性能。特别是在上行高峰期，客流密度极大，需要电梯系统迅速将乘客送往各目的层。为提高电梯系统的输送能力，很多系统往往会在上行高峰期将电梯群分为两组，一组专门往返于基站与高层之间，一组服务于低层区间，经过对乘客的正确引导，可使输送能力提高 20%。

（6）乘坐电梯的舒适度高

舒适度主要是指轿厢内拥挤度以及乘坐环境。

（7）预测轿厢到达时间准确率高

很多电梯系统配有电梯到达时间显示系统，如果预测时间不准确，不仅会造成乘客的不安和烦躁，还会降低系统的整体性能。

以上是系统的主要性能评价指标，由此可知电梯群控系统是一个多目标控制系统，而且各个目标之间是相互矛盾的。

2. 不确定性

电梯交通系统存在着大量的不确定性：

（1）呼梯信号的产生层是不确定的。

（2）各层站的乘客数是不确定的。

（3）呼梯者的目的层是不确定的。

（4）建筑物内存在的与环境因素有关的变化的交通路况是不确定的，如建筑的结构规模和使用情况等。

这些不确定性的存在给电梯群控系统确定交通模式、预测轿厢到达目的层时间等造成了极大的障碍，使系统不能对某一特定情况给出最优控制。

3. 非线性

电梯交通系统存在着非线性：

（1）对同一组厅呼，在不同的时间标度下，轿厢的分配是不同的，轿厢分配的变化是不连续的。

（2）所能分配的轿厢数目是有限的，受系统所有轿厢数目限制。

（3）轿厢容量是有限的，当轿厢容量达到饱和点时，轿厢会不停而过。

（4）轿厢会在运行中频繁改变方向。

4. 扰动性

电梯群控系统还不可避免地具有不确定的随机干扰，例如：

（1）乘客可能登记了错误的厅呼，造成不必要的停站。

（2）乘客可能登记了错误的目的层，造成不必要的停站。

（3）乘客可能错误地造成轿厢门不能正常开启、关闭，从而干扰系统的正常运行等。

5. 电梯群控系统中信息的不准确性

电梯群控系统中存在着大量的不准确信息：

（1）电梯轿厢中的乘客人数不能准确获得。虽然轿厢的底部装有承重装置，但由于人的个体体重差异较大，所以系统不能获得轿厢内乘客数的准确数据。这会导致系统对轿厢内拥挤度和候梯时间的预测不准确，增加系统控制的难点。

（2）乘客进入轿厢的时间因个体的不同而不同，系统同样不能获得准确数据。

（3）乘客进入轿厢前，其目的层是不可知的。

以上所提到的电梯群控系统的多目标性、非线性、不确定性、扰动性和信息的不准确性说明电梯群控系统是一个非常复杂的控制系统。

（三）电梯群的控制模式

电梯系统发展到现在，控制方式越来越多，人们采用不同的策略使其群控模式得以优化。电梯群控模式主要有以下几类：

1. 预测控制模式

预测控制模式的原理是由于电梯系统在一个相当长的运行过程中，乘客的流量有一个统计规律，乘客乘梯时间也是有规律的，所以能够对乘客的流量、需求有大致的了解，电梯的运行模式是相对固定的。本书在第3章讲述办公大楼的交通模式分类时，将典型办公大楼的电梯群控系统的交通流分为以下几种模式：上行高峰交通模式、下行高峰交通模式、2路交通模式、4路交通模式、平衡的层间交通模式和空闲交通模式。由此便可以根据总结或统计经验来预测在未来某段时间内客流量的变化情况，从而使电梯按一个预先制定好的模式运行，以获得较好的输送能力，减少乘客的候梯时间，提高乘梯效率，减少一些次要因素的负面作用。

2. 优化控制模式

电梯群控系统中的电梯群在运行过程中由于受到电梯数目的限制，不可能随时响应每一个呼叫信号，必然是一台电梯响应多个呼叫信号，实际上就是一个为满足给定条件的几个电梯的最优运行路线问题。电梯群控的主要目的是提高对乘客的服务质量和降低系统的能耗，这是一个多目标最优规划问题。为此，应借助先进的计算机技术，取现存的所有呼叫与响应做成一个最优化模型，在下一个呼叫来临之前，将最优化模型做成一个多目标最优规划，用数学方法在计算机上求得相对最优解作为调度准则，指令电梯按相对最优解所决策的方案运行。

3. 分解—协调控制模式

在一些较大的建筑楼群中，分解—协调控制模式常被采用。其基本思想是动态的分区多目标最优规划思想，即将整个大楼按不同楼层或不同的电梯或根据楼层的不同功能分解成若干个小的、分开的但相关联的小系统进行控制，同时每一个小系统是一个优化控制模式，对每一个模式进行处理，以期得到协调最优。

4.模糊控制模式

电梯系统中存在着大量的不确定因素，难以准确把握和精确描述，如各层站的乘客数、乘客的目的楼层等。模糊控制模式是基于模糊描述的控制方式。模糊控制是模仿人的思维方式和人的控制经验来实现的，根据有经验的操作员或专家的经验和知识给出相应的模糊控制规则，对控制规则进行形式化的处理后存入计算机，然后再模仿人的思维进行模糊推理，得出模糊隶属函数，再找出精确值作为控制量去实现控制。

在实际的电梯群控系统中，这几种控制模式常有效地结合起来。预测控制模式是针对不同的交通流采用的控制方式；优化控制模式是在具体的调度算法中求解最优方案；分解—协调控制模式是将电梯群按大楼区间、功能分成几个小系统来分开调度，协调电梯群在整个系统中的优化运行；模糊控制模式是针对电梯群控系统中存在的很多不确定因素，给出一些模糊规则，进行模糊推理。

二、电梯群控系统的交通模式识别

（一）大楼的交通模式

一个大楼各楼层的人员分布在一段时间内是相对稳定的，其人员的作息有一定的规律，这使对交通流的分析不仅是可能的，还是十分必要的。电梯交通是由大楼内乘客数、乘客出现周期及各楼层乘客分布三部分来描述的。电梯交通具有两重性，即规律性和随机性。电梯交通具有规律性是因为大楼内人群的生活和工作存在周期性，而且不同时间段的交通量之间存在一定的内在联系。电梯交通具有随机性是因为不同工作日的每一相同时段内交通量是随机的，即每层要求服务的乘客数、乘客的起始楼层和目的楼层是随机的。电梯交通的随机性大大增加了电梯交通分析的难度，而电梯交通的规律性使电梯交通分析成为可能。

大楼的交通模式一般可分为上行高峰、下行高峰、多路交通、平衡的层间交通和空闲交通。不同的模式下，乘客对电梯的要求有很大的差异，因此对交通模式的准确判别是有效提高电梯运行水平的基础。

1.上行高峰交通模式

当主要的（或全部的）客流是上行方向，即全部或大多数乘客在建筑物的门厅进入电梯且上行，分散到大楼的各个楼层，这种情况被定义为上行高峰交通模式。

上行高峰交通模式一般发生在早晨上班时刻，上班时刻带来相当大的到达率，乘客进入电梯上行到大楼上班。强度稍小的上行高峰发生在午间休息结束时刻。一般认为，如果一个电梯系统能有效地应对早晨上班时上行高峰期的交通要求，那么该电梯系统也可以满足其他交通模式的交通需求，如下行高峰及随机的层间交通需求。上行高峰的形成是由于所有的员工在某一固定的时刻之前到达办公地点并开始工作。早晨上行高峰乘客到达率曲线可以用图 4-11 表示。

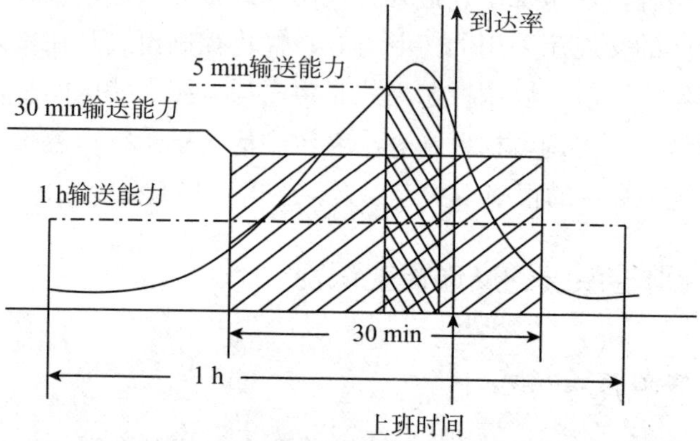

图 4-11　上行高峰交通模式下乘客到达率曲线

在上行高峰客流量很大时，电梯群控系统一般会取消电梯的下召唤指令。

2. 下行高峰交通模式

当主要的（或全部的）客流是下行方向，即全部或者大多数乘客从大楼的各层乘电梯下行到门厅离开电梯，这种状况被定义为下行高峰交通模式。

在一定程度上，发生在下班时刻的下行高峰是早晨上行高峰的反向。在午间休息开始时形成的下行高峰强度较小，而傍晚下班时的下行高峰强度比早晨的上班高峰强度大 50%，持续的时间长达 10 min 之久。下行高峰状态乘客离开率曲线如图 4-12 所示。

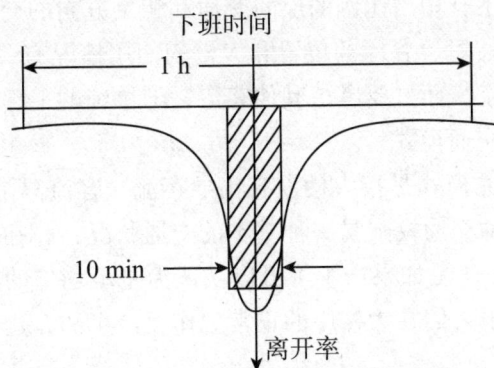

图 4-12　下行高峰模式下乘客离开率曲线

下行高峰期，乘客密度比较大，往往使轿厢停靠一两层后就满员，此时应合理地确定上行轿厢的目的层，然后向下运行，使电梯系统均匀地服务各层的下行乘客。在下行高峰客流量很大时，电梯群控系统一般会要求取消电梯的上召唤指令。

3. 2 路交通模式

当主要的客流是朝着某一层或从某一层而来，而该层不是门厅，这种状况被定义为 2 路交通状况。

2 路交通状况多是由于在大楼的某一层设有茶点部或会议室，在一天的某一时刻该层吸引了相当多的到达和离开呼梯信号。所以，2 路交通状况多发生在上午和下午休息期间或会议期间。

出现 2 路交通状况时，电梯系统应加强对特定楼层的客流输送能力，应派剩余空间比较大的轿厢来服务。电梯系统应对这种特定楼层交通进行记忆和学习，对此类楼层的呼梯给予更多的重视或优先权，并对此类楼层服务的轿厢的可用空间给予较高的权值。

4. 4 路交通模式

当主要的客流是朝着某两个特定的楼层而来，而其中的一个楼层可能是门厅时，这种交通状况被定义为 4 路交通状况。

中午休息期间常出现客流上行和下行两个方向的高峰状况。午饭时客流主要是下行，朝门厅和餐厅。午休快结束时，客流主要从门厅和餐厅上行。所以，4 路交通多发生在午休期间。

4 路交通又可分为午饭前交通模式和午饭后交通模式。这两类交通模式和早晨与晚上发生的上行、下行高峰不同，虽然主要客流都为上行和下行模式，但这两类交通模式还有相当比例的层间交通和相反方向的交通。各交通量的比例还与午休时间的长短、餐厅的位置和大楼的使用情况有关。4路交通时不但要考虑主要交通客流，而且要考虑其他客流，与单纯的上、下行高峰期不同。

5. 平衡的层间交通模式

平衡的层间交通模式是指大楼没有主导客流，客流只是各楼层间的交通，客流量比较小。这种交通模式是一种基本的交通状况，存在于一天中的大部分时间。2路和4路交通（如果产生）可以被认为是不均匀的层间交通的严重情况。层间交通是由于人们在大楼中的正常工作而产生的，这种层间交通也被称为平衡的2路交通。

层间交通要有合理的停靠策略，即当轿厢没有呼梯信号分配给它时，轿厢应停在何层。可以要求轿厢均匀停在各楼层，也可要求空轿厢停在客流量比较大的楼层（这一功能需要电梯系统对大楼各层交通的学习）。例如，可以要求空轿厢停在门厅层，以保障进入大楼的人尽快得到服务，防止门厅拥挤。电梯系统应该根据客流的变化，对各个指标的强调程度进行合理调节。比如，交通密度大时，对平均候梯时间和长候梯时间要求高些，交通密度小时，对电梯系统的节能指标要求高些。

6. 空闲交通模式

空闲交通模式是指大楼的客流量非常小，一般在上班时间之前、下班时间之后以及中午休息时间比例大，在交通高峰期比例很小，正常工作时间的比例较小。这种模式下主要考虑电梯的节能。

不同的交通模式对电梯群控系统有不同的要求。例如，在上行高峰状态下，电梯群控系统主要满足运送能力的要求，此时提高运送能力、疏散人流是最主要的指标。而在层间交通状态下，电梯群控系统主要合理地调配电梯，为乘客提供舒适的服务，这对候梯时间、乘梯时间、轿厢的拥挤度有不同的要求。

（二）用于交通模式识别的模糊神经网络

交通模式识别问题可以描述如下：根据一定的时间段（一般定为5 min）内的交通流的具体信息，确定此时间段中的交通模式。交通模式识别的准确性将直接影响整个系统的性能。阿尔伯特等提出了用神经网络或模糊推理进行交通模式识别的方法，但是用神经网络方法制定样本困难，而且网络训练非常耗时，而用模糊规则方法则无学习功能了。因此，本书采用模糊神经网络进行电梯群控系统的模式识别。

1. 模糊神经网络的结构

图4-13为模糊神经网络结构图。如图4-13所示，模糊神经网络共有5层：第1层为输入层，每个节点代表一个输入变量，第5层的节点代表由网络输出的变量；第2层和第4层的节点是模糊子集节点，分别用于表示输入和输出变量的隶属函数；第3层为规则层，每个节点代表一条规则，它与第2层和第4层节点的连接代表模糊规则的特定组成。对于每个神经元来说，都有一个综合函数 $f(*)$ 用来组合来自其他神经元的信息，并有一个激活函数 $a(*)$ 来输出一个激活值。

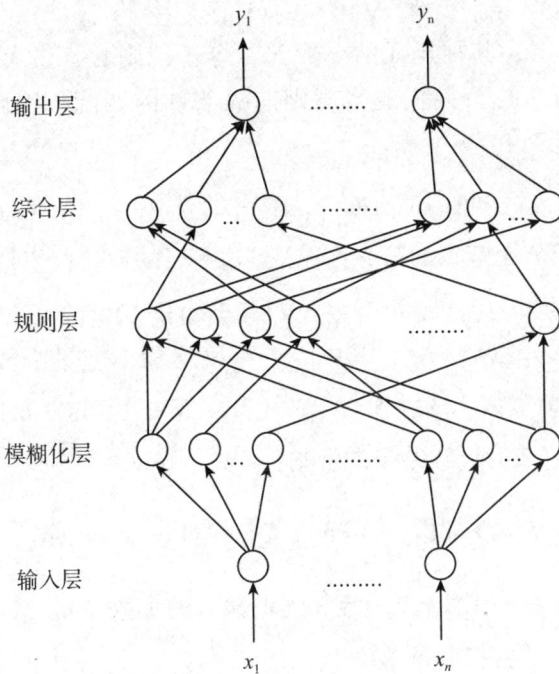

图4-13 模糊神经网络结构图

下面说明各层节点的函数和连接权值的含义。

第1层输入层，其神经元个数 NN 为输入变量的个数，这一层直接把输入值传递到下一层：

$$f_k = u_k^{(1)}, \quad a_k = f_k \quad (1 \leqslant k \leqslant NN_1) \tag{4-1}$$

其中，$u_k^{(1)}$ 是第 k 个输入变量的值。本层的连接权值为单位1。

第2层模糊化层，其神经元的个数 NN_2 和输入变量个数 NN_1 以及每个

输入变量的模糊子集个数有关，如果选择每个输入变量的模糊子集个数相同（ $\left|T(X_i)\right| = N_2$ ， $i = 1,2,\cdots,NN_1$ ），则 $NN_2 = NN_1 \times N_2$ 。每个神经元代表一个模糊子集，如果选择高斯型函数作为隶属函数，则

$$f_k = -\frac{\left(u_i^{(2)} - m_{ij}^{(2)}\right)^2}{\left(\sigma_{ij}^{(2)}\right)^2}, a_k = e^{f_k} \quad (1 \rightleftharpoons k \rightleftharpoons NN_2) \qquad (4-2)$$

其中， $m_{ij}^{(2)}$ 和 $\sigma_{ij}^{(2)}$ 分别为第 i 个输入变量的第 j 个模糊子集隶属函数的中心和宽度，可作为本层的两组连接权值。此处 i ， j 和 k 的关系为

$$i = (k-1) / N_2 + 1, j = (k-1) \% N_2 + 1 \qquad (4-3)$$

第 3 层规则层，其神经元的个数 NN_3 等于规则数，最大的规则数为 N_4 。这一层的连接用来执行模糊逻辑规则前提条件的匹配，因此规则节点具有"与"的运算功能：

$$f_k = \min_{1 \leqslant j \leqslant NM_1}\left(u_{kj}^{(3)}\right), \quad a_k = f_k \quad (1 \rightleftharpoons k \rightleftharpoons NN_3) \qquad (4-4)$$

其中， $u_{kj}^{(3)}$ 表示第 k 个节点的第 j 个输入。这一层的连接权值是单位 1。

第 4 层综合层，其神经元个数 NN_4 等于输出变量的所有模糊子集个数，类似第 2 层， $NN_4 = NN_5 \times N_5$ ，其中 NN_5 是网络输出变量个数， N_5 是每个输出变量的模糊子集个数（ $\left|T(y_i)\right| = N_5, i = 1,2,\cdots,NN_5$ ）。这一层的各节点执行模糊"或"运算以合成有同样结果的规则：

$$f_k = \sum_{j=1}^{N_{4k}} u_{kj}^{(4)}, \quad a_k = \min(1, f_k) \quad (1 \rightleftharpoons k \rightleftharpoons NN_4) \qquad (4-5)$$

其中， N_{4k} 等于和这一层第 k 个节点相连的输入的个数， $u_{kj}^{(4)}$ 表示第 k 个节点的第 j 个输入。这一层的权值是单位 1。

第 5 层输出层，又称反模糊化层，其神经元个数等于输出变量的个数 NN_5 。这一层根据每个输出变量的各模糊子集隶属度求得其清晰值：

$$f_k = \sum_{j=1}^{N_5}\left(m_{kj}^{(5)} \times \sigma_{kj}^{(5)}\right) \times u_{kj}^{(5)}, \quad a_k = \frac{f_k}{\sum\limits_{k}^{N_5} \sigma_{kj}^{(5)} \times u_{kj}^{(5)}} \quad (1 \rightleftharpoons k \rightleftharpoons NN_5) \qquad (4-6)$$

其中， $m_{kj}^{(5)}$ 和 $\sigma_{kj}^{(5)}$ 分别是第 k 个输出的第 j 个模糊子集隶属数的中心和宽度，可作为本层的两组权值。

2. 模糊神经网络的学习算法

用于交通模式识别的模糊神经网络是基于联结机制的模糊神经网络模型。

对于给定的输入输出训练数据集合 $\{x_i, y_i\}$，$i=1$，2，$\cdots$，n 采用三阶段混合学习算法进行调整，即获取隶属函数阶段、抽取模糊规则阶段和优化调整隶属函数阶段。

（1）获取隶属函数阶段

此阶段的主要目的是在输入和输出空间中发现隶属函数。先设定每个输入及输出变量的模糊子集个数，再采用自组织学习方法通过样本数据确定各个隶属函数的初始中心及宽度。采用的学习算法是自组织特征映射算法（SOM）。

（2）抽取模糊规则阶段

此阶段主要利用上一阶段获取的初始隶属函数从样本中抽取模糊规则。在此阶段采用最大匹配因子算法（MMFA）。

（3）优化调整隶属函数阶段

此阶段主要利用改进的 BP 算法对网络进行训练，对输入输出变量的隶属函数做进一步的优化调整，使误差函数最小。

$$E = \frac{1}{2} \sum_{k=1}^{NN_s} \left(y_y^l - \hat{y}_k^l \right)^2, \quad 1 \rightleftharpoons l \rightleftharpoons n \tag{4-7}$$

其中，y^l，$\hat{y}$ 分别表示第 i 个样本的期望输出向量和实际输出向量，n 为样本的个数。对于每个训练数据集合，从输入节点开始，使用前向传播的方法计算网络中所有节点的激活度。然后从输出层节点开始，使用反向传播的方法计算每层的 $\alpha E / \alpha w$，假定 w 是本层的可调参数，学习规则如下：

$$\Delta w(t+1) = -\eta \left[\frac{\partial E}{\partial w} \right] + \alpha \Delta w(t) \tag{4-8}$$

$$w(t+1) = w(t) - \eta \left[\frac{\partial E}{\partial w} \right] + \alpha \Delta w(t) \tag{4-9}$$

其中，$\eta > 0$ 是学习速率，$\alpha \geq 0$ 是动量因子，表示上一次的权值变化对本次权值更新的影响程度。

（三）将模糊神经网络应用于交通模式识别

将模糊神经网络应用于交通模式识别需要经过几个步骤：确定应用哪些特征值来辨别交通模式，确定模糊神经网络的结构，给出训练样本训练模糊神经网络，应用模糊神经网络进行模式识别。

1. 交通模式的特征提取

为将模糊神经网络用于交通模式识别，网络的输入应该反映交通模式的特征值。在进行交通模式识别的时间段，可直接得到测量数据，如外呼信号、内呼信号等。必须对这些信息进行综合，以得到可用于交通模式识别的特征值。为使问题简化，在可能的情况下应尽量减少特征值的数量。

根据对每种交通模式定义的分析，可以确定 5 个特征值：本时间段的总的客流量 x_1^*（总乘客数）、进门厅的乘客数 x_2^*、出门厅的乘客数 x_3^*、客流量最大的楼层的客流量 x_4^*、客流量次大的楼层的客流量 x_5^*。这些特征值基本上可以反映一个时间段的交通特征，对辨别交通模式是合适的。关于时间段长度的选取，其太大和太小都不好，一般选取 5 min 作为进行交通统计和模式识别的时间间隔。

2.确定网络结构

进一步分析可知，上行高峰、下行高峰和空闲模式的辨别与最大和次大特殊楼层客流量 x_4^*，x_5^* 无直接关系，而 2 路、4 路和平衡的层间交通模式只和 x_4^*，x_5^* 有直接关系，所以分两个步骤，即应用两个模糊神经网络进行交通模式识别。

网络 I：根据总客流量、进门厅和出门厅人数 3 个特征值辨别上行高峰、下行高峰、空闲和层间（2 路、4 路和平衡的层间交通模式都属于层间交通模式）4 种交通模式的比例。其具体的输入量如下：

$$x_{11} = x_1^* / x_{max}, \quad x_{12} = x_2^* / x_{max}, \quad x_{13} = x_3^* / x_{max} \tag{4-10}$$

其中，x_{max} 是单位时间段总客流量的最大值，即把 3 个特征值进行归一化后作为网络的输入。网络的输出为 $y_{11} \sim y_{14}$，分别表示 4 种交通模式所占的比例。进行模式识别时，如果这一步的输出中层间模式的比例（y_{14}）较大，那么有必要进行下一步的运算，对各种层间模式进行更具体的识别。

网络 II：根据最大客流楼层客流量和次大客流楼层客流量这两个特征值来辨别 2 路、4 路和平衡的层间 3 种交通模式的比例。对于只存在 2 路交通模式的大楼，只有一个特殊楼层的客流信息可用，但为了网络的统一，此处假设一个特殊楼层，将其客流量设为零，作为判断 4 路交通模式的特征。这样，在辨识结果中 4 路交通模式的比例也将为零，但并不影响对其他模式的辨别。具体的输入量为

$$x_{21} = x_4^* / x_1^*, \quad x_{22} = x_5^* / x_1^* \tag{4-11}$$

其中，x_1^* 是本时间段实际的总的客流量，即将两个特征值归一化后作为网络

的输入。网络的输出是y_{21}，y_{22}，y_{23}分别表示2路、4路和随机层间模式在整体交通模式中所占的比例。

以上确定了两个网络的输入变量和输出变量，即确定了它们的输入和输出节点个数。其他层的节点个数还和各输入和输出的模糊子集个数有关，这些参数并非一开始就必须确定下来，可以取几组参数分别进行训练，取性能较好的一组即可。

应用两个网络分成两步进行交通模式识别，除了上面讨论的特征和交通模式的关系原因外，还有以下优点：

（1）可大大简化网络的结构和样本的制定、训练及应用。如果只用一个模糊神经网络，它有5个输入、6个输出（去掉了前面所述网络I输出中的层间模式y_{14}）。应用两个网络使网络结构有很大的精简，使网络的学习速度和应用效率都有极大的提高。而且当网络的输入输出个数较多，关系较复杂时，还应相应增加输入输出模糊子集数，以便获得较好的性能，这样网络会变得更加复杂。

（2）当层间模式的比例较小或不存在明显的2路和4路交通模式时，没有必要判断2路、4路和随机层间模式的比例，即第二个网络只有在第一个网络应用后认为有必要时才投入使用，这样可以大大提高效率。

3. 训练网络

在将模糊神经网络I、模糊神经网络II应用于交通模式识别之前，先应对它们进行训练，使其在可以接受的误差范围内，接受给定的特征量输入，能够产生令人满意的模式比例输出。

（1）确定样本

交通模式识别网络的样本主要根据专家经验来确定。两个网络的输入取值范围都是[0，1]，令每个输入在取值范围内以一个较小的间隔取样，所得到的每种组合作为一个样本的输入，用专家经验来确定这个样本的输出值。网络I的各输入之间应满足条件：

$$x_{12} + x_{13} \leqslant x_{11}$$

即进门厅的客流量与出门厅的客流量之和不会大于总客流量。网络II的各输入之间应满足条件

$$x_{22} \leqslant x_{21}$$

即次大楼层客流量不会大于最大楼层客流量。

令取样间隔为0.2，可以得到包括56个样本的模糊神经网络I的训练样本集S以及包括21个样本的模糊神经网络II的训练样本集S_2。

（2）训练

分别采用样本集 S 和 S_2，用三步混合训练方法对网络 Ⅰ 和网络 Ⅱ 进行训练。在网络 Ⅰ 的输入及输出模糊子集个数均取 6，网络 Ⅱ 的输入及输出模糊子集个数均取 4 的参数设置下，网络的结构和训练情况如表4-7所示。

表4-7　模式识别模糊神经网络Ⅰ和网络Ⅱ的结构和训练记录

类　别	网络 Ⅰ	网络 Ⅱ
输入个数	3	2
输出个数	4	3
输入模糊子集数	6	4
输出模糊子集数	6	4
各层节点数	3-18-216-24-4	2-8-16-12-3
最大规则数	216	16
学习率	0.01	0.01
动量因子	0.1	0.1
抽取规则数	126	13
误差反传训练次数	115	21
训练误差	0.000 995	0.000 997

用两个模糊神经网络可以准确地辨识各种交通模式所占的比例，对电梯群控器根据不同的交通状况采用相应的派梯策略可以起到很好的指导作用，全面提高电梯群控系统的服务性能。

三、多目标规划电梯群控算法

电梯群控系统是用来管理大厦内多部电梯并为大楼内所有乘客提供服务的控制系统，其控制目标体现在服务质量（较短的候梯时间和运行时间）、服务数量（较高的运送处理能力）和节能（节省电梯运行所耗电能）三方面。因此，电梯群控系统是一个典型的多目标规划问题。

（一）多目标规划概述

在实际中所遇到的问题往往难以用一个目标来衡量，换句话说，需要用彼此不能同一化的两个或两个以上的目标才能确定一个方案的好坏，这种具有两个或两个以上目标函数的规划问题即多目标规划。

1.多目标规划的数学模型

一般情况下，有 n 个决策变量 $X = (x_1, x_2, \cdots, x_n)^T \in E^n$，$E^n$ 为 n 维欧氏空间，p 个目标函数，有

$$F(X) = \left(f_1(X), \quad f_2(X), L, \quad f_p(X) \right)^T \qquad (4\text{--}12)$$

$m+1$ 个约束条件（s.t.），包括 m 个不等式约束和 1 个等式约束：

$$\begin{cases} G(X) = \left(g_1(X), g_2(X), \cdots, g_m(X) \right)^T < 0 \\ H(X) = \left(h_1(X), h_2(X), \cdots, h_1(X) \right)^T = 0 \end{cases} \qquad (4\text{--}13)$$

工程中的问题常归结为极值问题，这样多目标规划的数学模型为

$$\begin{cases} \min F(X) \\ \text{s.t.} \quad g_i(X) < 0, \; i = 1, 2, \cdots, m \\ h_j(X) = 0, \quad j = 1, 2, \cdots, l \end{cases} \qquad (4\text{--}14)$$

记可行域为 $R = \left\{ X \mid g_i(X) < 0, \; i = 1, 2, \cdots, m ; \; h_j(X) = 0, \; j = 1, 2, \cdots, l \right\}$，则式（4–14）可改写为

$$\begin{cases} \min F(X) \\ X \in R \end{cases}$$

由于在实际问题中，各个目标的量纲往往都是不相同的，所以必须先把各个目标规范化，然后进行数学上的处理。例如，对带量纲的目标 $f_i(X)(i = 1, 2, \cdots, n)$，令

$$f_i(X) = \bar{f}_i(X) / \bar{f}_i \qquad (4\text{--}15)$$

其中，$\bar{f}_i = \text{abs}\left(\min f_i(X) \right)$，则 $f_i(X)$ 是无量纲的规范化目标。

在式（4–15）中，各目标函数 $f_1(X), f_2(X), \cdots, f_p(X)$ 之间是互相影响、互相制约的，有时是互相矛盾的，不能同时达到最优解，甚至某一可行点对一个目标函数是最优的，对另一个目标函数却是劣点。这就需要在各种目标的最优解之间进行协调，相互做出适当"让步"，以便取得整体最优方案。

2. 多目标规划的解集

定义 1（绝对最优解）：

设 $X^* \in R$，对于任意的 $X \in R$ 均有

$$F(X) \geqslant F\left(X^* \right)$$

则称 X^* 为多目标规划问题式（4–15）的绝对最优解。

这样就意味着 X^* 是在每一个分量 $f(X)$ 意义下都是最优的，但是对很多工程和数学问题而言往往是不存在绝对最优的，因为它们的各个分量往往是互相矛盾的。比如，电梯群控不可能同时满足乘梯和候梯时间同时最短。

定义 2（有效解）：

设 $X^* \in R$，如果在 R 上不存在设 $X \in R$，得

$$F\left(X^*\right) \in F(X)$$

则称 X^* 是多目标规划问题式（4-15）的有效解。

它的意义在于如果找不到比此更好的解，那么这个解就是最好的解，即 X^* 是 R 上最有效的一个解。

3. 多目标规划问题的一般解法

多目标规划是一个多维问题，故在一般情况下它的最优解有无穷多个。只要找到其中一个，就可以作为它的最优解。不同的多目标规划问题的求解策略的共同点在于设法将多目标问题转化为单目标问题。

（1）约束法

约束法的基本思想是根据具体问题的实际意义确定一个主要目标，而把其余目标在一定的允许界限内当作约束，这样就把原多目标问题变成一个以主要目标为目标的单目标规划。此种方法简单可行，能保证在次要目标允许取值的条件下，求出主要目标尽可能好的值，因此对实际问题常常很适用。例如，电梯群控系统通常优先考虑候梯时间，而将能量的损耗和乘梯时间放在次要位置，这样就可以将电梯群控的问题转化为候梯时间最短的单目标问题。

（2）分层序列法

这种方法的基本思想是将目标函数按其重要程度排一个次序，然后在前一个目标函数最优解的基础上，求后一个目标函数的最优解，这样每次都是求解一个单目标规划。

定理：分层序列意义下的最优解都是有效解。

（3）功效系数法

有些问题要求前 k 个目标 $f_1(X)$，$f_2(X), \cdots$，$f_k(X)$ 越小越好，后 $p-k$ 个目标 $f_{k+1}(X), \cdots, f_0(X)$ 越大越好。所谓功效系数法，就是针对这些目标函数数值的好坏，给予一个所谓功效系数，即令

$$d_j = d_j\left(f_1(X)\right), \quad j = 1, 2, \cdots, p \quad \quad （4-16）$$

满足

$$0 \leqslant d_j \leqslant 1 \text{或} 0 \leqslant d_j < 1$$

而且达到最满意时，$d_j = 1$（或 $d_j \approx 1$），最差时 $d_j = 0$。

（4）评价函数法

评价函数法是根据问题的实际背景或几何上的考虑，将多个目标重新构

造出一个函数，转化为单目标，这个重新构造的函数就是新的单目标规划的目标函数，即评价函数。

由于可用不同的方法构造评价函数，故有各种不同的评价函数。

①理想点法

先求 p 个单目标规划问题的最优值，记作 f_j^*，即

$$f_j^* = \min_{X \in R} f_j(X), \quad j = 1, 2, \cdots, p \qquad (4-17)$$

作评价函数

$$h(F) = h(f_1, f_2, \cdots, f_p) = \sqrt{\sum_{j=1}^{p} \left(f_j - f_j^* \right)^2} \qquad (4-18)$$

再求相应单目标规划

$$\min_{X \in R} h(F(X)) = \sqrt{\sum_{j=1}^{p} \left[f_j(X) - f_j^* \right]^2} \qquad (4-19)$$

得最优解 X^* 作为多目标问题式（4-15）的最优解。

②平方和加权法

在用此种方法求解多目标规划问题时，预先规定各个单目标函数的一个尽可能好的下界（目标值，理想值）$f_i^0 (i = 1, 2, \cdots, p)$，即

$$\min_{X \in R} f_j(X) \geqslant f_j^0, \quad j = 1, 2, \cdots, p$$

然后构造评价函数

$$h(F(X)) = \sum_{j=1}^{p} \lambda_j \left(f_j - f_j^0 \right)^2 \qquad (4-20)$$

其中，$\left(\lambda_1, \lambda_2, \cdots, \lambda_p \right)$ 为事先给定的一组权系数，满足

$$\left(\lambda_1, \lambda_2, \cdots, \lambda_p \right)^T \geqslant 0 \quad \sum_{j=1}^{p} \lambda_j = 1$$

再求相应单目标规划问题：

$$\min_{X \in R} h(F(X)) = \sum_{j=1}^{p} \lambda_j \left[f_j(X) - f_j^0 \right]^2 \qquad (4-21)$$

得最优解 X^*。

③线性加权法

这种方法先按诸目标 f_j 的重要程度，给出一组权系数 $\left(\lambda_1, \lambda_2, \cdots, \lambda_p \right)$，其中 $\lambda_j \geqslant 0$，$j = 1, 2, \cdots, p$，$\sum_{j=1}^{p} \lambda_j = 1$。

然后构造评价函数：

$$h(F(X)) = \sum_{j=1}^{p} \lambda_j f_j(X) \qquad （4-22）$$

再求相应单目标规划：

$$\min_{X \in R} h(F(X)) = \sum_{j=1}^{p} \lambda_j f_j(X) \qquad （4-23）$$

得最优解 X^*。

此方法简单易行，计算量小，是个常用方法。

事实上，还有很多方法可以构造出不同的评价函数。所谓评价函数法，就是根据不同的要求使用不同形式的函数 $h(F(X)) = h(f_1, f_2, \cdots, f_p)$，用复合函数的办法把多目标规划问题转化为单目标问题来评价、求解。结果证明，用以上方法解得的最优解 X^* 保证为有效解。

（二）电梯群控系统多目标规划建模

电梯群控系统要采用优化的控制策略来协调多台电梯的运行，以提高电梯的运输效率和服务质量，由于电梯群控系统的控制目标的多样性，也由于电梯本身固有的随机性和非线性，所以很难把握。

1. 评价指标

要想对电梯群控的不同调度算法进行综合评价，先要建立电梯群控调度算法的因素指标体系。

电梯的调度算法常常为了实现某一个目标而淡化其他目标，电梯调度满足目标的多少在一定程度上可以作为评价电梯调度算法的一种标准。本书从这一点出发，将电梯群控的多目标作为评价考虑的因素指标，建立指标体系。在这里仅考虑 6 个因素：

不妨假定：

x_1：乘客的平均候梯时间 $(AWT) \in [0, +\infty] = A_1$。

x_2：乘客的长时候梯率 $(LWP) \in [0,1] = A_2$。

x_3：系统的能耗 $(RNC) \in [0, +\infty] = A_3$。

x_4：乘客的平均乘梯时间 $(ABT) \in [0, +\infty] = A_4$。

x_5：电梯的输送能力，可以用单位时间内轿厢的满载率来描述，$(RAY) \in [0,1] = A_5$。

x_6：乘客对轿厢的满意度$(STP) \in \{1, 2, \cdots, 9\} = A_6$。

这样，最优评价函数为

$$Y = \lambda_1 x_1 + \lambda_2 x_2 + \cdots + \lambda_6 x_6 \qquad (4-24)$$

Y值越低，表明该系统越受人欢迎，越能满足人们的需求，其调度算法越有效。

上面建立的最优评价函数就是本书建立的最优评价模型，可以用来检验所有的群控调度算法。每一个调度算法对应一列以上因素值，就有一个最优评价值Y，不同的算法可以有不同的Y值，从而进行比较算法的优劣。比如，最小等待时间算法仅考虑了x_1，而淡化了其余因素。

2. 模型假设

电梯群控涉及的因素很多，虽然每一种因素都是电梯群控调度的一种目标，但其重要性是有所不同的。特别是在不同时刻，为了满足需求，我们需要对某几个目标进行全力照顾，并不主动顾及其他因素。实际上，在很多情况下，众多变量因素间有一定的相互关系，那么多因素在实际处理过程中也很难一一照应。我们希望对原先的变量因素加以"改造"，提出其主要因素，舍弃次要因素，并且用尽可能少的因素来反映所有变量因素提供的大部分信息，从而达到简化问题、解决问题的目的。我们的模型就是在此基础上产生的。

在我们的模型中，假定：

（1）乘客不存在登记错误的厅外呼叫。

（2）乘客不存在登记错误的目的层。

（3）轿厢总是能够按指令正常工作，并且我们不会发出错误的操作指令而增加模型的复杂度。

（4）每一个运行的电梯总是自动地将系统派给自己的要响应的指令所对应的层站，先按运动的方向从远到近排列，再反向按从远到近的顺序排列，并逐个响应。

（5）每一个静止的电梯总是自动地将系统派给自己的要响应的指令所对应的层站，按先来先服务的原则运行起来，再按（4）中的原则处理和运行。

（6）进入轿厢的人是理想的，即不存在个体差异，能进入轿厢的乘客数与轿厢额定载人数正好相符合。

（7）电梯的层间运行时间与层站停靠一次的时间是相同的、固定的，不因轿厢内乘客的多少而发生变化。

（8）电梯在层站停靠需要固定的一段时间，但每个乘客出入电梯不需要任何时间。

（9）所有乘客对电梯的优先权是相同的，不存在需要优先服务的乘客，除非电梯系统认为该乘客长时间等待而需要优先服务。

（10）电梯的召唤响应中，每一次只有一个人使用电梯，且电梯不存在满载的现象。

3. 模型建立

本书尝试给出一个最优函数，综合考虑候梯者的满意度、乘客的满意度和能量的损耗因素，并根据实际要求给出一定权值，以此合理分配电梯。对于群控系统中的电梯群，所选择的策略是每部电梯处理各自的轿内指令，并将信息返回给系统，对于层站招呼信号则由调度算法进行分配。

调度算法实际上是一个评价函数。此处主要有三个目标，即候梯时间（AWT）、乘梯时间（ABT）、能量损耗（RNC）。候梯时间用来评价电梯外乘客的满意度；乘梯时间用来评价电梯内乘客的满意度；由于现在的电梯都采用对重系统，能量损耗主要在电梯启动和停止时有所体现，所以能量损耗主要用电梯的启停次数来衡量。

令

$$J(i) = \lambda_1 W(X) + \lambda_2 G(X) + \lambda_3 N(X) \tag{4-25}$$

式中，$W(X)$ 为乘客外呼响应评估函数，$G(X)$ 为乘客内呼响应评估函数，$N(X)$ 为电梯系统能耗评价函数。

$\lambda_i (i = 1, 2, 3)$ 为权系数，满足 $0 \leqslant \lambda_i \leqslant 1$，$\lambda_1 + \lambda_2 + \lambda_3 = 1$，$\lambda_i$ 的不同选择表明了对三个评价标准的不同侧重。例如，在上下班高峰，选择电梯时以减少乘客等待时间为主要考虑因素，故 $W(X)$ 对应的权重大一些；在晚上乘客稀少时，以节约能源为主，故 $N(X)$ 对应的权重可大一些，$W(X)$ 对应的权重可小一些。

$J(i)$ 为评价函数，表示第 i 台电梯响应到某个层站的可信度（$i = 1, 2, \cdots, N$），N 表示电梯群中的电梯数。可以确定去响应呼叫的梯号 e：

$$J(e) = \min\{J(1), J(2), \cdots, J(N)\} \tag{4-26}$$

乘客外呼响应评估函数是通过计算乘客外呼等待时间来衡量的。

$$W(X) = \min\left(T_{arv}(i)\right), 1 \rightleftharpoons i \rightleftharpoons N \tag{4-27}$$

$$T_{arv}(i) = T_s(i) + T_{ar}(i) \tag{4-28}$$

$T_{arv}(i)$ 为第 i 台梯的乘客外呼响应时间。

$T_s(i)$ 为第 i 台梯驶往呼梯楼层途中因内选和外呼而停靠的时间。

$T_{ar}(i)$ 为第 i 台梯驶往呼梯楼层的运行时间。

4.乘客内呼响应评估函数

加快乘客内呼响应可以提高客流输送量。乘客内呼响应质量好坏可以通过计算平均内呼等待时间来评估。

$$G(X) = \min\left(T_{off}(i)\right), 1 \rightleftharpoons i \rightleftharpoons N \qquad （4-29）$$

$$T_{off}(i) = \frac{\sum_{j=1}^{s} M \times P_j \times T_j}{M} \qquad （4-30）$$

其中，M 为电梯上的乘客总数，i 为这些乘客分批离开的批总数，P_j 为第 j 批离站乘客占总乘客数的百分比，T_j 为第 j 批离开乘客进入电梯到离站所花的等待时间，这个时间可根据经过路程行驶时间和中途开关门以及上下客时间估算。

第四节　智能电梯远程监控系统设计

一、电梯监控系统

（一）电梯监控系统说明

电梯监控系统被设计成适用于楼宇自动化系统（BAS），允许 BAS 监控和控制电梯的运行。目前通常采用串行通信，通过 RS-422A 接口实现电梯控制系统与服务器相连。一般电梯监控系统虽然不同于电梯远程监控系统，但是和远程监控系统有许多相同的优缺点。电梯远程监控系统是在电梯控制系统和服务器上分别安装数/模变换器，然后通过互联网进行数据传输。服务器通常安装在电梯厂家总部或分支机构，由电梯专业人员进行 24 h 的监控、故障报警和故障检测等，可见其技术与 IT 业相关，因此发展很快，国外先进国家已开发出了第 5 代、第 6 代产品。我国正在迎头赶上。

（二）电梯监控系统结构

图 4-14 是电梯监控系统连接图，图中的主要部分是电梯监控盘（LSP），

LSP 中虚线部分为可选功能。LSP 上部 LIFT1 的这一列的信号和控制开关对应着 LIFT1 信号采集和控制模块，8 台电梯就有 8 个这样的模块。目前，LSP 是使用最多的监控系统，虽然它的样式不同，设计思想也不一样，但是它使用串行通信技术和模块化设计，即 1 个模块控制 1 台电梯或 1 个功能模块是其最优设计，特点如下：

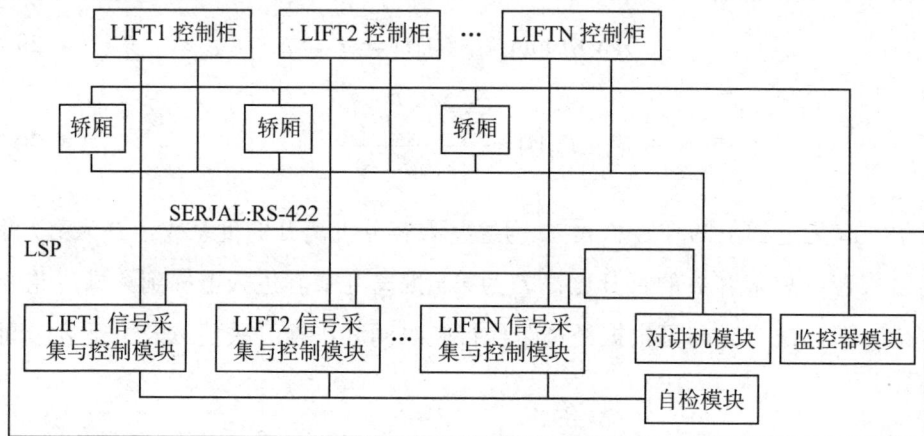

图 4-14　电梯监控系统连接图

（1）串行通信技术可以节省大量连接线。

（2）串行通信技术可充分利用电梯控制系统本身特有的性能参数，一般电梯有 3 000 ～ 4 000 个 I/O 参数，大多可通过串行通信输入或输出。

（3）模块化设计简单，适应性和扩展性更强，有利于维修保养。

LSP 布置如图 4-15 所示，其下部从左到右分别是对讲机、监视器、报警复位按钮和自检灯按钮，它们分别对应对讲机模块、监视器模块、报警模块和自检模块。它们是信号采集和控制模块的补充，使 LSP 从视觉到声觉得到全面提升，功能更加全面。

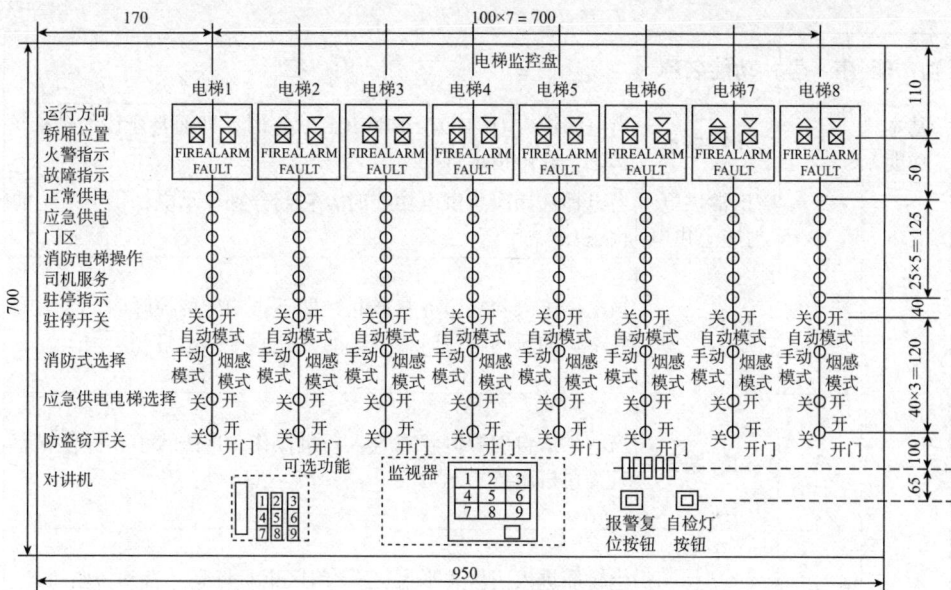

图 4-15　LSP 布置图

（三）监控盘功能

由于监控盘对控制信号和监视信号的选择比较困难，所以要对监控盘规范化，以便操作者使用。这就意味着把监控信号分为基本功能和可选功能，详细内容如表 4-8 所示。

表4-8　监控盘的基本功能和可选功能

功　能	序　号	功能名称	内　　容
基本功能	1	运行方向	指示出轿厢正在运行的方向，同时它将一直点亮，直到电梯完成所有现存的呼叫任务
	2	轿厢位置	显示轿厢所在的层数
	3	火警指示	当电梯进入消防状态，火警指示灯亮
	4	故障指示	当电梯的安全回路意外断开，电梯运行程序死机和故障代码溢出时，故障指示灯亮

功　能	序　号	功能名称	内　容
基本功能	5	驻停指示	当电梯进入 OUT OF SERVICE 状态时，即通常所说的锁梯状态，驻停指示灯亮
可选功能	1	正常供电与应急供电	当电梯选择应急供电功能时，它们分别显示电梯供电系统的状态
	2	独立服务	当电梯进入独立服务状态时，即不再响应群控呼叫，而只响应本梯的轿内呼叫时，该梯的独立服务指示灯亮
	3	司机服务	当电梯从自动控制状态进入司机操作，即进入手动操作状态时，司机服务指示灯亮
	4	门区	当轿厢进入门区（平层区），门区指示灯亮，直到轿厢离开门区。当轿厢通过门区时，该指示灯将一闪而灭
	5	驻停开关	当驻停开关拨到 ON 状态时，轿厢回到基站，然后轿厢维持停在基站，直到驻停开关拨到 OFF 状态，电梯将恢复正常
	6	消防模式选择	分为 3 种状态：当处在手动模式时，进入消防状态是需要人手动完成的；当处在自动模式时，进入消防状态是由烟雾探测器动作完成的；当处在烟感测试模式时，检测人员可以对烟雾探测器进行测试，而电梯不会进入消防状态
	7	应急供电电梯选择	在应急供电电梯状态下，所有电梯都依次回到基站后，将一台或多台电梯的应急供电电梯开关拨到 ON 状态，该电梯将恢复正常运行，其他电梯将停在基站不动
	8	防盗窃开关	分为 3 种状态：当处在 OFF 状态时，电梯正常运行；当开关拨到 ON 状态时，电梯将关门运行到预定楼层，平层后不开门，然后保持这种状态；当开关拨到 DOOR OPEN 状态时，门打开，轿厢仍然停在该层不动，即不接受任何呼叫，直到该开关恢复到 OFF 状态，电梯恢复正常

二、电梯远程监控系统

电梯远程监控系统根据计算机技术、互联网技术、视频图像和听觉压缩技术，对电梯群控系统进行监控，对电梯发生的故障可自动报警，传输监控数据，并自动记录故障数据。通过一条电话线传输现场轿厢场景图像、音频数据，和被困乘客取得联系并加以安抚。

（一）电梯远程监控系统主要功能

1. 故障自动发报

故障自动发报并不是单指电梯因故障停止运行才开始发报，远程监控系统可以自动侦测整个电梯电气系统运行是否正常，对不易觉察的故障也能自动报告监控中心，如层站呼叫按钮的间断性卡住、门开关瞬间开路等。这些故障在日常检查中难以发现，通过远程监控系统可以在第一时间就知道故障所在，以便维修人员进行有针对性的维修。

2. 关门故障时自动播放安抚语音

通常，关门故障是很少出现的，万一出现，电梯远程监控系统采取的第一个步骤就是自动播放安抚语音，以缓解被困人员的焦躁心情，使其平静度过脱困前的等待时间。

3. 双方直接通话

有关门故障时仅自动播放安抚语音对被困人员来说还是不够的，远程监控系统中的双方直接通话功能正是考虑到这种情况而特别设计的。电梯监控中心的值班人员可以直接与被困人员通话，甚至可以通过监控中心联系到任何地点。

4. 异常征兆预警侦测

对传统技术做了革命性的变革：不是在发生故障后进行处理，而是在发生故障前对在用电梯的运行状况进行扫描检测。只要发生故障的某些征兆一出现，故障就被检测出来，维修人员根据检测情况及时处理，把可能发生的故障消灭在萌芽状态中，如此可使电梯一直处于"零故障"运行状态。

5. 维保人员动态管理

电梯远程监控系统可以对维保人员的勤务作业进行有效监控，这增加了对维保人员管理的控制点，使维保人员严格按照预定的计划行事，及时到达维保现场，并严格按照保养作业基准进行操作。

6. 情报分析和维修技术支援

监控中心的技术人员根据监控系统反馈的电梯运行状态、信息，分析电梯的故障特性，及时为现场维修人员提供技术支持，缩短电梯疑难故障的原因判断和维修时间。

（二）电梯远程监控系统结构和技术参数

1.电梯远程监控系统结构

电梯远程监控系统只占用由业主提供的一条电话线到电梯机房，对电话线的占用可分为 3 种情形：

（1）用直线电话，不用分机线，因为电话分机线受电话总机控制，影响监控的可靠性。

（2）电话线直接敷设到电梯控制屏上。

（3）同一机房内 1 路直线电话最多可监控 4 台电梯；采用分机形式，即 1 路分机线只能监控 1 台电梯。

电梯远程监控系统对占用电话线的使用情形可分为 5 种：

（1）电梯监控中心主动查询电梯使用情况。

（2）远程监控系统对电梯进行故障前兆的自动扫描检测。

（3）电梯故障发报。

（4）出现关人故障时，电梯内乘客与外界通话。

（5）保养人员作业信号播报。

上述前两种电话使用由电梯监控中心付电话费。后三种电话费由客户支付，其电话费均不多。

电梯远程监控系统只需 1 条电话线就可传输电梯监控数据、现场视频和音频数据。其控制过程如图 4-16 所示。

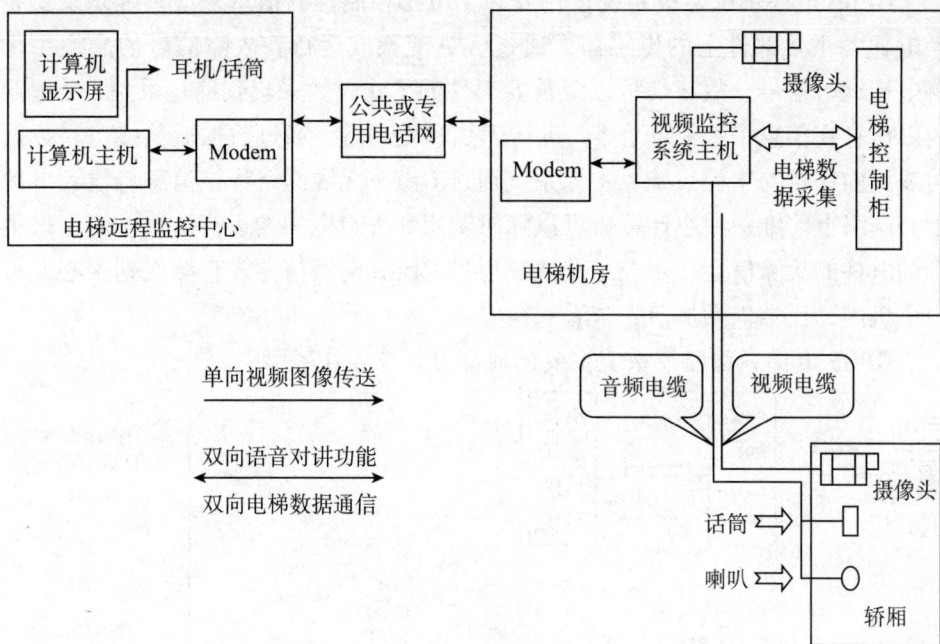

图 4-16　电梯远程监控系统控制过程

2. 技术参数

（1）视频：4 路 PAL 制彩色 / 黑白视频信号输入；分辨率：352×288/320×240/176×144；传输速率：PSTN2 ～ 5/10 帧 /s；单向视频、双向音频可同时传输。

（2）音频：音频输入（1 Vp-p）可直接接驳柱极体话筒；音频输出（1.5 Vp-p/500 mV），可直接驱动耳机和扬声器。

3. 利用 GPRS 技术的电梯远程监控系统

GPRS 技术是通用分组无线业务技术。电梯远程监控系统通过 GPRS 网络技术将电梯的运行参数或故障类型等信息实时、自动地以数据、图像或文字的形式传输到监控中心的计算机内，以便通知和及时处理电梯出现的故障或监控电梯运行的情况，对存在的隐患和故障进行先期的维护和保养，确保电梯的正常使用。

GPRS 电梯远程监控系统主要分两大部分：计算机管理 / 监控系统和前端机数据采集 / 数据传输系统。计算机管理 / 监控系统主要完成对前端机传来的信息的处理和对所属电梯的各类档案的管理。前端机数据采集 / 数据传输系统主要完成对电梯的运行参数的采集和数据的传输。

GPRS 电梯远程监控系统使用安装于电梯控制柜的信息采集系统以及安装于电梯各主要部件上的传感器，通过 A/D 变换或运行、故障信号的交换手段将电梯运行信号、故障信号以及重要部件的工作参数采集到信息采集 / 处理器内。信息在信息采集 / 处理器内进行识别和处理后，通过数据通信接口将数据传输到前端机的主控系统。主控系统通过 GPRS 无线网络将该信息传输到维护中心网络上。维护中心计算机可以随时调用和查看电梯的运行情况。对于采集到的电梯的故障信息，主控系统能够通过 GPRS 的短信方式直接发到中心或指定手机内，让维护人员前去查看和检修。

GPRS 电梯远程监控系统主要组成部分如图 4-17 所示。

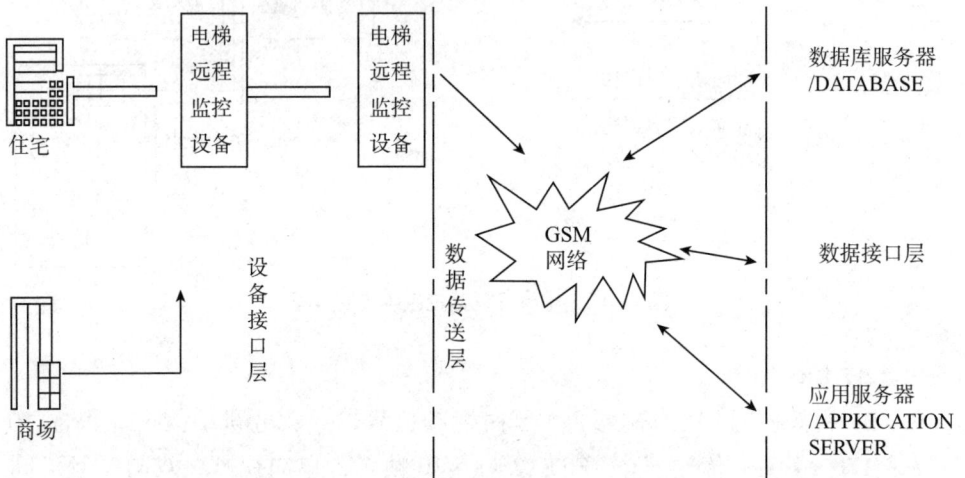

图 4-17　GPRS 电梯远程监控系统组成

下面以监控中心计算机管理 / 监控系统和前端机信息采集 / 处理系统为例进行说明。

（1）监控中心计算机管理 / 监控系统

监控中心计算机管理 / 监控系统网络设备如下：

①计算机局域网。

②系统网络服务器。

③系统计算机。

④网络打印机。

⑤网络扫描仪。

⑥计算机语音通信设备。

⑦网络数据备份设备。

图 4-18 是监控中心计算机管理 / 监控网络组成框图。

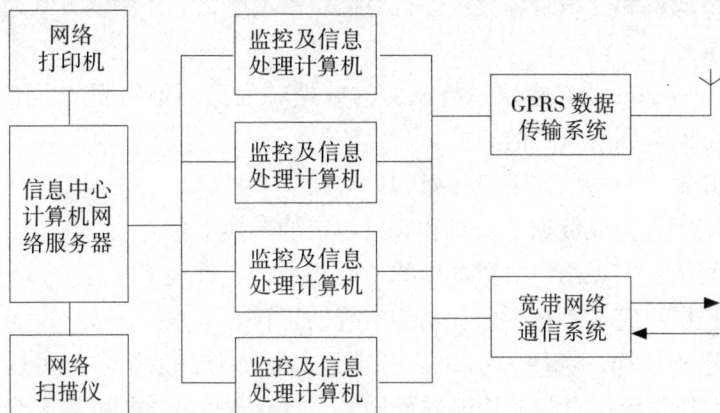

图 4-18　监控中心计算机管理 / 监控网络组成框图

监控中心计算机管理 / 监控系统的功能是提高管理部门对电梯质量和维保的监察力度，为电梯的可靠运行和及时维护提供信息和技术支持。其具体功能：管理和协调各电梯用户的维护中心，并将数据进行分类、统计、备份和存储；调用和查询电梯的运行情况、安装记录、所在单位情况、系统运行环境、所属安装公司及维保公司等具体信息；实时调用电梯的使用说明、技术参数、维修指南、用户手册、厂家技术支持、历史维护记录及故障分析。

计算机管理 / 监控系统软件模块：

①数据收发模块：主要完成从 GPRS 网络来的数据的接收和发送工作。该模块可以在 Windows7、Windows10 等系统下运行，充分利用 Windows 的多任务机制，可以实时地捕捉各种计算机外部设备来的数据，并将其写入后台的数据库系统中。

②协议转换模块：完成数据格式的解包和打包工作。系统的协议数据包括 IP 网的 IP 数据包和 GSM 的短信数据等。针对这些数据进行数据格式的解包和打包工作。

③数据初始化模块：完成系统中各类数据的初始化工作，包括电梯的各种生产资料，运行、生产商、技术、维护公司及维护人员的资料，等等。

④数据查询模块：用户主要使用的模块，可以将数据库的各种数据按照使用者的需要进行整理，提供有用的资料给使用者。

⑤电梯运行数据分析模块：在电梯发生故障时使系统知道并及时通知相关维护人员，便于相关的维护人员、技术人员了解电梯的运行情况。

⑥故障通知 / 现场监控模块：通过视频系统或语音提示系统实时观察故障电梯内的情况，和受困乘客直接进行对话。借助电话、短信的方式通知维修人员去现场维修。

⑦ Internet/Intranet 模块：将相关的数据转发到万维网服务器上，让不同地域的人可以查到所关心的数据。

系统开发平台采用如下三层架构。

①数据层：完成数据的采集和底层协议的转换工作。

②中间层：实现用户对数据库的访问和查询、管理工作。

③客户层：完成用户界面和功能实现的工作。

对于这种架构，选用 SQL Server 2000 数据库作为服务器，可以很好地与 Windows 操作系统结合，灵活地进行分发，具有很低的维护强度和合适的开发性价比，并能实现对万维网的各种服务。

该平台在对底层应用的开发以及和数据库的结合上拥有强大的实现能力。数据接口部分和应用部分都采用 Delph 6.0 编写。数据库引擎采用 Microsoft 的 ADO，它是和 SQL Server 结合最好的数据引擎，能够很好地实现三层架构的服务。

采用的操作系统及数据库主要包括如下几部分：

①操作系统 Windows NT Server 4.0。

②数据库 SQL Server 2000 for Windows NT Server。

③电梯运行信息数据库。

④电梯维护记录数据库。

⑤电梯安装记录数据库。

⑥电梯使用、维修手册数据库。

⑦电梯故障信息数据库。

⑧电梯历史维护数据库。

（2）前端机信息采集 / 处理系统

前端机信息采集系统由如下部分组成：

①数据信息采集接口。

②控制柜信息采集接口。

③与主控系统数据通信接口。

④模 / 数变换系统。

⑤电源滤波系统。

⑥信号隔离系统。

⑦主控系统。

⑧传感器信息采集接口。

⑨电源监测系统。

⑩ USB 接入系统。

⑪ TTL 电平接入系统。

⑫ RS-232 电路接入系统。

⑬多系统接入控制模块。

前端机信息采集系统组成如图 4-19 所示。

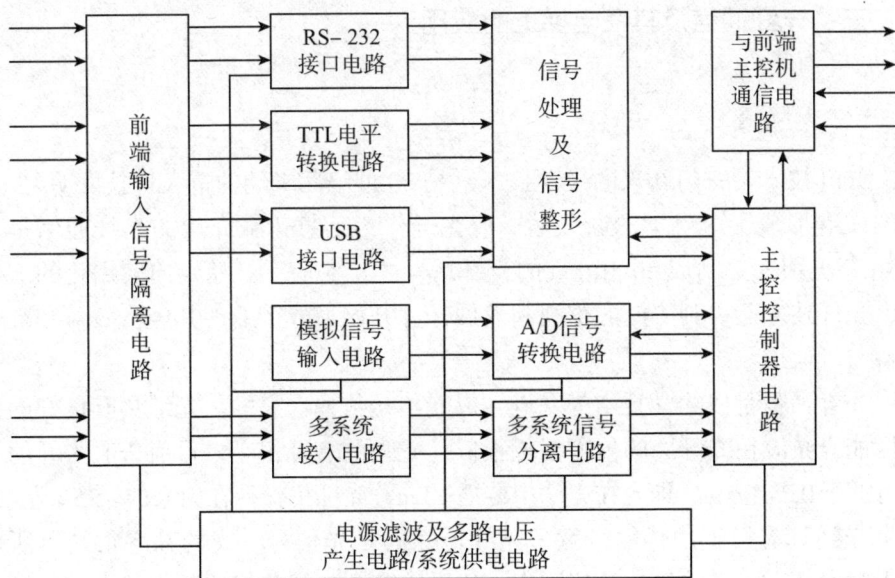

图 4-19 前端机信息采集系统组成框图

前端机信息采集系统技术指标如下:

输入电压: 120 V (DC); 信号输入电平: 3 ～ 48 V (DC); 与主控机通信速率: 19.2 kbit/s; 温度: 20 ～ 75 ℃; 相对湿度: 45% ～ 75%; 大气压力: 86 ～ 106 kPa; 系统功耗: 小于 100 mA; 系统通信采用 484 通信口。

前端机信息采集系统工作原理和功能: 前端机信息采集系统采用模块化设计, 备有多种通信接口, 适用于不同型号的电梯, 又采用软件在线编程方式, 能够对不同型号的电梯、不同的信号和信息内容进行相应的软件编程。中心控制采用微处理器, 具备 12 位 A/D 变换和高速信号处理能力。其信号采集用隔离电路进行隔离, 以消除互相的影响, 隔离外界信号的干扰。传输来的信号通过隔离电路进入信号处理电路，进行信号整形和信号分离，然后进入信息控制 / 处理系统，使主控系统进行信号分析和数据处理，再将信息传输到主控系统。前端采集电路采用多种信号、电梯控制柜和主要部件传感器进行信号采集。接口电路采用模块化设计，自动适应不同配置的接口信号；系统具有 A/D 信号转换接口，能将传感器送来的模拟信号自动转换为处理器能够识别的数字信号；接口电路采用光电隔离或双刀双掷继电器，与接入系统进行完全隔离。信息采集系统具备多种信号方式的接入功能，如 RS–232/485 电路接入、USB 电路接入、TTL 电平电路接入、模拟信号接入方式等。

三、光纤通信及其在电梯上的应用

（一）概述

光纤技术是一门新兴的光学技术，是 20 世纪后半期的重大科技发明之一，它的发展形成了光电学的新领域。以光纤作为信息传输介质的光纤通信是自 1970 年美国率先制成 20 dB/km 的光纤后，才从实验室开始走向实用化的。目前，光纤技术已得到广泛的重视和发展，并开始形成产业，其经济效益和社会效益与日俱增。

光纤通信是以光学技术为基础，以光信号传输信息的。光纤具有良好的传光性能，光波在光纤中的传输损耗很低，光强的衰减很小，目前普通光纤的损耗可低于 0.2 dB/km，即光在光纤中传播 1 km，光强仍保持在原来的95.5% 左右。

光纤具有极宽的传输带宽，光纤传输的是光信号，光的频率很高，所用的光频率在 $10^4 \sim 10^5$ Hz 的范围内，比微波高几个数量级，频率越高，能够容纳的带宽越宽，信息传输量越大。用于电话通信的一根仅头发丝粗细的光纤仅需几个毫瓦的驱动功率便能够传输数万路电话，可见其容量是很大的。

光纤是一个敏感元件，能很容易地与光电器件结合，利用各种光敏二极管、光敏晶体管等半导体元件的光电、电光转换特性可使光纤与高度发展的电子装置尤其是电子计算机进行匹配，实现信息传输。

光纤是一种电介质，同其他传输信息的材料相比具有良好的电绝缘性，耐高压，不受电磁干扰，无火花，耐腐蚀，可塑性好，几何形状具有多方面的适应性，且体积小、重量轻。

光纤技术的发展无疑为现代通信和工业控制技术的发展提供了极大的帮助。随着控制要求的提高，许多工业设备仅由单台微型计算机控制已不能满足需要，多台微机控制系统已得到广泛应用，如三菱VVF电梯群控系统。多微机控制技术涉及微机和通信两个方面的技术，两者高度发展和密切结合推动了多微机系统的发展。而光纤技术应用于多微机系统后，既能对大量的信息进行正确、可靠的传输和高速处理，又能满足提高多微机系统的控制能力、可靠性、可用性和充分利用系统资源的要求，从而大大提高多微机控制系统的性能。

（二）光纤

1. 光纤结构

光纤作为光纤通信的信道，是光纤通信的关键材料。根据不同的使用需要可将光纤制成单芯和多芯，目前光纤的纤芯数已可达数千根。多微机系统通常都采用单芯光纤。图4-20为单芯光纤的结构示意图，光纤由纤芯、包层、涂敷层和外套等组成，它是一个多层介质结构的对称圆柱体。纤芯材料的主体是二氧化硅，里面掺入微量的二氧化锗或五氧化二磷等其他材料，掺入其他材料的目的主要是提高材料的光折射率。

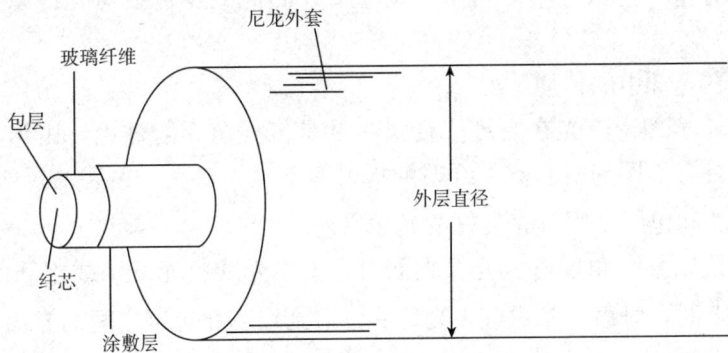

图4-20 单芯光纤的结构示意图

纤芯外面有包层，包层有一层、内外两层和多层几种结构。包层材料一般用纯二氧化硅，也有掺杂其他材料的，较新的工艺是掺入微量的四氟化硅，掺入其他材料是为了降低材料的光折射率。因此，光纤纤芯与包层具有不同的光折射率，光纤纤芯的折射率高于包层的折射率。包层外面还要涂上一层涂料，主要为硅铜或丙烯酸盐，其作用是保护光纤不受外来的损害，以增加光纤的机械强度。

光纤的最外层是外套，起保护作用，通常用尼龙制成，外套的外径根据不同需要被制成各种规格。

近年来，光纤技术发展很快，光纤的种类也逐渐增多，按制作材料分为以下几种：①高纯度石英（二氧化硅）玻璃光纤，纤芯为锗硅材料（二氧化硅+二氧化锗），包层为硼硅材料（二氧化硅+三氧化二硼）；②多组分玻璃光纤；③塑料光纤，它比石英光纤重量轻，成本低，柔软性更好，加工方便，缺点是损耗较大，VVVF电梯采用的就是这种光纤。光纤按用途分有如下种类：通信光纤；特殊光纤，如低双折射光纤、高双折射光纤、涂层光纤、液芯光纤、激光光纤和红外光纤等，特殊光纤可用于各种传感器。

光纤的两个主要特征是损耗和色散。损耗是单位长度的衰减（或损耗），用 dB/km 表示，它关系到光纤通信系统传输距离的长短和中断站间隔距离的选择，降低传输损耗对光纤通信是很重要的。对多微机光纤通信系统来说，由于信号传输距离较近，故损耗影响不大，可选用损耗略大些而成本较低的光纤，如塑料光纤。

光纤的色散关系到脉冲展宽，单位长度的脉冲展宽影响到传输距离和信息传输容量，对数字信号传输更为重要，因此减少色散对光纤系统是很重要的。

2. 光在光纤中的传播

根据光学理论，光在光纤中传播主要是依据全反射理论。由于光纤的纤芯和包层具有不同的折射率，纤芯的折射率（n_1）略高，包层的折射率（n_2）略低，纤芯和包层之间具有良好的光学界面。

当光线以某一角度进入光纤端面时，入射光线与光纤轴线之间的夹角 θ_0 称为光纤端面入射角。光线进入光纤后，射到纤芯和包层之间的界面上，形成包层界面入射角 ϕ。

由于 $n_1 > n_2$，故在包层界面有一个产生全反射的临界角 ϕ_c，与此相对应的光纤端面有一个端面临界入射角 ϕ_a。如果端面入射角小于等于端面临界入射角，即 $\theta_0 \leqslant \theta_a$，当光线进入光纤，射到光纤的内包层界面时，$\phi \leqslant \phi_c$，满足全反射条件，光线将在纤芯和包层的界面上不断地产生全反射而向前传播。若光线垂直光纤端面射入，与光纤轴线重合，即 $\theta_0 = 0$ 时，则光线沿光纤轴线向前传播。图 4-21 是光在光纤中传播的示意图。

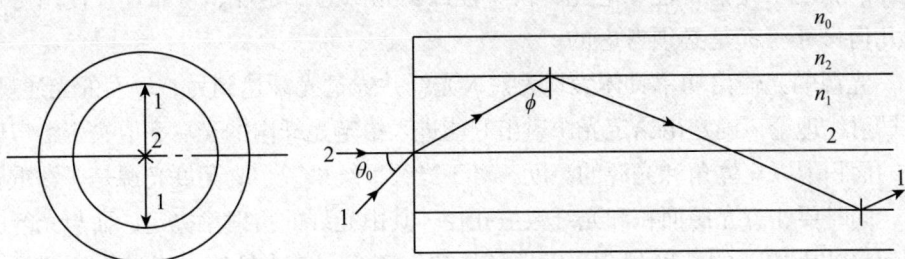

图 4-21　光在光纤中传播的示意图

图 4-21 中光传播的特点是传播路径始终在同一平面，这种光线称为受导光线，又称子午光线。子午光线是平面曲线，包含子午光线的面称为子午面。能在光纤中传播的光线还有斜光线，斜光线不在一个平面里，不经过光纤的轴线，当斜光线入射进光纤后碰到边界时，做内部全反射，斜光线的运动范围是在边界和焦散面之间，光线在端面上的投影为折线，其是空间曲线。但是，斜光线的入射角大到一定程度时，就不能产生全反射，也不能通过光纤传播。

3. 使用光纤应注意的两个问题

根据光线在光纤中传播的特性，在使用光纤时应注意光纤的最小弯曲半径以及光纤端面的垂直度和粗糙度。为了保证光线在光纤中的可靠传播，使用光线时不要使光纤的弯曲半径太小，这是因为当光纤弯曲半径小到一定程度（严重弯曲）时，原来能在光纤中做全反射向前传播的光线会从纤芯弯曲部分的外侧逸出，从而削弱光线的光流，影响传播质量。

光纤端面垂直度和粗糙度对光的传播也是非常重要的。如果光纤的输入端面与光纤轴线不垂直，入射光线便不在子午面内，而成为斜光线，将削弱光纤所能传输的子午光流。光纤端面粗糙度大也会大大削弱光线的光流，影响光纤的传输质量，严重时甚至无法传输信息。因此，在截取光纤时，必须充分注意光纤端面的垂直度和粗糙度。

（三）光源

1. 光源特性

光源是一种电光转换器件，其作用是向光纤发送光信号。在光纤系统中，光源具有重要的地位。光纤通信之所以获得成功，除了低损耗光纤的诞生外，就是可用于光纤的光源的问世。

不同的光纤系统对光源的要求也有很大差别。在设计一个光线系统时，光源的亮度、光谱特性、电光转换特性以及光源的稳定性、可靠性、使用寿命和几何尺寸等都是必须考虑的。

光源的光输出功率具体表现为射入光纤并通过光纤达到另一端面的光通量。根据射线理论，确定由给定光源射出并能进入给定光纤内的光功率取决于给定光纤的面积乘以立体角和光源的亮度。对于光纤系统来说，高亮度光源是非常重要的，同时要注意光源面积和光纤数值孔径（其由光纤的折射率决定，而与光纤的几何尺寸无关）的精确配合，以求最佳功率耦合，使光纤输出光通量达到最大值。因此，光输出功率不仅由亮度决定，还要考虑亮度与光纤之间的相容性，只有高宽度的光源与光纤结合时，才能达到一定的光输出功率。

光源的发光波长与光纤的衰减直接有关，因此光源的发光波长必须合理选择，通常选择在光纤呈低损耗区附近，以便光在光纤中的传播损耗达到最小，从而保证传输质量。

光源的噪声对光源的稳定性有直接影响。光源的噪声主要有散粒噪声和电源噪声：散粒噪声是光和光子性的直接结果，电源噪声是由供给光源的电源造成的，由于供给光源能量的电源通常都有噪声，这种噪声通过光源的光电转换会被转化为光噪声，影响传输质量，所以在设计光源时必须注意对供给光源的电源采取有效的防噪措施。

2. 半导体光源

目前，可作为光纤光源的有白炽灯、激光器和半导体光源等。半导体光源具有体积小、重量轻、结构简单、使用方便、效率高和工作寿命长等优点，且能与光纤相容，因此在光纤系统中得到广泛应用。

半导体光源是利用半导体的 PN 结将电能转换成光能的半导体器件，常用的有半导体光敏二极管（LED）和激光二极管（LD）。LED 工作在荧光区，LD 工作在激光区。在光纤系统中采用的 LED 不同于普遍用于显示的 LED，光纤 LED 特别强调与光纤最佳耦合的高亮度、高速率和高可靠性。

光纤 LED 有面发光 LED 和边发光 LED 两种。面发光 LED 把发光限制于小面积，使热阻减小，能在高电流密度下工作，具有较高的内部效率，能在正面获得高的面辐射强度和高运行速率。但是，面发光 LED 与光纤的耦合效率较低，原因是其产生的光功率分布在太大的立体角内，故其只适用于多模光纤系统。

边发光 LED 很接近半导体激光管，虽然其产生的总功率小于面发光 LED，但是其亮度很高，总功率相同时，边发光 LED 的亮度比面发光 LED 亮度高几个数量级。边发光 LED 的高亮度有利于与光纤的耦合，因此它不仅适用于多模光纤系统，还适用于单模光纤系统。

除了光参数外，衡量光纤 LED 的还有电参数（如工作电流、正向电压、反向电压、反向电流等）和热参数（结温、环境温度和储存温度等），这些参数与其他半导体二极管相同。

面发光 LED 和边发光 LED 都具有运行电流密度小、管子工作寿命长、输出光功率—电流特性曲线的线性度好、使用简单、价格便宜等优点。但是，面发光 LED 和边发光 LED 都工作在荧光区，且输出功率较小，一般光功率峰值几十毫瓦，因此通常适用于中、低速短距离光纤通信系统。

半导体激光二极管（LD）既具有半导体器件的优点，又具有激光的单色性、相干性、方向性好和亮度高等优点，而且工作寿命长，目前的 LD 产品的寿命超过百万小时，因此 LD 是目前光纤系统的重要光源，应用范围较广。

（四）光接收器

光接收器是一种光电转换器件，其作用与光源刚好相反。在光纤系统中，光接收器的作用是将由光纤传送来的光信号变换成电信号，然后由控制系统处理。

光接收器实现光电信息转换主要基于光电效应，由于半导体的 PN 结受光照吸收光能后会产生载流子，出现 PN 结的光电效应，利用这种物理现象制成了半导体光接收器。目前，光纤系统中使用的半导体光接收器的种类很多，主要有半导体光敏二极管、光敏晶体管、光电倍增管和光电池等，其中光敏晶体管的应用最为广泛。

光敏晶体管是用硅和锗单晶制成的晶体管，有 NPN 和 PNP 两种结构形式。光敏晶体管不仅能把入射光信号变成电信号，还能把电信号放大，以便与系统接口电路相匹配。为适应不同用途的需求，光敏晶体管被制成不同的类型，如无基极引线，也称光敏双二极管，这种管子应用最广，还有复合型光敏晶体管，其优点是光电转换的灵敏度高，输出的电流大。

光敏晶体管的主要参数包括最高工作电压、暗电流、光电流、最大功耗、响应时间和光谱响应范围等。其特性包括输出特性、光谱响应特性、频率特性、温度特性和噪声特性，除输出特性和光谱响应特性外，其他特性的意义与一般晶体管相同。

（五）接口

1. 调制解调器

光纤通信系统与其他通信系统一样，为了使信息能可靠地通过信道（通信线路）进行异地传送，需要将发送的信息调制到音频载波上，而在接收端再解调出数据信息，调制解调器就是实现这种功能的电路，调制解调器通常被称为 Modem。

Modem 有异步、同步和异同步三种工作方式。异步 Modem 使用移频键控（FSK）技术，也就是通信格式的标记产生一种音频，而对空白产生另一种音频，接收解调器检测这些音频信号，把它们转换为逻辑信号，并提供给接收端微机或外设。Modem 本身与发送速度无关，它可以处理的波特率从零到它的最大值。

同步 Modem 为接收端提供定时信息，要求提供的数据和它的定时信息同步。同步 Modem 只能工作在预定波特率，接收 Modem 带有一个振荡器，它的频率和发送 Modem 相同，接收时钟锁相到发送时钟，而把相位变化视为数据，即将数据对载频调相而非调频。

异同步（混合方式）Modem 的工作方式是数据用同步 Modem，但发送用异步方式进行。想要提高传输速率，但不希望改变系统原有的通信约定（协议）时，可以采用这种混合方式。异同步方式要求通信格式产生起始位和停止位，但又要用 Modem 时钟进行位同步。

异步和同步都有各自的基本通信格式，异步格式和同步格式的相同点是它们均需在数据中插入帧信息，以便接收端能识别字符。两种格式的不同点是异步格式要求将帧信息加到每个字符，而同步格式将帧信息加到数据串或信息之间。因此，同步格式比异步格式效率高，但要求复杂的译码。通常，高速数据通信系统使用同步格式，而低速数据通信系统使用异步格式。通信速率介于两者之间的数据通信系统可使用异同步混合方式，即使用异步格式发送，数据用同步 Modem。通信格式如图 4-22 所示，图中两种格式例子的数据字符后插入的奇偶校验位是用来检验数据传送正确性的。

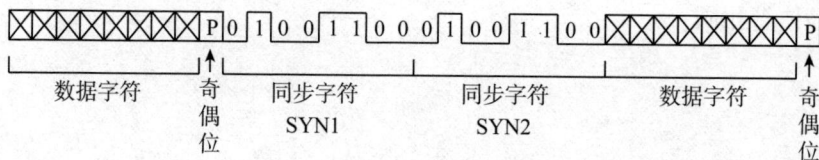

数据字符　　奇偶位　　同步字符　　同步字符　　数据字符　　奇偶位
　　　　　　　　　　　SYN1　　　SYN2

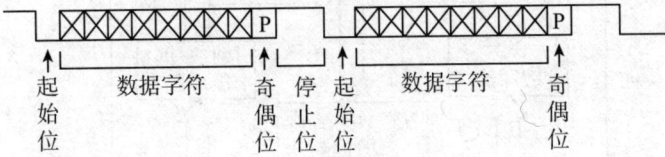

起始位　数据字符　奇偶位　停止位　起始位　数据字符　奇偶位

（b）异步通信格式的示例

图 4-22　通信格式示意图

2. 可编程序通信接口 8251A

为了实现多台异地微机或微机外设备之间的通信，需要先将传送的数据串行化，通过传输信道传输出去，然后在接收端再将串行数据转换为并行数据，供微机进行处理。可编程序通信接口 8251A 就是适于这种需要的接口器件，8251A 是 N–MOS 构造的大规模集成电路（LSI）芯片。

8251A 是一个通用的同步 / 异步接收 / 发送器（USART），能满足数据通信的同步、异步和异同步（混合）方式的各种要求。异同步方式是异步方式的特殊情况，此时时钟倍率为 1，异同步方式的使用条件是接收器和发送器的时钟必须同步。

8251A 能以半双工（既可发送，又可接收，但不能同时进行）和全双工（可同时进行发送和接收）发送、接收同步、异步和异同步三种格式，并且内部是双缓冲的。

8251A 包括五个部分，通过内部总线相互联系。8251A 的五个部分为发送器、接收器、Modem 控制、读 / 写（R/W）控制和 I/O 缓冲器。图 4-23 为8251A 的内部结构示意图。

第四章　智能电梯群控与远程监控系统设计

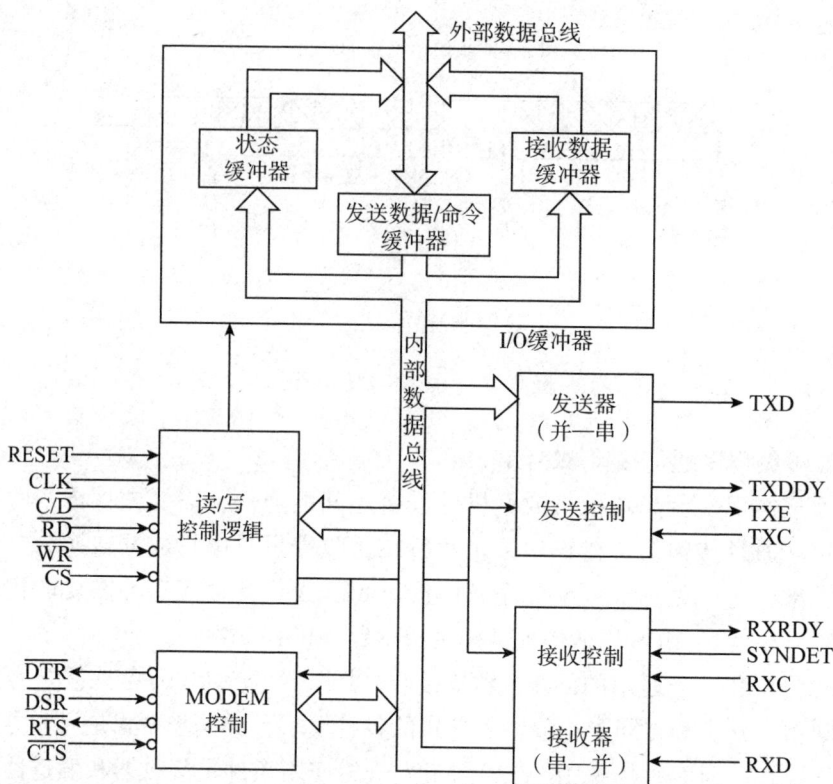

图 4-23　可编程序通信接口 8251A 内部结构图

发送器通过 8251A 芯片的外部总线从源 CPU 接收并行数据，插入帧信息后转换成串行数据，然后通过 TXD 线发送出去。对不同的通信格式，由程序控制插入不同的识别字符和奇偶位。发送器的发送是由程序控制的，在允许发送标志（TXE）和控制标志（$\overline{\text{CTS}}$）输入变高之前，发送器的发送是被禁止的。

接收器接收 RXD 线上由外部传送来的串行数据，并根据约定的格式将其转换为并行数据，然后通过芯片的外部总线传给目的 CPU。接收器的接收状态是由程序控制的，初始化时必须与源发送器设定的通信格式一致，否则会因发送和接收不匹配而造成通信错误。

Modem 控制部分产生 $\overline{\text{RTS}}$、$\overline{\text{DTR}}$ 和接收 $\overline{\text{CTS}}$、$\overline{\text{DSR}}$ 信号。用 $\overline{\text{DTR}}$ 信号通知 Modem，8251A 接口已做好通信准备，由 Modem 来的 $\overline{\text{DSR}}$ 信号表示数据装置已做好通信准备。

读/写控制逻辑将 CPU 控制总线上的控制信号译码，变为 8251A 的内部总线和控制外部 I/O 总线的信号。读/写控制逻辑的操作如表 4-9 所示。

表4-9　读/写控制逻辑操作表

$\overline{CS}$	C／D	$\overline{RD}$	$\overline{WR}$	功　能
0	0	0	1	CPU 从 8251A 读取数据
0	1	0	1	CPU 从 8251A 读取状态
0	0	1	0	CPU 写数据到 8251A
0	1	1	0	CPU 写命令到 8251A
1	×	×	×	8251A 总线悬空（空操作）
×	×	0	0	不合法

I/O 缓冲器主要对数据和状态起缓冲作用，由 CPU 总线传输到 8251A 发送器的数据和由 8251A 传输到 CPU 总线的数据都是通过缓冲器进行传输的。

（六）多微机系统的光纤通信

多微机系统是利用信道（通信线路）将若干具有独立物理结构和独立功能的分散的微机相互连接，并通过信道实现硬件共享、软件共享、数据共享、集中管理、协作控制等功能的微机群。从网络拓扑的观点看，多微机系统是由一组节点和连接节点的链路组成的，具有网络的特征，因此多微机系统也是一个计算机网络。在多微机系统中，节点是独立微机或智能终端，是通信的信源和信宿，链路是连接两个节点的承载信息流的线路，是通信的信道。

多微机系统根据不同的设计有集中式、分布式等结构，图 4-24 为几种典型的多微机系统的结构示意图。图 4-24 中不同结构的系统都具有各自的特点，因此设计系统时应根据不同的需要进行选择。

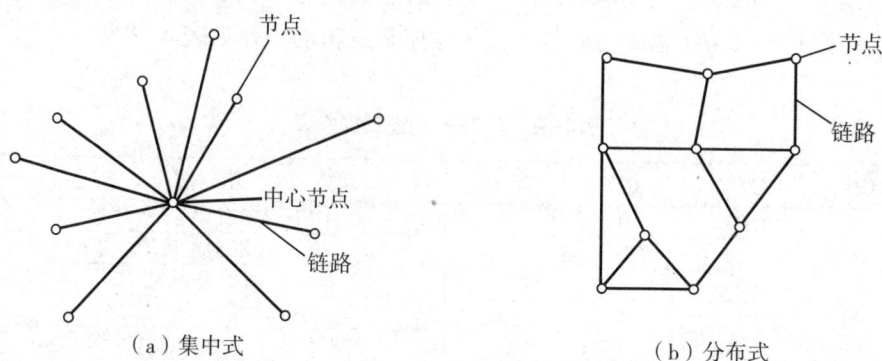

图 4-24 多微机系统的典型结构示意图

集中式结构系统的特点：可根据中心控制节点的能力组成不同规模的系统；可适应较高的信息流量（但信息流量过高时，中心控制节点可能超载）；可管理性强；线路效率较高；信息传递延时较短，且基本固定。但是，由于集中式系统的控制集中于中心，若中心发生故障，则系统全部停止操作，系统中的节点（微机）只能单独运行。同时，由于集中式系统中的中央控制节点的功能局限性，系统规模和信息量的扩展、变动受到局限，扩展性和灵活性较弱，所以集中式系统适于系统规模不大，且规模和信息量相对固定的场合。

分布式系统的特点：系统规模较大；可适应很高的信息流量；可靠性高；灵活性和扩展性较强。但是，分布式系统的可管理性弱，信息传递延时较集中式系统长，适于系统规模较大，且规模和信息量需要变化的场合。

多微机系统的结构表明，多微机系统是通过通信系统实现微机之间的连接的。由于微机技术和通信技术的不断发展，以及光纤技术的发展和各种适用于光纤通信的器件的成功开发，多微机系统的光纤通信得以实现且趋于完善。

图 4-25 为两台微机通过光纤进行通信的连接图，它是一个实用的多微机系统的一部分。为了便于系统管理，两台微机的型号相同，CPU 都为 i8085，通信接口都采用 8251A、Modem 电路，波特率发生器电路也都相同。光纤接插件（端口）为可拆卸式，光源和接收器封装在连接 Modem 电路的一端（定插头），另一端（动插头）则连接光纤。光纤采用塑料光纤。上述微机及元器件均为标准市售品。

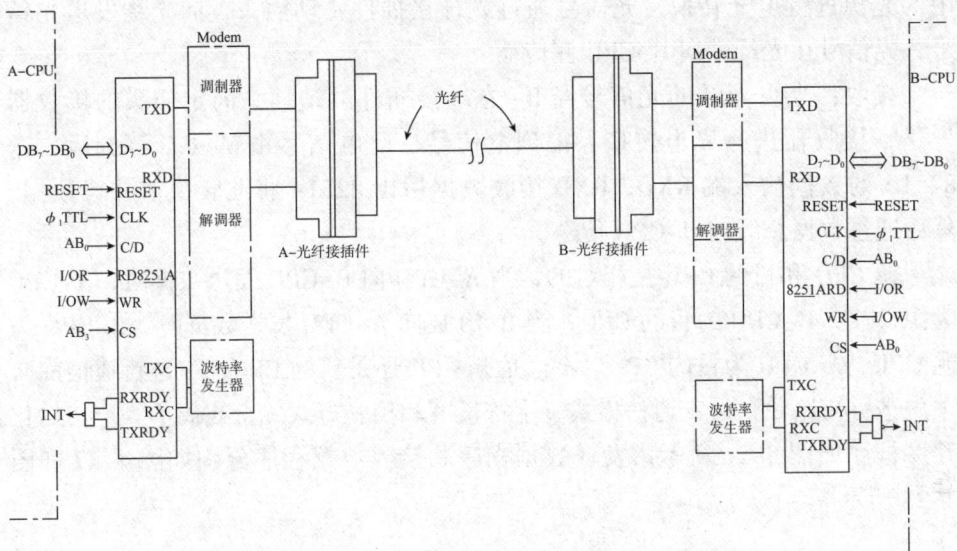

图 4-25　CPU 和 CPU 的光纤通信示意图

　　8251A、Modem 电路、波特率发生器和连接 Modem 电路的带光源和接收器的光纤定插头均设置在同一块微机扩展印制电路板上。

　　8251A 与 CPU 的连接比较简单，数据端 $D_7 \sim D_0$ 与 CPU 数据总线相连，RD、WR 与 CPU 控制总线的 I/OR、I/OW 相连，C/D 连到 CPU 地址总线的 AB_0，中选 CS 连到 CPU 地址总线的 AB_3（采用线选法），RESET 与 CPU 的 RESET 相连，CLK 连到时钟 ϕ_1，TXRDY 和 RXRDY 用于向 CPU 发送中断请求。

　　8251A 的 TXC 和 RXC 一起与波特率发生器（时钟源）相连接。TXC 为发送器时钟，该时钟控制发送字符的速率。同步方式时，TXC 等价于波特率，是由 Modem 提供的。在异步方式时，TXC 是波特率的 1 倍、16 倍或 64 倍，由方式控制字选择。当 TXC 在下降沿时，数据移出 USART，向外发送。RXC 为接收器时钟，其控制 USART 接收字符的速率。同步方式时，RXC 等价于波特率，由 Modem 提供。在异步方式时，RXC 是 1 倍、16 倍或 64 倍波特率，由方式控制字选定，当 RXC 为上升沿时，数据被采样。

　　设 A–CPU 为源 CPU，B–CPU 为目的 CPU，简要说明 A–CPU 向 B–CPU 传送数据的操作过程。

　　发送：A–CPU 通过数据总线将数据送入 8251A 缓冲器，8251A 将并行数据串行化，并根据通信格式插入相应的位码后，由 8251A 的数据输出端 TXD 送 Modem 调制，Modem 调制后将信号送光纤接插件，由光纤接插件（定插头）

中的光源进行电光转换，光信号通过光纤接插件（动插头）向光纤发送光信号，光信号在光纤中向 B–CPU 侧传播。

接收：来自光纤的光信号经 B– 光纤接插件的动插头向定插头的接收器发送，接收器进行光电转换，得到电信号，此电信号由 Modem 解调后，送8251A 的数据输入端 RXD，RXD 接收数据后由 8251A 将此转换成并行数据，然后通过数据总线向 B–CPU 传送。

源 CPU 和目的 CPU 是相对的，当 A–CPU 向 B–CPU 发送数据时，A–CPU为源 CPU，B–CPU 为目的 CPU，当 B–CPU 向 A–CPU 发送数据时，B–CPU 为源 CPU，A–CPU 为目的 CPU。不论是源 CPU 还是目的 CPU，在进行通信前必须先进行初始化，设定通信格式、字符长度和校验方式（奇或偶）等。初始化程序框图如图 4-26 所示，发送数据程序和接收数据程序分别如图 4-27 和图4-28 所示。

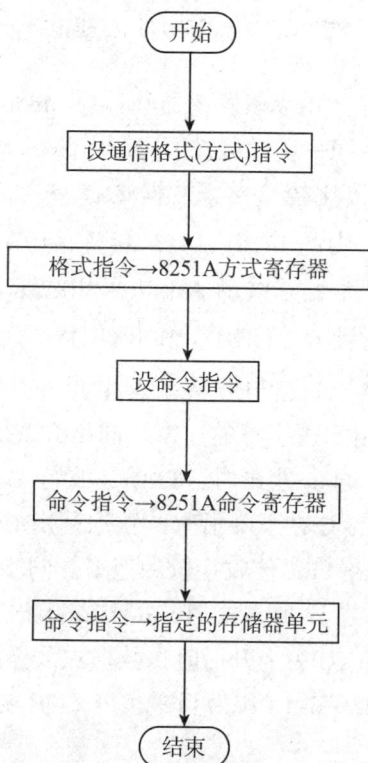

图 4-26　初始化程序框图

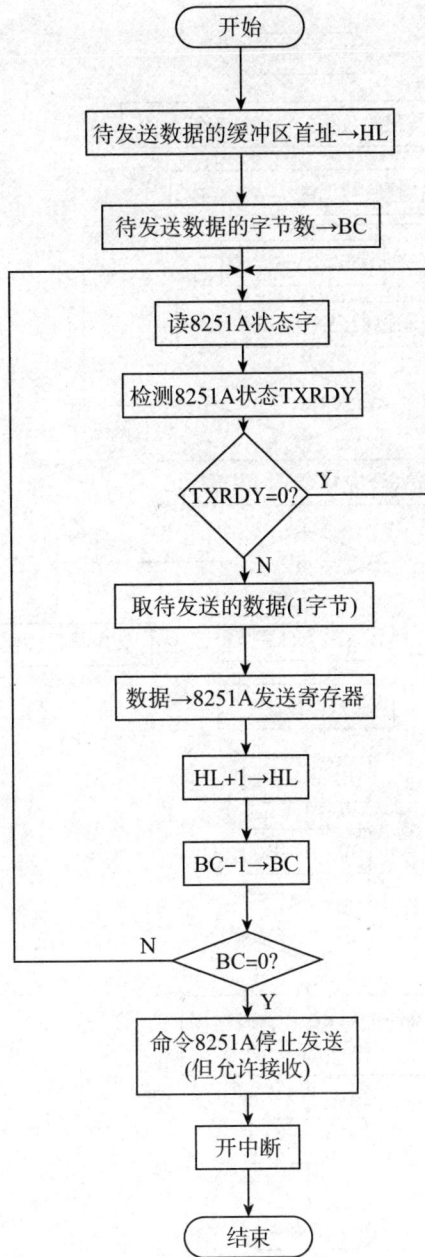

图 4-27 发送数据程序框图

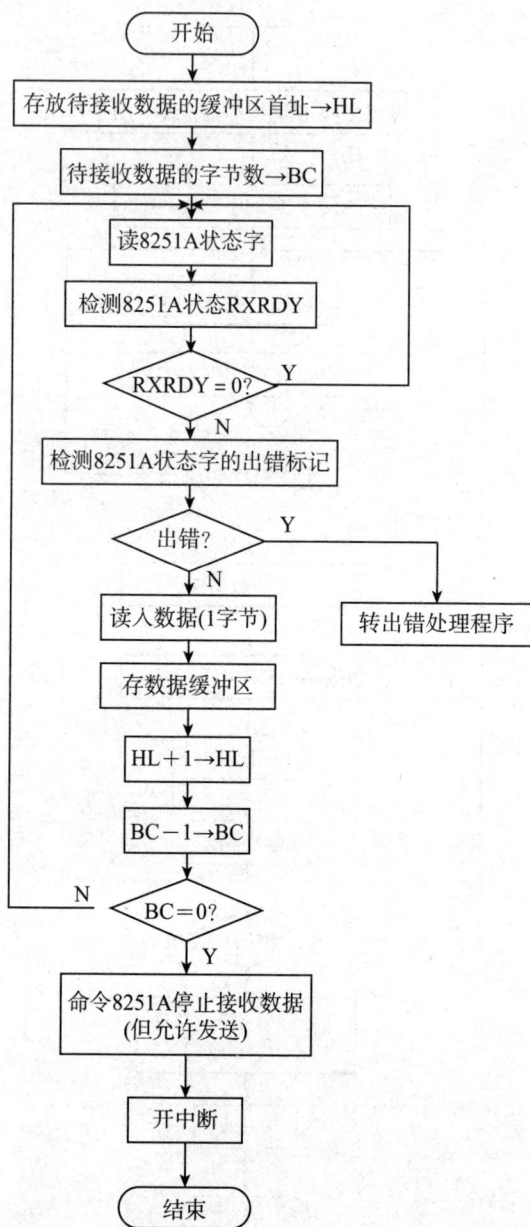

图 4-28　接收数据程序框图

（七）VVVF电梯群控系统的光纤通信

多微机系统光纤通信技术的成熟发展使VVVF电梯群控系统得以应用光纤通信技术实现系统中的信息传送。电梯群控系统采用光纤通信后，无疑对提高电梯群控系统的性能起了重要的作用。

VVVF电梯是多微机控制的，其管理、控制和拖动部分以及呼叫、指令的应答均由微机控制。三菱低速VVVF电梯由3台微机控制，中、高速VVVF电梯由5台微机控制。为了适应大楼交通流量的需要，提高电梯的运行效率，必须将多台电梯进行梯群集中控制（群控）。为了将多微机控制的电梯集中控制而设计的群控电路也采用了多微机控制技术。三菱VVVF电梯的群控系统目前的最大标准设计为可控制（管理）8台中、高速VVVF电梯。

在群控系统中，群控与单梯之间有大量的信息需要及时传送。为了保证群控与单梯之间的信息进行快速、有效和安全的传送，并使群控系统能够及时进行处理，提高系统的可靠性和运行效率，群控系统采用了光纤通信。图4-29为可控制8台VVVF电梯的群控系统光纤通信的连接图。

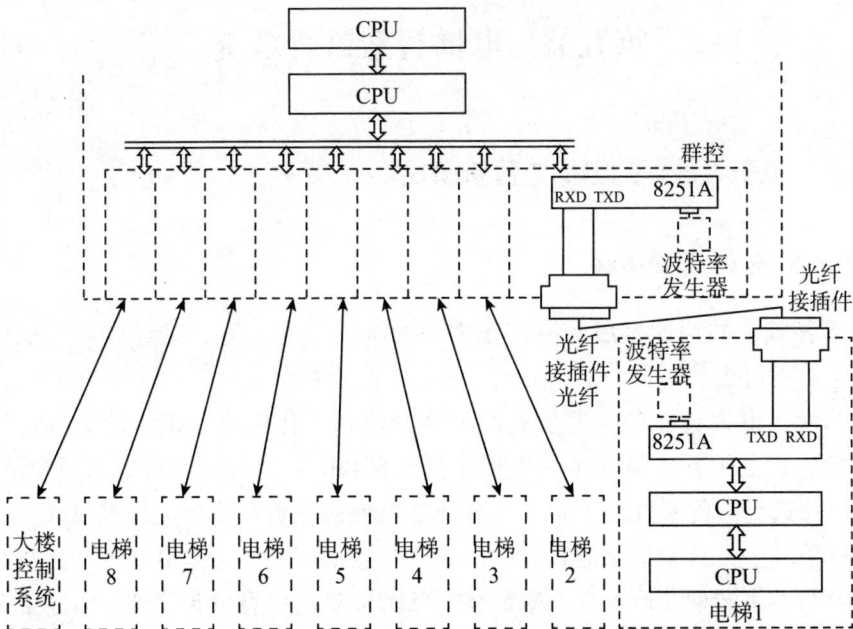

图4-29　群控系统光纤通信连接图

群控系统中所有用于通信控制的微机均为同一型号，CPU均为i8085，通信接口均为 8251A，8251A 直接与光纤插件连接，系统中不用 Modem 电路。光源和光接收器封装在光纤接插件的定插头一端，动插头一端连接光纤。光纤为塑料光纤。

VVVF 电梯群控系统是一种集中式多微机系统。群控侧微机为中心控制微机，其对各台电梯进行集中控制。

VVVF 电梯群控系统的最大特点是可靠性高、灵活性强，群内任何一台电梯均可根据需要方便地投入或退出群控，而不影响群内其他电梯的运行。

VVVF 电梯群控系统光纤通信中通信接口 8251A 与 CPU 的连接方式与如前所述的两台微机之间光纤通信电路中各部分电路连接方式类似。光纤通信过程中数据传送的操作过程以及初始化程序、发送数据程序和接收数据程序框图与图 4-26、图 4-27 和图 4-28 类似。通信格式（方式）和数据传送的内容均是由程序事先设定的。

VVVF 电梯群控系统可以配置监控装置，用于监视、控制群内电梯的运行状态。另外，群控系统还可以利用光纤与大楼控制（管理）系统相连。

第五节　电梯智慧监管系统

一、基于大数据的电梯监管新模式

（一）电梯监管现状

随着城市的快速发展，电梯作为一种垂直交通工具，已经成为居民日常生活中必不可少的一部分。

然而，电梯行业的飞速发展给电梯的监管工作带来了极大的挑战。目前的电梯监管工作方式仍存在一些制约和影响电梯安全可靠运行的问题和难点：部分电梯选型、配置先天不足；部分住宅电梯使用管理主体责任难以落实；信息获取手段少，日常安全监督比较困难。监管部门只能通过电梯定期检验和监督检验等手段定期获取电梯有限的运行状态信息；信息分头管理，急需整合集成。各电梯维保企业对部分具备信息采集能力的电梯的安全信息管理各自采用自己的机制，无法全市统一管理；故障管理过分依靠人力。一旦电梯发现故障时遇到停电，则需要工人到现场确认，导致部分故障无法及时发现。故障处理完全需要依靠物业和维保公司或事故现场人员，维修人员无法及时获取电梯故障确切信息，导致处理时间过长等问题；电梯维保质量参差不齐；电梯安全监管履职存在一些困难和盲区。安全监管力量薄弱，人员编制不足，人机矛盾突出。封停电梯与群众出行的矛盾造成电梯执法两难的尴尬局面。

（二）基于大数据的电梯监管

电梯监督检验工作的信息化建设给政府电梯监管工作带来了便利，数据的收集更轻松，整理、归档更规范，为事后的查证、分析提供了依据。但是，在电梯数量急速增长，数据量膨胀的今天，数据信息收集不全面、数据无交互、信息分析缺失成为电梯安全监管工作的瓶颈。

1. 政府的大数据发展战略

大数据已上升为我国国家战略，2013年以来，大数据、互联网、云计算等新兴产业得到了政府的高度重视。国务院常务会议多次专题研究部署推进互联网、大数据等新兴产业的快速发展，科学技术部、国家发展改革委、工信部等部委在科技和产业化专项中对新一代信息技术给予重点支持，在推进技术研发方面取得了积极效果。

"实施国家大数据战略"彰显了国家对大数据战略的重视。随着政策层面对大数据的重视以及资本的青睐，我国大数据市场规模呈现出爆发式增长的态势。

互联时代大数据规模空前，数据流动更加频繁，大数据成为国家的基础性、战略性资源。从顶层的战略视角看，政府高层将大数据视为重塑数据新机遇、提升政府治理能力的新途径和引领经济腾飞的新引擎。

各地政府也在积极推动大数据发展，陆续出台了相关文件。上海市《上海推进大数据研究与发展三年行动计划（2013—2015年）》要求在3年内选取医疗卫生、食品安全、终身教育、智慧交通、公共安全、科技服务6个有基础的领域建设大数据公共服务平台；北京中关村《关于加快培育大数据产业集群推动产业转型升级的意见》要求充分发挥大数据在工业化与信息化深度融合中的关键作用，推动中关村国家自主创新示范区产业转型升级；江苏省《江苏省大数据发展行动计划》要求着力加强大数据技术攻关和应用创新，推动政府数据资源整合和开放共享，推进大数据产业创新发展、集群发展，强化大数据安全保障，切实推动大数据持续健康发展；重庆、贵州、陕西、湖北等地均提出建设大数据产业基地的计划，力图将大数据培育成本地的支柱产业。

大数据的应用正在影响着人们衣、食、住、行的方方面面。信息化应用已经延伸到质监各个领域，在质量监督、质量管理、标准、计量、特种设备、行政审批、政府网站等工作中发挥了重要作用，使信息安全保障能力逐步提升，尤其大数据对进一步提升电梯监管水平具有十分重要的作用，真正体现了智慧监管、提前预警、保证质量、保障安全。

2. 电梯智慧化管理模式

电梯智慧化管理要求收集电梯生命周期内的安装、检验、使用、维护保养、监管等各环节产生的数据信息。利用云计算、互联网"爬虫"等技术对这些数据进行大数据分析，可以达到提高安全管理效率、提前预判电梯运行故障、预防安全事故的目的。

各地利用已有或新建的信息化系统收集与电梯相关的内部数据，通过现有的政务云平台对接与电梯安全相关的外部数据（如气象、城市网格化数据、互联网等），并在使用过程中不断地加入相关联的其他类型数据。可以说，利用大数据平台就是要不断地收集与电梯相关的数据，从而实现大数据的大容量、多样性、真实性和快速性。大数据平台通过统一的数据标准清洗、整理这些数据，并进行分析，利用分析结果指导电梯的监管工作，再根据电梯监管工作收集的数据验证大数据分析的结果，形成一个收集—分析—反馈—优化的循环过程，在不断学习、优化中，使电梯的监管工作真正做到事前预警准确、事中处理有效、事后分析合理。数据收集部分用来收集现有的电梯注册登记、检验、监管、维保（日常保养、故障维修）、救援、监控等电梯本体信息以及与其安全相关联的地理信息、气象信息、互联网信息等。传统的检验或者监察只有结果信息的电子化，缺乏对现场作业过程的监管，大数据分析则要求尽可能获得更多的相关数据，如现场定位信息、作业时长、影像数据等。

从现实情况看，中小型维保公司的维保记录仍然是纸质的，常导致信息遗失、不完善等；大型维保公司虽有完善的工作流程和先进的信息化新系统，但是信息仅在维保公司内部起到档案记录的作用。政府建立基于大数据的监管平台既要为中小型维保公司提供维保系统，规范维保内容、维保周期、维保质量，通过软件监管维保工作，又要与大型维保公司的维保系统对接，收集完整的维保数据，以利于大数据分析。

数据分析部分是利用大数据思维分析这些数据之间的关系，如预测大雨天气可能淹水的电梯，预测电梯故障多发期，电梯维保质量评判，通过电梯故障类型、频率、零部件更换情况等预测电梯的健康状况，等等。

数据展示部分是将大数据分析的结果用直观的方式展示出来，便于指导实际的电梯监管工作。

二、基于物联网的智慧电梯

随着我国经济的飞速发展与城市化程度的不断推进，电梯的使用数量增长十分惊人。有关数据显示，全国的电梯总数量已经超过了450万台，并且增长率等各项数据都居于世界第一位。另外，电梯在各种公共场合和其他人员聚集的地方分布得十分广泛，其安全性就变得十分重要。一旦发生电梯困人故障等问题，会产生社会恶性影响，且涉及社会诸多部门。于是，如何更好地保证和检测监控电梯的安全运行，以便在第一时间发起救援等行动成为全社会十分关心的问题。

电梯安全监管系统平台从数据的处理和展现层面分成四层结构，如图4-30所示。

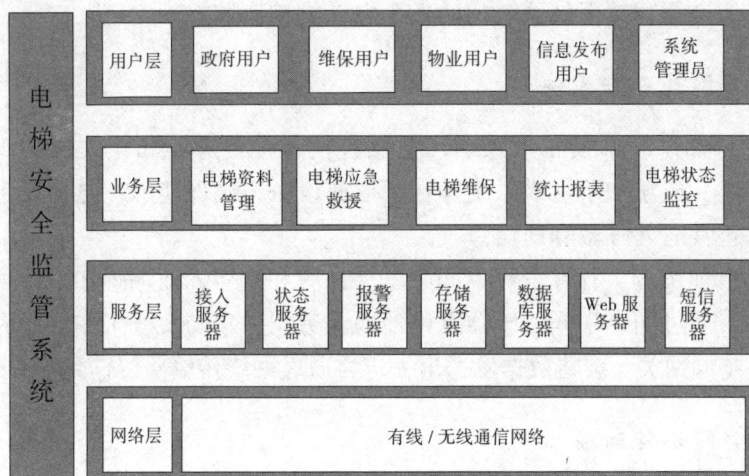

图 4-30　电梯安全监管系统处理和展现层

网络层：作为平台与前端设备通信的物理接口，主要处理数据的收发。

服务层：作为平台处理各类数据的后台应用，多进行分析、存储。

业务层：作为平台的展现单元，主要处理数据的录入和显示，展现各个功能。

用户层：各用户可以根据自己的需求进行功能的搭配，通过账号角色的分配实现数据的多级管理。

该基于物联网的智慧电梯系统（以下简称"智慧电梯"）包括前端感知系统、网络传输层、中心管理平台、业务处理层几个大模块。其采用的硬件包括红外摄像头（含摄像头视频及电源连接线）、平层传感器（信号电压12 V）

及平层传感器支架、门检测传感器（信号电压 12 V）及门检测传感器挡片、Wi-Fi 天线等。前端感知系统主要包括各种传感器和相关前端设备。通过安装在电梯和轨道内相关位置的前端感知系统，我们可以得到电梯开关、所处位置、运行速度与方向、是否正常运行、是否困人等各项实时参数，然后通过网络传输层将这些数据传输到中心管理平台，再结合业务处理层的相关需求，中心管理平台会相对应地对数据进行一定的处理与分析，并给出相对应的反应与指令。通过对相关检测监控数据的实时采集与更新，我们可以得到所有电梯的运行情况，通过一些智能算法和判断方法，在中心管理平台自动筛选异常数据与危险情况，自动通知相关工作人员并发出警报，确保在第一时间能够应对危险，并减少人工监督的工作量。另外，为了满足客户对日常电梯维护维修等信息的管理与有效数据收集需求，我们在业务处理层增添了一些模块，以此帮助客户更好地进行智慧电梯系统内的各个电梯的检测监控。

（一）前端感知系统

前端感知系统即设备接入层，主要包括各种传感器和相关前端设备，在必要的时候，还添加了对讲系统等音频播放设备，确保能够在电梯发生故障的时候可以正常向外呼救和通信。

针对目前市场上存在各种不同的电梯品牌和型号，前端感知系统可以增减一些设备，通过加装不同传感器更好地完成数据采集与发送工作。同时，相关传输设备（如网关）会将数据发送出去，再通过网络传输层传输到中心管理层。

（二）网络传输层

网络传输层主要依托各运营商的网络，通过有线（宽带 /VPN）和无线等方式，充分利用网络带宽资源传输视音频和数据信息。智慧电梯的物联网系统对数据的有效性、传输的实时性、链路的稳定性及网络安全性均有非常高的要求。

考虑到电梯及其井道中的信号屏蔽等问题，在保证系统数据可靠传输的前提下，一般采用专用的无线传输设备，包括系统自带的前端感知系统中的数据网关、中继传输与接收的网桥、接入互联网的有线终端等设备。在某些无线传输设备不方便布置但是移动信号比较好的情况下，也可以用移动流量卡来传输一些关键性数据，确保系统所需的各类型数据都能随时正常、稳定地通过有线 / 无线网络传输到中心平台。

专用的无线传输设备一般安装在电梯井顶部和轿厢顶部，安装的这一对无线传输设备可以保证电梯及其井道中的传输信号良好，再将电梯井顶部的无线设备通过有线网络连接到监控中心，即可轻松实现把电梯内视频数据传输到监控中心。

无线网桥采用嵌入式技术架构，其处理器和存储等硬件资源能满足数据传输的需要，适于室外无线覆盖应用、点对点传输应用、点对多点传输应用，支持 AP 模式、Client 模式、AP 路由模式，支持 12/24 POE 供电。无线网桥的使用彻底解决了电梯井道内的数据传输问题，无须铺设随行电缆，降低了施工复杂度，消除了线路损耗带来的弊端。

（三）中心管理平台

中心管理平台是基于各项服务器系统的数据接收、存储与处理模块，是整个系统的核心管理模块。一般而言，中心管理平台主要包括以下几个方面：

1. 设备管理模块

该模块主要负责系统的录入及相关厂商、运行年限、上下线等信息收集，方便客户和相关管理人员对系统内的所有电梯进行检查监控和信息查看、服务器等资源分配、相关控制软件的远程在线升级等操作，支持 Excel 等格式的信息导入与导出，以及在线根据编号、地点、品牌、故障分类等信息进行搜索。

2. 故障处理模块

故障处理模块主要负责通过接收到的传感器相关数据判定系统内电梯是否运行正常、故障时间与原因等，并及时报警给相关工作人员处理，工作人员可以通过人工操作修改、补充相关警告信息。另外，为了更好地分析统计故障原因、故障信息，每次故障的相关数据都会被保存在系统的服务器内，并可以在故障处理模块进行导出、查看当前与历史所有故障信息等操作。

3. 电梯监控模块

除了相关传感器检测的数据，我们还设计了摄像头等视频监控模块，对电梯的实际情况进行检测监控，工作人员可以根据实际情况选择是否打开视频监控。电梯监控模块不仅能够查看电梯内的实时视频前景，还可以通过对讲等与电梯内被困人员进行交流。一旦被困，电梯内人员即可按下应急报警按键，打开视频监控与语音对讲系统。另外，相关视频监控数据也会被存储在服务器中，相关工作人员可以对实时监控的视频进行录像、回放、远程调取与播放等操作。

4. 用户与权限管理模块

用户与权限管理模块主要负责对可进入系统的用户、密码、权限和相关登录信息进行管理，保证系统内的数据的安全性，防止数据被无关人员窃取和篡改。该模块还包括一些相关工作人员的联系方式、角色管理、系统日志等功能，考虑到本智慧电梯系统涉及的部门和人员众多，必要的时候，可以及时联系到相关工作人员，以免贻误最佳处理时机。

5. 地理、维保等统计模块

该智慧电梯系统还引入了基于高德地图的地理分布模块，可以直观地观察到系统内被监控电梯的地理分布，并以红、绿、黄等不同的颜色显示来标明电梯处于正常运行、暂停、故障等不同状态。在地图中，通过鼠标单击相关电梯图标，可以进一步查看电梯的具体信息。系统对每部电梯的维保（什么人在什么时间对哪部电梯进行了哪些维保）与维修情况也进行了记录与统计，对于已超过安全期和未及时维保维修的电梯，均会给出提示与警告。在该模块中，相关管理人员可以很方便地导出各种数据的统计信息，便于分析与改进。

6. 广告管理模块

该模块是根据客户需求添加的，主要用于管理电梯内广告（包括公益广告和商业广告等）播放的素材与播放时间等信息。用户可以在该模块内完成广告素材的上传，经由相关管理人员审核后，即可发布出去，在电梯内的显示屏上播放。客户可以根据实际需求选择多则广告轮流播放、远程批量控制显示屏的播放与停止等，节省人力、物力。

三、电梯综合信息系统云计算平台关键技术

考虑到电梯信息系统应用管理要求多，政府、检验机构、使用单位、电梯企业和维保单位均有相关的应用需求，业务系统较复杂，存储的管理显得更加重要。由于云计算平台能够实现数据中心化和资源虚拟化，能够对系统资源进行灵活配置，并通过集中管理实现系统安全，具有良好的可拓展性、便捷性、高可靠性和成本低廉的特性，其在电梯综合应用系统的架构中得到了越来越多的关注。电梯综合信息系统云计算平台关键技术主要包括以下方面：

（一）数据中心管理

电梯综合应用系统的系统众多，数据信息较多，且耦合性大，经常出现跨业务应用的数据交换。云计算平台良好的数据中心管理能力恰恰能够根据信息资源的要求配置硬件资源，一致性的资源保障了底层平台的可靠性。从整体上看，构建智慧电梯综合应用系统云平台，需要采用高性价比的存储和应用服务器等组成的可拓展的云资源，实现数据中心的管理功能。

（二）虚拟化技术

为了实现基础设施服务的按需分配，满足电梯综合应用系统中检验系统、监察系统、维保系统等的多应用需要，虚拟化技术成了核心技术之一，其具有的资源分享、资源定制、细粒度资源管理的特点，是实现云计算资源池化和按需服务的基础。

（三）数据存储与处理技术

电梯综合系统中除了存储于结构数据库中的结构化数据，还有语音、图片、视频等非结构化数据，且数据资源随着设备规模的变大而增加。云计算架构采用分布式存储方式来管理和存储数据，通过冗余存储与高可靠性软件的方式保证数据的可靠性。这样既可以兼顾系统的 I/O 性能，提高系统访问效率，又可以保证文件系统可操作性，提高系统访问的可靠性。

（四）资源管理与调度技术

电梯综合应用系统的规模化和数据类型的多样性给信息资源管理与调度带来挑战。为了提高大批量数据处理能力，需要云计算架构具有高效的资源管理与调度能力。有效的副本策略、任务调度算法和任务容错机制不但可以降低数据丢失的风险，而且能缩短任务的执行时间。

第五章　智能电梯应急处置关键技术研究

第一节　电梯应急处置人员检测算法分析

由于电梯轿厢内背景较为固定，这里考虑采用背景提取算法进行人员检测。背景提取算法一般采用视频帧中静止不动的物体作为背景，即通过视频图像序列，找出每个像素点的背景值。

一、帧间差分法

帧间差分法主要采集并计算视频中的连续帧，对两个或者三个连续帧进行差分运算，以差分结果获得运动物体。通常，最后必须进行滤波和降噪等处理。因为在两个或三个连续帧内，背景变化较小，如果将第一帧作为背景，将当前帧与背景进行差分运算，就能得到变化的像素点，再将这些像素点的像素值取绝对值，与设定的阈值相比，便可实现目标检测。

将第二个相邻帧的图像分别记为 f_n 和 f_{n+1}，则两个相邻的视频帧的各个像素点的灰度值为 $f_n(x,y)$ 和 $f_{n+1}(x,y)$，将两帧做差分运算可得到差分图像 D_n：

$$D_n(x,y) = \left| f_n(x,y) - f_{n+1}(x,y) \right| \tag{5-1}$$

将阈值设定为 T，按照阈值将 $D_n(x,y)$ 进行二值化处理，可以得到二值化图像 R_n'，灰度值为 255 的为识别目标，灰度值为 0 的为背景点。通过对 R_n' 按照一定阈值或其他分类方法进行分析可以得到运动目标的图像 R_n。

$$R_n'(x,y) = \begin{cases} 255, D_n(x,y) > T \\ 0, D_n(x,y) > T \end{cases} \tag{5-2}$$

该算法速度快，光线等场景变化对其影响较小，对于场景经常变化的情况适应度好。但是，该算法一般只能提取到目标边界，不能提取到完整区域，极易造成内部空洞现象。

二、背景差分法

背景差分法（图5-1）类似帧间差分法，不同的是其通过实时的背景建模以及背景更新，将最新的视频帧与建模好的背景进行差分运算，再经过系列的图像形态学处理，检测出视频帧的运动目标。一般背景差分法取视频前几帧的平均值作为背景，易受初始帧影响，并且更新困难。背景差分法一般与其他背景建模算法结合使用。

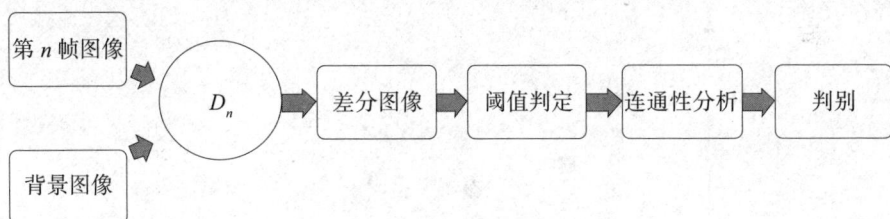

图 5-1　背景差分法运算过程

如图 5-1 所示，将第 n 帧图像和背景图像分别记为 f_n 和 B，则当前帧图像像素点的灰度值为 $f_n(x,y)$，背景图像像素点的灰度值为 $B(x,y)$，将当前帧图像与更新的背景帧图像的像素点进行差分运算并取绝对值可以得到 D_n：

$$D_n(x,y) = \left| f_n(x,y) - B(x,y) \right| \tag{5-3}$$

与帧间差分法类似，将阈值设定为 T，按照阈值将 $D_n(x,y)$ 进行二值化处理，可以得到二值图像 R_n'，灰度值为 255 的为识别目标，灰度值为 0 的为背景点。通过对 R_n' 按照一定阈值或他分类方法进行分析可以得到运动目标的图像 R_n。

$$R_n'(x,y) = \begin{cases} 255, D_n(x,y) > T \\ 0, D_n(x,y) > T \end{cases} \tag{5-4}$$

背景差分法计算更简单，提取的目标区域效果更好，这是由于背景帧一般不含运动目标，所以与当前帧差分运算后能够比较完整地提取出检测目标区域，避免了帧间差分法的内部空洞的现象。

三、ViBe 算法

ViBe 算法存储了一个样本集 $M_x = \{p_1, p_2, \cdots, p_N\}$，样本集里包括每个像素点之前帧出现过的部分像素值，再将这些像素值与后续帧的像素进行比较，以此来确定该点是否为背景点。

背景模型的建立：

背景模型一般取视频中静止不动的物体作为背景，即视频连续帧中像素值变化不大的像素点作为背景点，前景点则正好相反，连续帧中像素值大幅变化的像素点一般为前景点。一般通过判断每个像素点是前景点还是背景点来完成分类，具体如图 5-2 所示。

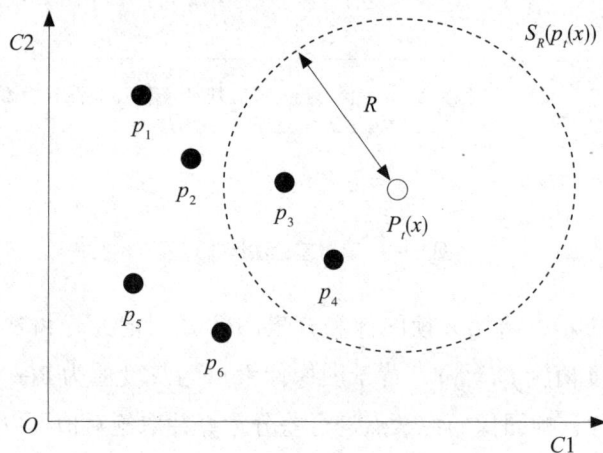

图 5-2　ViBe 算法确定背景点示意图

将图 5-2 中当前帧的像素点集合视为 $p_t(x)$，将以 R 为半径所包含的像素点视为一个子集 $S_R(p_t(x))$，比较样本集和子集，若样本集与子集的交集大于设定的阈值 #min：

$$\#\{S_R(p_t(x)) \bigcap M_x\} \geqslant \#\min$$

则该像素点可以视为背景像素点。

在背景模型建立后，以背景像素点、相邻像素点与之后帧图像的像素点为背景像素点建立样本集。对于采入的新一帧图像，通过遍历每个像素点，比较该像素点与样本集中的采样值，如果两者比较接近，就可以判断其是一个背景点。

需要注意的是，在首次建立背景模型的过程中，其他算法一般需要一定数量的视频帧进行大量的学习，这样增加了运算时间，增加了算法复杂度，当背景出现突然变化的情况时，又会耽误大量时间重新建立。

ViBe算法建立背景模型一般使用首帧视频的像素点初始化背景模型，之后用背景像素点的多个邻域像素点填充样本集，还会在运行过程中不断对背景进行更新。这种背景模型初始化计算量小，并且运行速度快，假如遇到背景突然变化的情况，不需要进行大量更新，只需舍弃原有背景模型，以最新帧作为新的初始背景。但该方法建立初始背景模型时，如果初始帧含有运动目标，容易引入拖影区域。

四、混合高斯背景建模

混合高斯背景建模法以图像的灰度信息对背景建立模型，进而将视频中的运动目标分离出来。所以，如何建立并更新背景模型是高斯背景建模法的关键点。该算法利用大量的像素点的样本信息建立像素样本值的概率密度的分布来表示背景，再通过与背景进行比较来判断。虽然混合高斯背景建模法的复杂度高，但是其对背景复杂的场景效果较好。

此方法在运算过程中对每个像素点的处理都是互相独立的。对于视频图像中的每一个像素点，像素值的变化都被视为一个随机的过程，所以用高斯分布来表示每个像素值的变化。

混合高斯背景建模按照不同权值的像素点的高斯分布进行加权，以建立背景模型，这对相对复杂的场景有较好的建模效果。

第二节　电梯应急处理图像预处理探究

一、图像直方图均衡化和二值化

直方图是用来表示图像中像素值分布的。图像直方图统计了每一个灰度值所具有的像素个数。直方图均衡化通过均衡拉伸灰度值的分布范围，增加图像的对比度。

均衡化指的是将一个直方图的分布均匀映射到另一个范围更广的灰度区域内。映射函数应该是一个累积分布函数（CDF）。

该算法的实现先要统计图像各个灰度级的像素个数 n_i，其中 $10 \leqslant i < L$，L 是图像的灰度数量（一般为 256）。可得该图像中灰度为 i 的像素出现概率为

$$p_x(i) = p(x = i) = \frac{n_i}{n} \tag{5-5}$$

式中：n 为图像总的像素数量，$p_x(i)$ 可以视为将像素 i 的图像直方图归一化到 [0，1]。图像的累积分布函数为

$$cdf_x(i) = \sum_{j=0}^{i} p_x(j) \tag{5-6}$$

则累积分布函数的最小值为 $cdf_{\min}$，假如图像的分辨率为 $M \times N$，则原始图像中像素值为 v 的像素直方图均衡化为

$$h(v) = \text{round}\left(\frac{cdf(v) - cdf_{\min}}{M \times N - cdf_{\min}} \times (L-1)\right) \tag{5-7}$$

这种方法通常用来改善图像对比度比较接近的情况。直方图均衡化可以有效增加局部的对比度，并且对整体的对比度影响较小。这种方法对背景和前景都太亮或者太暗的图像非常有用，在曝光过度或曝光不足的情况下能够更好地展示图像细节。直方图均衡化是一种可逆运算，并且计算量较小，但该方法也有可能增加噪声的影响或者降低有用像素的对比度。

图像的二值化处理就是将图像上的像素归一化为 0 或者 255，也就是将整个图像转换为黑白图像，主要通过选取合适的阈值来获得能够有效体现局部和整体特征的二值化图像。假如将直方图均衡化视作全局运算，那么二值化处理实质上是一种点运算。二值化图像能够有效地突出目标区域，但会不同程度地破坏区域面积。

二、图像形态学处理

数字图像处理中的形态学处理一般是以数学形态学对图像进行处理，提取图像中的有用的图像分量以描绘更加具体的区域形状，如边界、骨架、形状等。一般形态学处理以处理二值图像为主，基本运算包括腐蚀、膨胀、开运算和闭运算。

（一）腐蚀算法

腐蚀算法是一种消除连通域的边界点，使边界向内收缩的处理形式。其一般步骤如下：

（1）遍历图像，寻找像素值为1的像素点；将结构元素的原点设定为该像素点。

（2）对该结构元素覆盖的像素点进行判断；如果结构元素内像素值全是1，则腐蚀后该点像素值不变，否则，腐蚀后图像该点的像素值设为0。

（3）重复（1）（2），直到遍历所有像素点。

如图5-3所示，图（a）为原图，图（b）为结构元素，将原图按结构元素腐蚀后，图（c）为结果示意图。从图5-3中可看出，腐蚀操作能够有效地减小小块噪声，分开轻微连接的区域。

（a）原图

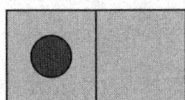

（b）结构元素

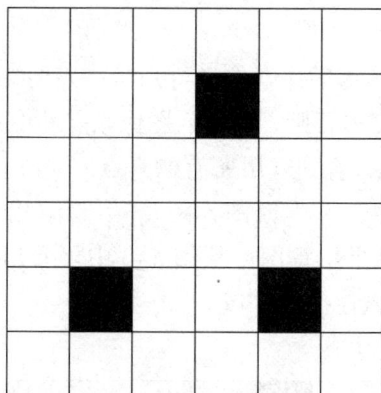

（c）腐蚀后图像

图5-3　腐蚀操作示意图

其中，A用结构元素B腐蚀的结果是所有使B平移x后仍在A中的x的集合。换句话说，用B腐蚀A得到的集合是B完全包括在A中时B的原点位置的集合，用公式表示为

$$A \ominus B = \{x|(B+x) \subseteq A\} \qquad (5\text{-}8)$$

（二）膨胀算法

膨胀算法与腐蚀算法刚好相反，其将目标周围全部背景像素点设置为目标元素，使目标物体向外扩展。其一般步骤如下：

（1）遍历图像，寻找像素值为0的像素点；将结构元素的原点设定为该像素点。

（2）对该结构元素覆盖的像素点进行判断；如果结构元素内像素值存在1，则膨胀后该点像素值变为1，否则，该点的像素值不变。

（3）重复（1）（2），直到遍历所有像素点。

如图5-4所示，图（a）为原图，图（b）为结构元素，将原图按结构元素膨胀后，图（c）为结果示意图。从图5-4中可看出，膨胀操作能够有效地增加目标区域边界，填补区域中间的空洞。

（a）原图

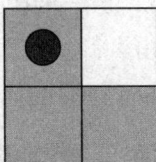

（b）结构元素

（c）膨胀后图像

图 5-4　膨胀操作示意图

　　膨胀可以看作腐蚀的对偶运算，其定义是把结构元素 B 平移 x 后得到（$B+x$），若（$B+x$）击中 A，我们记下这个点。所有满足上述条件的点组成的集合称作 A 被 B 膨胀的结果。用公式表示为

$$A \oplus B = \{x|((B+x) \cup A) \neq \phi\} \qquad （5-9）$$

（三）开闭运算

膨胀与腐蚀运算对目标物体的处理效果显著。但是，腐蚀和膨胀运算也会改变物体的大小轮廓。因为腐蚀与膨胀互为逆运算，如果同时对图像进行腐蚀与膨胀，就会解决这一问题。这就是开运算与闭运算。

开运算是对图像做先腐蚀再膨胀的处理。开运算可以断开狭窄的区域连接，消除轮廓中较小的凸起，并基本保持原目标物的大小。

若使用结构元素 B 对 A 进行开操作，用公式表示为

$$A \circ B = (A \ominus B) \oplus B \qquad (5-10)$$

如图 5-5 所示，图（a）为原图，图（b）为结构元素，将原图按结构元素腐蚀后，图（c）为腐蚀示意图，接着将图（c）按结构元素膨胀后，图（d）为结果示意图。从图 5-5 中可看出，开运算操作能够有效地去除小颗粒噪声，断开目标之间的细小连接，并基本保持原物体的大小。

（a）原图

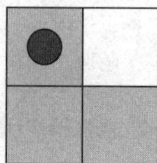

（b）结构元素

（c）先腐蚀图像

（d）后膨胀图像

图 5-5　开运算示意图

　　闭运算是对图像做先膨胀再腐蚀的处理。闭运算将图像边界变得光滑，消除目标区域中间狭小的间断，填补目标区域中间的空洞，并基本保持原目标物的大小。

　　若使用结构元素 B 对 A 进行闭操作，用公式表示为

$$A \bullet B = (A \oplus B) \ominus B \tag{5-11}$$

　　如图 5-6 所示，图（a）为原图，图（b）为结构元素，将原图按结构元素膨胀后，图（c）为膨胀示意图，接着将图（c）按结构元素腐蚀后，图（d）为结果示意图。从图 5-6 中可看出，经过闭运算操作后，目标区域的空洞被填补，相邻的目标被连接在一起，区域轮廓相对平滑，并且目标区域面积没有明显的变化。

（a）原图

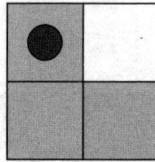

（b）结构元素

（c）先膨胀图像

（d）后腐蚀图像

图 5-6　闭运算示意图

三、图像滤波

图像滤波可以有效地增强图像，减小噪声的影响。利用图像滤波可以增强特征，或者去除负样本。滤波一般基于像素点的邻域进行操作，通过领域的像素值确定该点的像素值。

图像滤波可以通过公式计算：

$$o(i,j) = \sum\nolimits_{m,n} I(i+m, j+n) \times K(m,n) \qquad （5-12）$$

其中，K 为滤波器。

（一）均值滤波

对于图像待处理的所有像素点，给定一个模板，该模板包括像素点的所有邻域，将模板中的像素点的平均值替换原像素点的像素值的方法称为均值滤波。

均值滤波器将噪声点与邻域取均值的同时，将物体的边界点进行了均值滤波，所以会出现物体模糊的现象。这时，使用加权平均的滤波器对图像进行滤波可以改善此问题。

这里使用 OpenCV 自带的均值滤波器，该均值滤波器的核为

$$\frac{1}{ksize.width \; ksize.height} \begin{bmatrix} 1 & \cdots & 1 \\ \vdots & \ddots & \vdots \\ 1 & \cdots & 1 \end{bmatrix}$$

（二）中值滤波

对于图像待处理的所有像素点，给定一个模板，将模板中的像素点按大小顺序重新排列，用模板中间的像素值取代原像素点的像素值，此方法为中值滤波。中值滤波能有效地改善均值滤波使图像变得模糊的现象。中值滤波过程如图 5-7 所示。

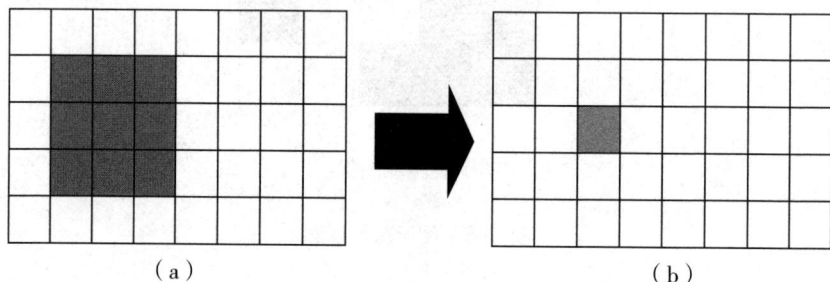

（a） （b）

图 5-7　中值滤波过程

（三）高斯滤波

高斯滤波类似均值滤波，是将最终的模板内结果取平均值，而且模板系数均为 1，但模板内结果需要经过高斯函数加权运算后得出。我们知道，图像的像素虽然是坐标离散的，但其像素值缺基本连续，尤其是距离越近的像素关系越密切。因此，将依照距离的加权平均用于去除噪声会更加合理。而高斯函数

$$f(x) = \frac{1}{\sigma\sqrt{2\pi}}\,\mathrm{e}^{\frac{-(x-\mu)^2}{2\sigma^2}} \tag{5-13}$$

显然很适用于这种情况，考虑到图像是二维矩阵，所以高斯滤波使用二维高斯函数计算滤波模板中每个像素值的权重：

$$f(x,y) = \frac{1}{2\pi\sigma^2}\,\mathrm{e}^{\frac{-(x^2+y^2)}{2\sigma^2}}$$

例如，我们将图 5-8 模板中的（a）的像素值乘以（b）中权重，可以得到图（c）的值，将图（c）各值相加，就是中心点的高斯模糊值。其中，（b）的权重就是以中心点为原点，通过距离代入计算公式所得。

14	15	16
24	25	26
34	35	36

（a）

0.0947416	0.118318	0.0947416
0.118318	0.147761	0.118318
0.0947416	0.118318	0.0947416

（b）

1.32638	1.77477	1.51587
2.83963	3.69403	3.07627
3.22121	4.14113	3.41070

（c）

图 5-8　高斯滤波模板及权重

第三节　人员检测系统创新设计

一、智能电梯应急处置平台介绍

如图 5-9 所示，基于人工智能的电梯黑匣子产品安装在电梯轿厢内部，采用霍尔传感、三轴加速度传感、气压传感、RFID 传感，通过多传感融合算法采集数据，对电梯运行实时监管。检测到电梯出现故障时，系统会通过人员检测确认电梯中有人无人状态，进而通过语音语义识别，再次确认困人情况。

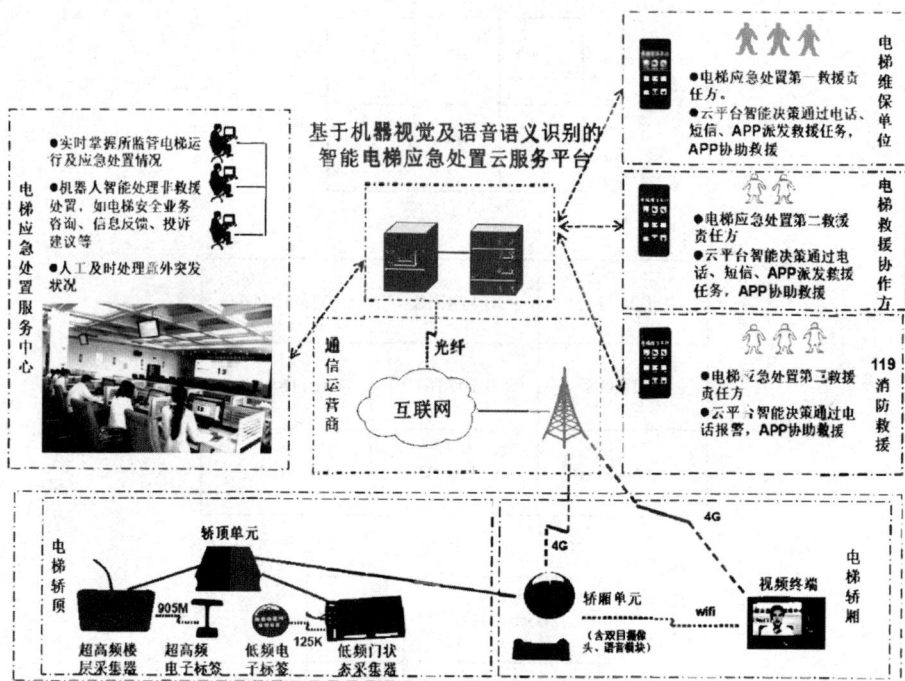

图 5-9　智能电梯应急处置平台

确认困人，系统向电梯应急处置云服务平台发送报警信息（报警信息包含电梯识别码、电梯困人数量等），云服务平台接到报警后，根据救援责任人的优先级、App定位位置、有无其他执行任务等信息智能决策确定救援人员，云服务平台通过机器人电话通知救援人员，并通过语音语义识别，确认救援人员接受任务，继而将救援所需信息（包括电梯位置、电梯困人时间、人数等）通过短信及App下发给救援人员。救援人员接受任务后可以通过App开启电梯地图定位导航，也可以连线电梯智能黑匣子，还可以实时监控电梯轿厢内部情况，开展救援工作。与此同时，电梯人工智能黑匣子通过语音对话安抚被困人员，减少二次伤害。最终，云服务平台通过人工智能黑匣子自动检测识别或救援工作人员信息反馈，直到确认救援工作结束。人工拨打救援报警电话，自动接入机器人语音接警处理。

确认无困人，云服务平台智能决策处置，通知电梯所属维保责任人进行维保检修，并将电梯故障信息发送电梯使用方（主要是物业单位）。当人工智能电梯黑匣子检测到困人故障并发生重大伤害事故时，云服务平台除优先处理外，还将直接通知电梯应急处置服务中心，人工参与协调各方紧急救援。

二、嵌入式端算法实现

实现的算法使用的开发板为基于 Linux 系统的树莓派开发板。交叉编译工具链为 arm-linux-gcc 和 arm-linux-g++，先用交叉编译工具链编译 Linux 系统所需要的开发环境，同时包括开发过程文本编辑器、编译计算机视觉库（OpenCV）。

OpenCV 图像处理模块以及算法所需要的文件用交叉编译链进行编译后，生成一个可执行文件，此时的可执行文件就是基于 arm 架构二进制可运行的程序，由于实验结果对算法运行的速度和整体模型在开发板占用资源时有所要求，所以编译过程中需要加入一些优化编译的参数，如 /c: 化速度优先、/fp: fast 过放松优化浮点运算规则，使编译器能够优化浮点代码的速度、/O3 优化算法运行时间等，最后将编译好的二进制可执行程序以及附带的程序的相关链接库拷贝到开发板中，运行执行文件将输出结果输出到显示器。

三、系统设计及用户图形界面设计

为了更加直观地体现算法的人员检测效果，本书完成了一套人员检测系统的设计，并完成了用户图形界面的开发。具体人员检测系统设计流程如图 5-10 所示。

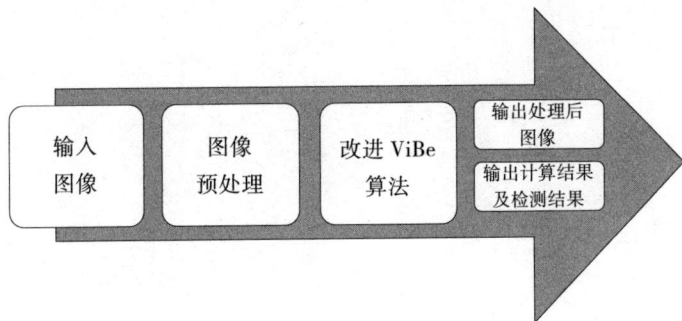

图 5-10　人员检测系统

在图 5-10 中，由于 PC 端直接调用嵌入式开发板的摄像头较为复杂，此系统是为了展示算法效果，所以输入为提前录制好的电梯轿厢视频图像。系统的主要功能有视频输入、图像预处理功能、人员检测功能、输出处理后图像以及输出检测结果。

本书使用 VS 2015 制作用户图形界面，添加了 Qt 5.9.8 环境，同时配置了 OpenCV 3.1.0 计算机视觉库，旨在更加方便、直观地观察算法效果。

另外，用户图形界面上主要添加的功能有添加文件、开始运行、视频展示、结果展示。

第六章 电梯能耗分析与节能策略

第一节 电梯运行与能耗分析

一、曳引电梯工作特性

曳引电梯采用曳引轮驱动，区别于卷筒、螺杆、液压缸、直线电机驱动的电梯。曳引电梯的驱动技术按拖动方式可分为直流调速、交流双速、交流调压调速（ACVV）、交流变压变频调速（VVVF）；按采用的曳引电机类型可分为直流电机、交流异步电机、永磁同步电机；按是否能量回收可分为无能量回馈形式、有能量回馈形式。随着驱动技术的发展，直流电梯、交流双速电梯趋于淘汰，VVVF 永磁同步电机驱动的曳引电梯成为发展的主流。

（一）曳引电梯工作原理

曳引式电梯的曳引轮固定在电机上，作为驱动部件。钢丝绳悬挂在曳引轮上，一端悬吊轿厢，另一端悬吊对重装置，由钢丝绳和曳引轮槽之间的摩擦产生曳引力，驱动轿厢和对重上下运行。根据不同的结构布置方式，可采用不同的曳引比。对重是曳引电梯不可缺少的部分，主要用来平衡轿厢和部分电梯负载的重量，减小电机功率的损耗。随行电缆用于轿厢内供电和通信。电梯运行时，轿厢侧和对重侧的钢丝绳以及轿厢下的随行电缆长度不断变化，曳引轮两侧的悬挂绳（缆）的重量也将不断变化。为减小电梯传动中曳引轮承受的载荷差，提高电梯的性能，一般行程较长的电梯配有补偿装置。

由于电梯主要用于载人，电梯速度的控制必须满足一定的舒适度与平层精度。图 6-1 为额定速度 2 m/s 的理想电梯速度曲线。电梯从静止开始加速、匀速、减速。理想电梯速度曲线是加速段与减速段时间相等，加速度、加加速度最大值也相等。电梯的速度曲线可近似看成由多段"S"曲线组成。电梯的舒适度取决于对电梯加加速度、加速度、速度的控制。

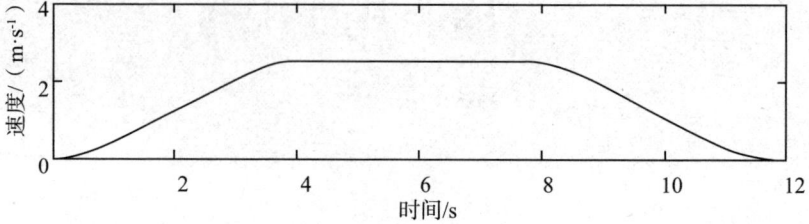

图 6-1　电梯理想速度曲线

　　实际变频调速电梯按停靠方式的不同分为直接停靠速度运行曲线和带爬行段运行速度曲线。图 6-2 为带爬行段运行速度曲线，电梯平层时，以很小速度爬行。

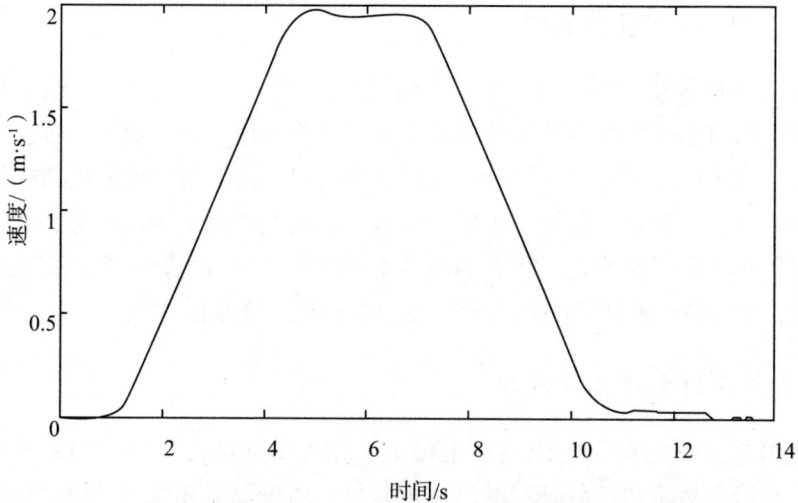

图 6-2　带爬行段运行速度曲线

　　为实现电梯按设定的速度曲线运动，控制系统对曳引机进行调速控制。永磁同步曳引机采用 VVVF 调速技术，即交流电源经过整流滤波，然后通过电力电子器件（如 IGBT）的脉宽调制（PWM），获得所需频率、幅值、相位的基波交流电源，对曳引机进行控制。

（二）曳引机四象限运行

由于对重装置的作用，随着电梯负载的大小和运行方向的不同，曳引机呈现四象限工作特性。当轿厢空载下行与满载上行时，电机负荷最大，电机处于电动状态，当曳引轮两侧的重量几乎相等时（轿厢半载），电机负载最轻；当轿厢空载上行与满载下行时，电机处于发电状态。图6-3为曳引电机四象限运行图。图6-3中标明了电机转速方向与输出（输入）力矩方向。

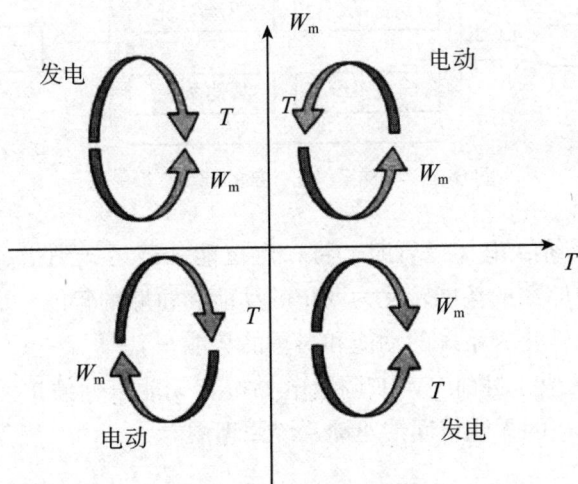

图6-3　曳引电机四象限运行

电梯的客流分布直接影响曳引机的工作状态。以安装在办公楼的电梯为例，上班早高峰为重载向上、轻载向下运行，下班高峰则为重载向下、轻载向上运行。

二、电梯能耗分析

运行中的电梯能耗取决于两个方面：电梯设备自身的能耗特性、电梯的调度策略和客流情况。电梯作为一个机电系统，与系统外部进行能量交换，同时系统内部进行多种形式的能量转换。

（一）电梯系统能量分析

电梯从一个楼层将乘客输送到另一个楼层，该过程中电梯系统与外部发生能量交换。图6-4说明了电梯系统与外部的能量交换关系。一个输送过程始末，系统势能变化，而动能未发生变化。在该过程中，为保证电梯按设定的速度曲线运动，电梯系统的动能不断发生变化，电梯系统的总能量也随之发生变化，系统必须从外部获取或输出电能，又由于摩擦、机电转换的损耗，以声、光、热等向外部输出能量。

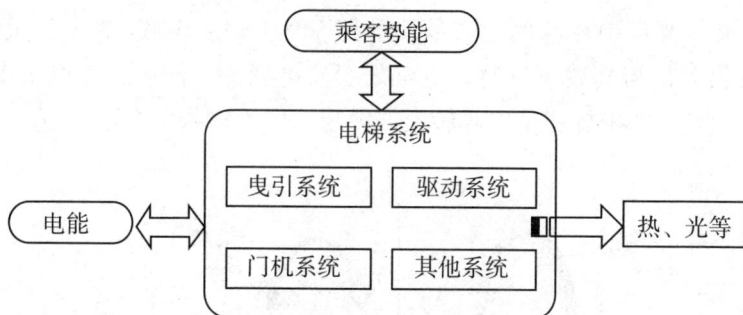

图 6-4　电梯系统与外部的能量交换关系

对于曳引系统，电梯运行时，将一定位能负载运送到指定高度，当电梯上升时，对重中储藏的势能转化为系统的动能和轿厢的势能。反之，电梯下降时，轿厢的势能转化为系统的动能和对重的势能。

对于驱动系统，目前 VVVF 调速电梯按有无能量回馈单元分为两种。图6-5 为 VVVF 调速的无能量回馈驱动系统原理图。

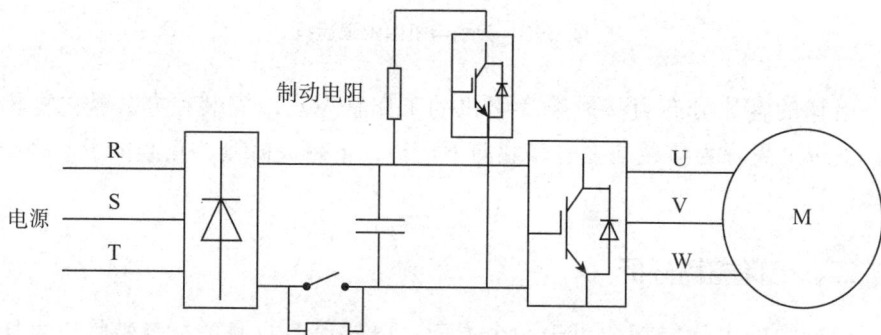

图 6-5　带能耗制动电阻的 VVVF 调速原理图

当曳引机处于电动状态时，电能从电网侧经整流、滤波、逆变，由电机将外部的电能转换为曳引系统的机械能。此时，曳引机驱动曳引系统做功。

当曳引机处于发电状态时，机械能经电机转化为电能，产生的电能经续流二极管，使母线电压升高，由制动单元控制，在制动电阻上发热消耗掉。

带能耗制动电阻的调速装置使电机回馈的电能以电阻发热的形式消耗掉，

无法回收。随着电力电子技术的发展，能量回馈装置应运而生。目前主要有两种类型的电能回馈装置。一种为适用于普通变频器，即将 IGBT 模块组成的有源逆变单元直接作为变频器的一个外围装置，并联到变频器的直流侧，同时取消能耗制动电阻，将再生能量回馈到电网中。该装置成本低，结构简单，可靠性高，但是功率因数低，网侧谐波污染较大。另一种在整流部分采用可关断器件，应用 PWM 控制技术，使直流侧的能量直接回馈到电网上，如图 6-6 所示。该装置减小了变频器对电网的谐波污染，但其成本高，控制复杂。

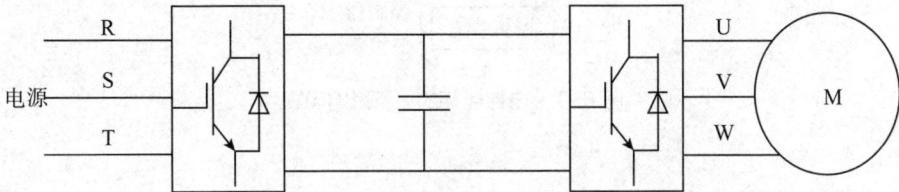

图 6-6　带能量回馈的双 PWM 控制原理图

（二）电梯能耗组成及影响因素

电梯的主要耗能部件或系统可分为变频驱动系统、曳引系统、控制显示、通风照明、门机系统等。这些部件或系统的能耗特性存在一定规律，可以从相关部件或系统的试验数据或数学模型中获取。其中，电梯的变频驱动系统和曳引系统是能耗的主要部分，为研究的重点。

电梯的能耗与其驱动形式、运动控制参数、机械结构配置、安装、维保等因素相关。国际标准化组织的工作组（ISO/TC178/WG10）已经证实了 18 个影响电梯设备能耗的因素。图 6-7 列举了电梯能耗的主要影响因素。电梯能耗模型的准确性取决于对这些因素的考虑和处理。区分这些因素也有利于从电梯能耗测试曲线中提取电梯的能耗信息。另外，电梯的能耗和其工作状态密切相关。电梯的工作状态可分为休眠、待机、运行。研究报告表明，瑞士 15 万台电梯的能耗约占整个国家电耗的 0.5%，而电梯能耗中的 58% 为待机能耗。电梯的运行状态按顺序分为开门关门—加速—匀速—减速—开门关门。区分这些状态，有利于对测试的电梯能耗曲线分段处理。由于电梯的休眠、待机、开关门的能耗相对简单和固定，所以可以对它们进行单独测量。

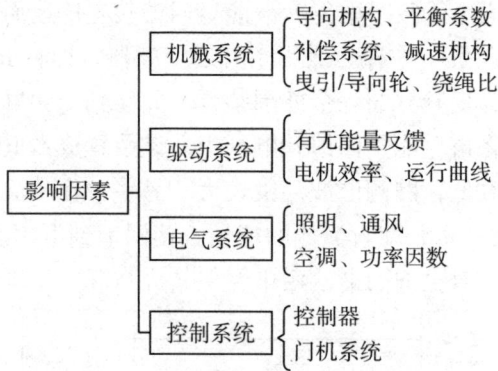

图 6-7　电梯能耗的主要影响因素

（三）电梯能耗系数与模块

1.电梯能效系数

（1）电梯能效指标是对电梯能源利用效率的评价，能效系数可以很好地表现出运送载荷做功与能耗的比值，可用式（6-1）表示：

$$\eta = W_z / E_c \times 3.6 \times 10^5 \qquad （6-1）$$

式中：η 表示电能能效系数，W_z 表示测试时电梯在载荷时的做功，E_c 表示电网输送的电能。

（2）以能效系数为单位考核电梯工作能效，即电梯所做的功除以消耗的能量，能效比数值的大小反映该电梯消耗 1 000 W 电功率时的能效水平，表示利用效率的相对高低。

2.电梯能耗模块

电梯能耗的主要来源：曳引系统、驱动系统、门机系统、轿厢内照明、通风系统能耗等。曳引系统的能源损耗主要包括轿厢、对重装置和钢丝绳等。驱动系统能耗主要是控制、显示能耗，包括层站和轿厢内的控制显示等。门机系统能耗包括门机控制系统和驱动、轿厢内照明、通风系统能耗等。通常，电梯的能耗主要集中在曳引驱动装置上，其能耗占总能耗的 70%，所以曳引系统能耗是亟待解决的问题，常用的方法是加装电能回馈装置。

3.电能回馈技术

如果电梯需要负载上下行，降低机械势能，就由曳引机转换成电能，曳引机发电。此时的电能一定要进行及时处理，否则将导致曳引机损耗。能量回馈技术可以将能量转化，转化方式为运用自动检测变频器将变频器输入的直流电压逆变成交流电输送回同频率的电网。这样既实现了绿色、环保和节能，又能将多余电能再次利用，消除了机房中的主要散热源。

第二节　电梯节能策略

现如今，和过往相比，经济水平得到大幅度提升，人们的生活质量也得到了大幅度改善，在国民经济中，电能的地位蒸蒸日上，越来越多的人开始关注电能问题。在城市中心，不断涌现出超高型建筑以及高峰产业，土地资源愈发紧张，面对这种状况，许多城市都在往垂直城市的方向发展，电梯的使用越来越多。但是，建筑高度的增加意味着楼层的数量增加，同时电梯的能源损耗就相应增加，因此人们迫切地希望可以降低电梯使用能耗。通常，写字楼、宾馆等建筑中会使用电梯。针对此类建筑展开了调查研究。由统计到的数据可知，在此类建筑总电量中，电梯的能源损耗占 17% ～ 25%，这样的占比大于供水或者照明的能耗占比，仅低于空调的能耗占比。所以，对于现在的电梯行业来说，往后的发展方向肯定是高能源转化率、科学、智能和环保等，这不是简单的理论说法，将直接影响建筑开发商后期的经济收益。在前期投资中，电梯系统占比其实不高，仅有 4%，但是电梯以后需要长期运行，如果重视电梯节能，在后期的电梯使用中将会减少经济损失。

电梯节能是一项系统工程，涉及机械传动、电气控制、新材料等。想要减少电梯能耗，实现节能，可以采用下述几种方法。

一、改进机械拖动系统，并采用（IPC-PF 系列）电能回馈器将制动电能再生利用

以往电梯减速器采用的是蜗轮蜗杆减速器，现今可以用无齿轮传动或行星齿轮减速器进行替换，相比于之前的机械效率，替换后能有 15% 甚至 25% 的提升；原先采用的是交流双速拖动系统，简称 AC-2，现更改使用变频调压调速拖动系统，简称 VVVF，在能源使用方面，节能至少 20%。

电梯的作用主要是向上或者向下运送人或者物，无论是向上运输还是向下运输，电梯的垂直工作距离都是一样的。在电梯运行制动的时候，电机开始驱动运行。在电梯上行过程中，荷载较轻；在电梯下行过程中，荷载较重。在电梯即将到达楼层，降低速度的过程中，电动机会消耗电量维持电梯运转。在这种时候，多将机械能转变为电能。在过往的电梯使用中，转化的这些电能都会

被损耗掉，如电动机的绕组会损耗电能，外加的电阻也一样会损耗掉这部分电能。若这部分电能被绕组消耗掉，就会使电动机出现过热状况；若其被外加电阻损耗掉，就要从外部另外接入电阻用来制动，这种做法会导致电量转化使用率过低，同时会因为外放的热量使机房过热。当这种情况出现时，需要增加暖通设备对机房进行加热，而能耗相比于以前会更高。可更改这种工作原理，采用变频器技术，实现交—直—交机械能带来的交流电，此处可称为再生电能。将这部分能源进行转化，使其变成直流电，再通过电能回馈器将这部分直流电接到交流电的电网中，方便在旁边的其余设备运行使用，如此在单位时间里，电力拖动系统电量损耗会降低很多，电表指针相比于以前走慢，进而实现节能。现在上述的这项控制技术已经可以投入使用，市场上的这种电能回馈设备售价在 4 000 ～ 10 000 元，它至少可以减少 30% 能耗。

二、更新电梯轿厢照明系统，并采用新型材料

现在电梯轿厢中的照明灯具一般是日光灯或者白炽灯。查阅相关数据，可以发现 LED 发光二极管显然更加节能，相比于电梯现在使用的灯具，它的能源损耗至少可以减少 90%，还不会影响电梯内环境的舒适性。除此之外，LED 与白炽灯这类灯相比，更加美观，照度更好。

在电梯控制方面，可以选择一些已成熟的控制技术，当轿厢没有人员来往的时候，自动关闭照明设备，电机休眠，当有人使用的时候，自动感应运行。在控制管理方面，可以将电梯接入大楼中进行群体控制。这些措施都可以降低能源损耗，实现节能。

随着新材料的发展，将碳纤维或者碳纳米管等先进材料应用到电梯上，可以在不降低强度的情况下，将电梯的自重降低，从而节约能源。虽然目前碳纤维或者碳纳米管等先进材料价格昂贵，采用此类新材料不具备经济性，但是随着科技的发展，新材料价格会降低，笔者相信，未来会有更多新的材料应用到电梯领域。

三、为电梯添加回馈节能装置

升降电梯在相距想去的楼层还很远的时候，以最快速度进行运转移动，当靠近需要到达的楼层时，电梯速度开始缓慢减小，直至最后停止，这种运行过程是电梯曳引机释放能量，转换成电梯所需的机械功的过程。

升降电梯的荷载是一种势能性荷载，现在电梯的运行由两部分进行保证，一个是曳引机，它拖动电梯的升降，另一个是对重平衡块。当桥厢承载的负荷

为最大负荷一半时，对重平衡块与轿厢才可以实现牵制，达到平衡，否则，对重平衡块与轿厢不平衡，机械位能就会在电梯运转过程中出现，也就是电梯上升过程中负载轻，在下降过程中负载重。

在电梯运行过程中，通常会产生其他的机械能，其中包括动能、势能，电动机产生的交流电通过变频器之后变成直流电，在变频器的直流回路中存在电容，它可以用来收纳直流电能。电容中的电能数量和电压成正比，当越来越多的电能进入电容中，又没有渠道将这部分电能消耗掉时，就很容易出现电压超出的问题，变频器也会因此暂停运行，进而导致电梯停止运转。如果此时使用了电梯回馈节能设备，就可以将电容收纳的直流电进行转化，使其变成交流电，返还到电网中。这种设备可以提高能源使用率，同时避免产生过多的发热量影响环境。

第七章　智能电梯控制系统创新设计案例

第一节　基于 PCL 的电梯智能控制与监测系统设计

一、电梯仿真系统

（一）电梯基本构造及工作原理

1. 电梯的机械系统

电梯主要由机房、轿厢、井道和门系统组成。

机房内装有曳引电机、控制柜、信号柜、限速器、排风设备、照明设备、限位开关、选层器和电源接线等。它是电梯控制的核心部件。

轿厢是载人和货物的设备，包含平层装置、安全钳、操纵箱、安全窗、自动开门机、轿厢内层数显示灯、导靴等具体部件。

井道是轿厢正常运行的轨道。为了保障轿厢安全运行，井道中装有一些定位装置和缓冲设备。

门系统包括轿厢门、厅门、召唤按钮、层楼显示、自动开门机及门锁联动设备等。

2. 电梯仿真模型构造

对电梯控制系统进行仿真，将被控对象具体划分成电梯三维模型和用户行为模型两部分。电梯模型包含以下部分：电机、轿厢、轿厢开关门按钮、轿厢内部选层按钮、各楼层上下行呼梯外部按钮、轿厢内外部按钮指示灯、限位开关等。

用户行为模型是通过 PLC 软件编程设计好本书中的 3 部 6 层电梯功能后，用软件仿照现实情况模拟出各楼层每位用户的乘梯需求、每层用户数量等信息，仿真各种交通模式下电梯运行，进行具体分析研究。

3. 电梯工作原理

电梯初始化后，1 号电梯停在最底层基站待命，2 号电梯停在最顶层基站待命，3 号电梯停在三层基站待命。电梯在设定时间内没有乘梯需求指令时，就回各自基站待命。用 7 段数码显示管显示轿厢所在楼层。电梯响应基本规则是运行中优先响应同方向指令，但已路过层数的指令严禁反向再去响应。通过上下平层传感器确保轿厢安全到达层站后，方可打开电梯的门，电梯运行过程中开关门按钮失效。只要能检测到有人员或物品进出轿厢的光幕信号或者电梯轿厢乘客超重，电梯门就不能关闭，电梯运行的前提是电梯门必须安全关闭。井道的上下端站都安装了两个限位开关，如果电梯出现故障导致轿厢行驶越程，就会触发限位开关执行它的保护功能——电梯立即停止错误越程并只能反向运行。

（二）电梯仿真控制系统的硬件配置

1. 仿真系统硬件介绍

（1）控制器

CPU 控制器采用西门子 S7-1200，S7-1200 控制器具有结构紧凑、使用灵活、处理时间短、断电保持时间长、支持 PID 控制等诸多优点。1214C 规格 CPU 是 S7-1200 中的一种，由于带有三种不同的电源和控制电压，分为三种型号：AC/DC/Rly 型、DC/DC/DC 型和 DC/DC/Rly 型。本书所用型号 6ES7214-1AG40-0XB0 为 DC/DC/DC 型，该型号 CPU 外接 24 V 电源电压，输入电压 DI 为 24 V，输出电压 DO 为 24 V，输出电流为 0.5 A，带有 24 点集成输入输出，还拥有 PROFINET 接口，可以用于编程、HMI 监控画面和 PLC 之间的通信。该型号的工作存储器有 75 kB 内存，有 3 个通信模块可以用来串行通信，8 个信号模块可以用来 I/O 扩展，拥有 6 个高速计数器和 4 路脉冲输出，运行速度可以达到 0.04 ms/1 000 条指令。在软件编程中该型号有结果分配、创建补数、调用子程序、集成通信命令、数学函数等指令，指令集丰富，运算种类众多，有利于编程。此性能在同类 CPU 中较强，通过扩展 DI/DO 模块可以满足电梯这类多点输入输出的控制及编程。

（2）通信模块 CM1243-5

通信模块 CM1243-5 选用型号为 6GK7243-5DX30-0XE0，它可以将西门子

S7-1200 型号的 CPU 当作 DP 主站连接到 PROFIBUS，最多支持 16 个 DP 从站进行通信连接，支持从 9.6 kbit/s 到 12 Mbit/s 的所有标准通信速率，该型号可基于 PROFIBUS-DP 通信协议实现成本自动化解决方案，可用于分散式 I/O 与设备级控制系统之间的通信。可以使用博图软件添加该模块，与扩展 I/O 之间进行通信连接。

（3）适配器 PM-125

PM-125 全称为 Modbus（RS485）/PROFIBUS-DP 适配器，可以在 PROFIBUS-DP 通信中当作从站，上端口与 PROFIBUS 相连接，下端口是 RS-485 端口和供电口。RS-485 接口可与仿真设备相连接，通过 PROFIBUS 通信协议与 CPU 相连。

2. 仿真系统硬件接线

CPU 通过 Profinet 以太网与上位机连接，通过 WinCC 监控画面进行监控及调试。CPU 通过通信模块中的 CM1243-5 当作主站与从站 PM-125 相连接，PM-125 下端的 RS-485 与仿真设备相连接，控制器与仿真服务器之间采用 PROFIBUS-DP 通信。

可以通过运行 Elevator Simulation 软件进行电梯群控仿真，直观验证程序。

二、模糊控制算法

各层站的候梯人数不确定、呼梯信号的产生时间不确定、外呼信号的发生层数不确定和乘客的目的楼层不确定等因素导致电梯运行过程中具有不确定性；乘客在进轿厢前无法选择目标层，并且不能随时准确获取轿厢内乘客量，其他乘客信息无法及时掌握，这使电梯群控系统的信息具有不完备性；乘客手误造成的错误的呼梯请求、电梯控制系统自身存在的误差等都是电梯控制系统中避免不了的扰动。

传统的控制算法是最小候梯时间算法。最小候梯时间算法的原理如下：1 号电梯轿厢在一层基站，2 号电梯轿厢在顶层基站，3 号电梯轿厢在中间层基站。在电梯开始运行前，把电梯接收的所有呼叫信号按照轿厢运行方向排队。如果运行途中又出现新的呼叫信号，按照新呼叫信号的方向将其插入同向运行轿厢队列中。这种算法只考虑尽量减少乘客的候梯时间，没有考虑群控电梯的不确定性、不完备性和扰动性等其他几个方面的因素。这种算法已经落后，导致电梯运行效率低，特别在乘坐高峰期，客流平均乘、候梯时间长，舒适度低，服务质量差。

为了减少系统能耗，提高电梯运行效率，提升电梯服务质量，本书采用多目标多规则模糊控制技术。下面主要分析模糊控制器的原理，综合考虑影响电梯性能的多方面因素，设计群控电梯厅层呼叫分配的多目标多规则模糊控制算法。

（一）模糊控制器的原理

模糊控制适用于情况复杂、没有固定输入输出对应关系的非线性时变系统。模糊控制器的原理如图 7-1 所示。

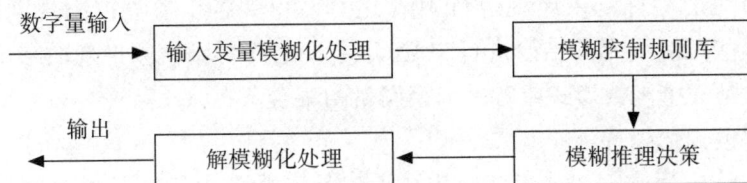

图 7-1　模糊控制器的原理图

1.输入变量模糊化处理

模糊控制器的输入变量是若干个精确量或者模糊量，如果输入量是精确量，需要先对其做模糊化处理。通常用"大""中""小""多""少""高""矮""适中"等模糊性词语描述模糊事件。在模糊化处理过程中，引入了隶属函数。往往因设计者的逻辑思维方式不同而造成隶属函数会有差异，但只要能如实表述同一模糊定义，这些模糊化的本质就是相似的，也就是说隶属函数模型并不是唯一的。下面介绍三种常用的隶属函数选择方法。

（1）概率统计法：通过实验结果绘制出模糊事物的可能性概率曲线，然后将该曲线图形转化成对应的函数表达式，即隶属函数。

（2）专家经验法：经多次实践后，分析推理出产生现象的各原因可能性程度。

（3）典型函数法：根据具体实际问题具体分析，选用一个合适的典型函数作为隶属函数。比如，选用一次函数、抛物线函数、三角函数、正弦函数、柯西函数、高斯函数、梯形函数等作为隶属函数，然后通过数据分析统计或者知识经验来确定具体参数。

2.模糊控制规则库

规则库是由专家经验总结归纳出的一个多规则集合体系。如果制定的规则过多，系统的反应速度变慢；规则过少，系统的控制精度变差。

3. 模糊推理决策

所谓模糊推理，就是用类似人类逻辑思维推理模式，推出输入量与输出量之间存在的逻辑关系。用"If...Then..."规则描述如下：If x_1 is A_1 and x_2 is A_2 Then y is B。规则中，x_1 和 x_2 是输入量，A_1 和 A_2 分别是 x_1 和 x_2 的模糊度，y 是输出量，B 是 y 的模糊度。

当输入不唯一时，模糊推理使用 Max-Min 运算规则。需先分别求出每个输入量的隶属度；在同一 AND 规则中取数值最小那个隶属度作为前列部的隶属度；再对前后件部隶属度进行 MIN 运算，得到各个模糊控制规则的结论；最后对这些控制规则的结论进行 MAX 运算，最终得到模糊推理的结果，这个结果往往是一个函数形式或者一个模糊量的集合。

4. 解模糊化处理

在实际应用中，不能直接拿出一个隶属函数或者模糊量集合作为最终结果，通常需要将其转换成确定的值作为输出，这一过程就是解模糊化处理。解模糊化常用的方法如下：

（1）系数加权平均法

$$\mu = \frac{\sum K \cdot x_i}{\sum K} \qquad (7-1)$$

式中的加权系数 K 是可调节的。根据实际系统选择合适系数 K 的值，使整个系统的性能达到最佳状态。这种模糊化处理方法具有很好的灵活性。

（2）最大隶属度法

选取输出隶属函数或模糊量集合中数值最大那个量作为输出。这种方法最简单，但因其忽略了其他隶属度较小的值，所以误差较大。通常这种方法都用在精度要求不高、计算效率要求高的现场计算中。

（3）重心法

取隶属函数曲线和坐标轴围成图形的重心位置坐标值作为输出。这种方法最为合理、准确，误差小，但计算过程很复杂，在计算时效性要求高的场合不适用。

（二）群控电梯厅层呼叫分配的多目标多规则模糊控制

1. 性能评价函数

在设计群控电梯模糊控制系统时，主要从以下几方面考虑：

（1）候梯时间

乘客因候梯时间过长会产生焦虑情绪，且候梯时间越长，这种情绪越严重。

（2）乘梯时间

因电梯集选设计不合理，电梯运行过程中到达层站就频繁开关门，造成乘梯时间过长，同样会让乘客产生焦虑情绪，影响电梯乘坐舒适度。

（3）乘客输送能力

无论客流交通情况是否处于高峰期，都能合理派梯，使电梯具有较强的载客能力。

（4）轿厢拥挤程度

过度拥挤会影响电梯乘坐的舒适度，并会影响电梯使用寿命。

（5）系统能耗

减少能量消耗的重要性自不必说。能耗除了由硬件设施决定外，控制算法的好坏也很关键。

在不同交通模式下，电梯状态各不相同。为了评价电梯性能的好坏，这里引进了评价函数，它是电梯几个重要性能衡量指标的加权平均函数。

$$F(i) = \omega_1 DWT(i) + \omega_2 DRT(i) + \omega_3 DLE(i) + \omega_4 DTC(i) \qquad （7-2）$$

式中，$F(i)$ 为第 i 台电梯的评价函数值，表示该部电梯运行的可能性大小。用模糊性词语"小""中""大"对输入量 WT 进行模糊化处理，分别记为 S、M、B，$F(i)$ 值越大，该部电梯先去响应的优先级越高。ω_1、ω_2、ω_3 和 ω_4 是权系数，它们的和为整数 1。$DWT(i)$ 表示第 i 部电梯候梯时间短的优先级（隶属度），$DRT(i)$ 表示第 i 部电梯乘梯时间短的优先级（隶属度），$DLE(i)$ 表示第 i 部电梯能源消耗低的优先级（隶属度），$DTC(i)$ 表示第 i 部电梯乘客输送能力强的优先级（隶属度）。这四个性能衡量指标值越大，该部电梯的评价函数值越大，它的响应可能性就越大。

2. 模糊控制器四个输入量

（1）候梯时间 WT

候梯时间 $WT=$ 电梯以固定速度运行单层楼所用时间 $\times$ 电梯到达候梯人所运行楼层数 +（电梯启停时加减速产生的延迟时间 + 电梯停靠时间）$\times$ 电梯应答召唤在路过其他层站的停靠次数

（2）乘梯时间 RT

乘梯时间 $RT=$ 电梯以固定速度运行单层楼所用时间 × 电梯到达候梯人所运行楼层数 +（电梯启停时加减速产生的延迟时间 + 电梯停靠时间）× 电梯应答召唤在路过其他层站的停靠次数

（3）启停次数 SST

电梯能源消耗 LE 主要包含以下几方面：电梯启停加减速时所消耗的能量 + 电梯匀速运行消耗的能量 + 照明灯和通风扇等微量耗能。其中，电梯启停耗能占的比例最大，电梯启停次数越多，该能耗越大；电梯匀速运行耗能比重次之，该能耗与运行距离有关，只要有乘客计划乘坐电梯，电梯响应后就要运行耗能，这种能耗是不可避免的。本书把启停次数 SST 作为体现电梯能耗 LE 的一个重要指标，电梯靠层站的启停次数 SST 便于统计。

（4）轿厢利用率 CUR

轿厢利用率 CUR 如下式所示：

$$CUR = \frac{\sum_{k=1}^{n} NL(k) * ND(k)}{0.8RC * N} \tag{7-3}$$

其中，n 为本次电梯运行过程中沿途同一方向呼唤的次数；$NL（k）$ 是第 k 次楼层呼唤的进梯人数；$ND（k）$ 是第 k 次外呼期望到达楼层与初始楼层的数值差；RC 是电梯额定载人数，为了安全起见，计算时取 80％ 的电梯额定载人量作为实际电梯最大载人量；N 是整个电梯总层数。

当乘客厅层召唤后，计算各输入量及其隶属度，依靠模糊推理规则，并结合具体交通模式下的权系数计算各电梯评价函数，最终选择优先级最大那部电梯去执行运载任务。

3.输入量的模糊化及相应的模糊规则

（1）候梯时间 WT 的模糊化及模糊规则

把候梯时间作为一个输入量计入研究，主要是因为候梯时间长短影响着乘客候梯时产生焦虑的程度。以本书所选的 3 部 6 层电梯为例，一般情况下，乘客候梯时间小于 15 s 时，乘客的候梯心情是好的；如果候梯时间能控制在 15 ~ 30 s，乘客的候梯心情尚可；如果等待时间达到 30 ~ 45 s，乘客就会出现焦虑、烦躁的情绪，等待时间越长，焦虑越严重。

下面用模糊词语"短""中""长"对输入量 WT 进行模糊化处理，分别记为 S、M、L，隶属度函数图形如图 7-2 所示，WT 与评价函数 $F（i）$ 之间的模糊规则如表 7-1 所示。

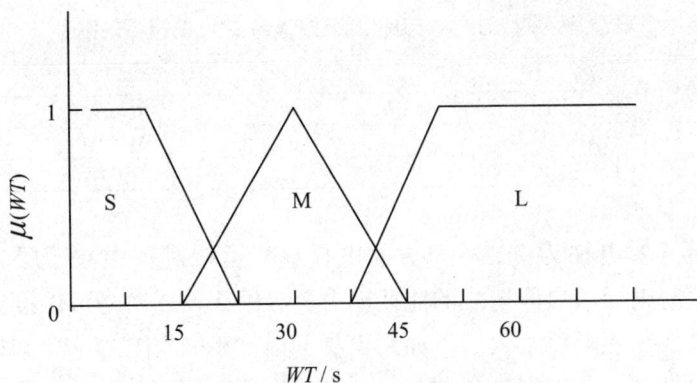

图 7-2　候梯时间 WT 的隶属度函数图形

表7-1　候梯时间WT与评价函数$F（i）$之间的模糊规则表

WT	$F（i）$
S（短）	B（大）
M（中）	M（中）
L（长）	S（小）

（2）乘梯时间 RT 的模糊化及模糊规则

以 3 部 6 层电梯为例，如果任意两层间乘梯时间小于 20 s，乘客会觉得乘梯比较舒服。乘梯时间 40 s 左右是可以接受的。如果每层都停一次，从最顶层运行到最底层需要的时间大于 60 s，乘客会有不良的情绪。下面用模糊词语"短""中""长"对输入量 RT 进行模糊化处理，分别记为 S、M、L，隶属度函数图形如图 7-3 所示，RT 与 $F（i）$ 之间的模糊规则如表 7-2 所示。

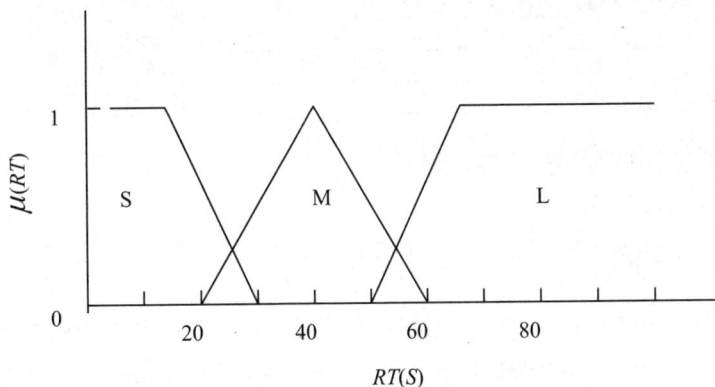

图 7-3　乘梯时间 RT 的隶属度函数图形

表7-2 乘梯时间RT与评价函数F（i）之间的模糊规则表

RT	F（i）
S（短）	B（大）
M（中）	M（中）
L（长）	S（小）

以3部6层电梯为例，一部6层电梯单程运行过程中在厅层启停1次较为理想，这时电梯因启停造成的能耗最少。启停2～3次是可以接受的。启停次数超过4次，能耗将很大。下面用模糊词语"少""中""多"对输入量*SST*进行模糊化处理，分别记为S、M、L，隶属度函数图形如图7-4所示，*SST*与F（i）之间的模糊规则如表7-3所示。

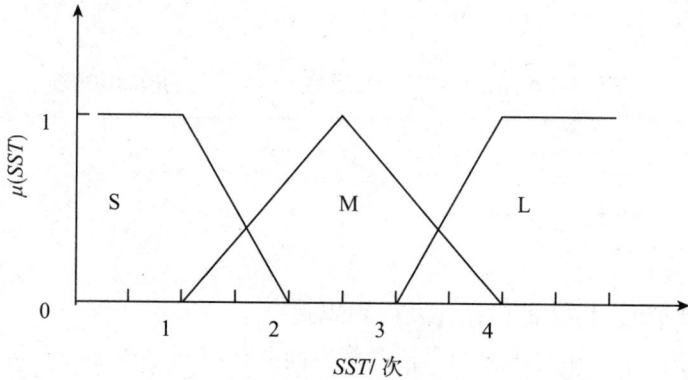

图 7-4 启停次数 *SST* 的隶属度函数图形

表7-3 启停次数*SST*与评价函数F（i）之间的模糊规则表

SST	F（i）
S（少）	B（大）
M（中）	M（中）
L（多）	S（小）

三、电梯群控系统软件设计

（一）电梯总设计思路

电梯开始运行时，会接收到自动运行信号，然后进行两部电梯初始化。初始化的任务是1号电梯在1楼待机，2号电梯在6楼待机，3号电梯在3楼待机，3部电梯都初始化完成后，反馈准备就绪信号Q12.2以确认此时可以接收来自各楼层内外呼的指令。通过本书的算法合理分配给 3 部电梯应答各楼层的指令。电梯接收到指令后，通过即时算法来选择优先路线应答各信号。然后电梯选择上下行方向，选择高低速，快到达目标层时延时依次启动三级制动进行减速，还有越位保护来保证真正平层，没有故障会延时开门、关门，并继续接收下一次指令。电梯总流程如图 7-5 所示。

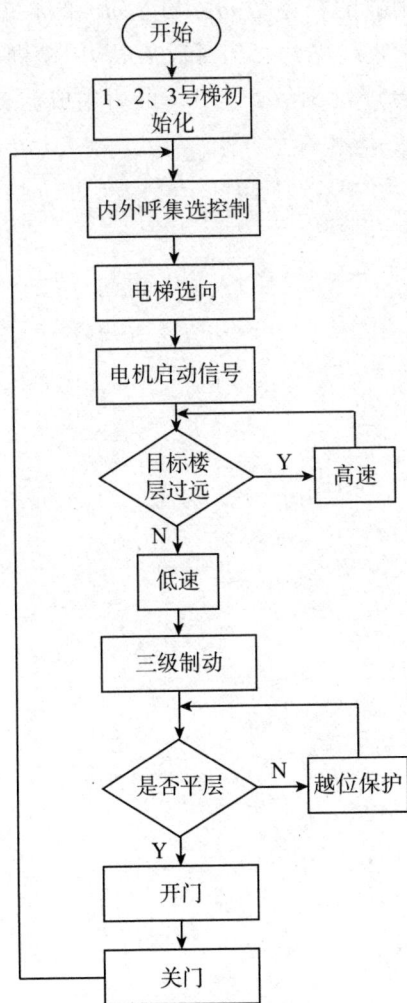

图 7-5 电梯总流程图

（二）电梯基本功能、程序设计

1. 集选功能

集选控制采用模糊控制算法。整个电梯群控系统初始化后，实时采集乘客人数、新召唤信息、起始层数和期望到达的层数等数据，每隔一固定时间 T（如 3 分钟）就对当前数据进行分析，判断出目前属于何种交通模式。交通模式确定好了，评价函数的权系数 ω_1、ω_2、ω_3 和 ω_4 就确定了。再计算出各部电梯此时的评估参数 WT、RT、SST 和 CUR，用模糊推理计算 DWT、DRT、DLE 和 DTC。计算综合评价函数 $F(i)$，最后生成派梯调度方案，具体流程如图 7-6 所示。

```
                    ┌─────────────┐
                    │  初始化开始  │
                    └─────────────┘
                           │
              ┌────────────────────────┐
              │ 采集起始层数、目的层     │
              │ 数、乘客人数等信息       │
              └────────────────────────┘
                           │
                 ┌──────────────────┐
                 │   识别交通模式     │
                 └──────────────────┘
                           │
          ┌────────────────────────────────┐
          │ 根据交通模式确定评价函数权值       │
          │   ω₁、ω₂、ω₃、ω₄                │
          └────────────────────────────────┘
                           │
                     ┌──────────┐
                     │  i = 1   │
                     └──────────┘
                           │
       N      ┌────────────────────┐
     ┌────────│   电梯i是否响应      │
     │        └────────────────────┘
     │                  │
     │        ┌────────────────────┐
     │        │ 计算电梯i各评估参数： │
     │        │ WT、RT、SST、CUR     │
     │        └────────────────────┘
     │                  │
     │        ┌──────────────────────┐
     │        │ 模糊推理计算各评价标准： │
     │        │ DWT、DRT、DLE、DTC     │
     │        └──────────────────────┘
     │                  │
     │        ┌──────────────────────┐
     │        │  计算综合评价函数F(i)  │
     │        └──────────────────────┘
     │                  │
     │           ┌──────────────┐
     └──────────→│   i = i+1    │
                 └──────────────┘
                        │
              ┌────────────────────┐   N
              │   i≥电梯数N         │────────┐
              └────────────────────┘        │
                        │ Y                  │
             ┌────────────────────┐          │
             │  F(x) = maxF(i)    │          │
             └────────────────────┘          │
                        │                     │
             ┌──────────────────────┐         │
             │ 生成派梯调度方案，调用第x │        │
             │ 部电梯响应该召唤         │         │
             └──────────────────────┘         │
                        │
                  ┌──────────┐
                  │   结束    │
                  └──────────┘
```

$$F(x) = \max F(i)$$

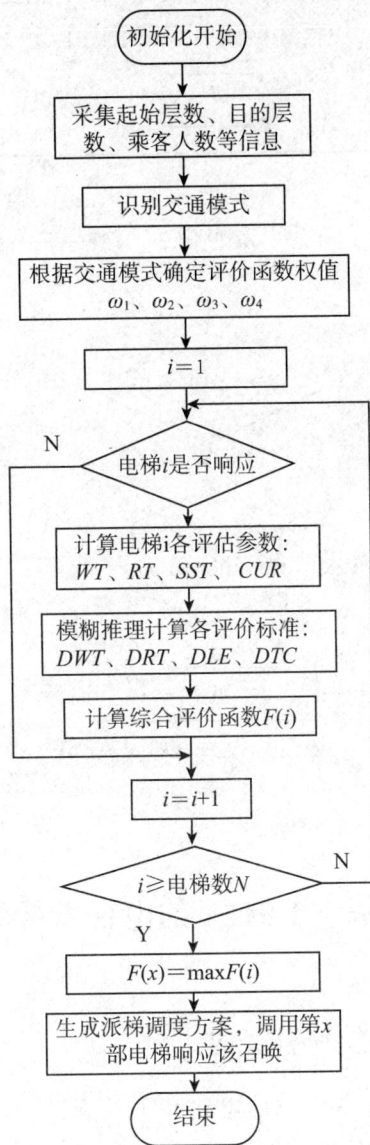

图 7-6　生成派梯调度方案集选控制流程图

2.高低速切换程序

在电梯运行时，电机启动信号会使电梯进入高低速模块选择，判断是否平层。若是平层且在目标层，就会使程序转到开关门程序段，若是非平层或未到达目标层，会使电梯进行高低速的选择。当前层与目标层相差大于1时，电梯进行高速运行，直到平层后再次判断是否与目标层相差大于1，进行此循环；当前层与目标层相差为 1 时，电梯会切换到低速运行，然后将要到达目标层时进行三级制动操作，使程序转到开关门程序段，具体流程如图 7-7 所示。

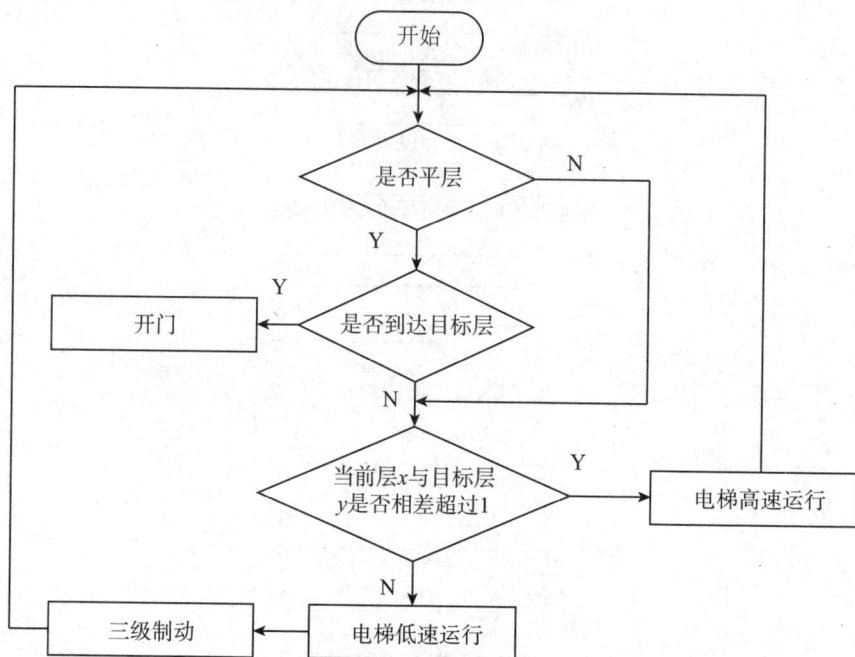

图 7-7　高低速切换流程图

第二节　基于 FPGA 的电梯群控系统设计

一、电梯控制系统的任务与要求

四层 FPGA 控制系统主要设计思路：①实现作为电梯控制系统的最基本的功能，能响应电梯内外所有的按键请求，包括轿厢内的请求指令和外部呼叫箱的召唤指令，并按照电梯运行的方向优先性原则依次响应，每个未执行的指令将被自动存储至寄存器内，直至执行完成动作后消除。②电梯显示模块中有 LED 灯，当电梯顺次在某楼层时，相应楼层的 LED 灯会亮起，体现电梯运行的过程；同时设置四个开门指示 LED 灯，当到达指示信号设定的楼层后，LED 灯顺次亮和顺次熄灭，代表电梯开门与关门状态。③在外呼控制开关装置中，初始层只有向上开关，由指纹识别器来控制电梯门开关，与原有录入指纹库的指纹信息进行指纹匹配，控制电梯直接到达设定的楼层，达到有效减少无关人员进入的目的。电梯顶层只有向下开关，第二层和第三层外箱呼叫系统均有上行按钮和下行按钮。④具有超载报警和故障报警的功能。出现此类故障时，电梯门处于打开状态，直至故障解除。⑤电梯控制系统都可以具有根据指令需求自行判定运行方向的功能，同一时间有上行与下行信号响应时，电梯会在响应完同一方向的指令后，自动开始响应另一方向的指令信号。⑥如果当前轿厢指令和外呼指令都不存在，电梯会在设定时间内自行关闭电梯门和轿厢照明系统，重新回到等待状态。

本次设定 8 种工作状态来描述智能电梯的运行方式：等待运行、电梯上行、电梯开门、电梯关门、电梯下行、上行中途停止、下行中途停止、超重报警。设定等待状态为电梯的开始状态，一旦某一楼层有上行或下行信号控制指令时，电梯即运行至该楼层，一层有按键需求时，只进行开关门动作。如果在此期间，有不同信号的冲突请求时，系统会保留各楼层的请求信号，根据当前电梯的运行方向来判定接下来的运行，直至响应完各部分请求为止。当电梯上行或下行时，不同楼层出现同一方向的请求信号时，电梯会出现上行中途停止或下行中途停止的状态，顺次执行信号。如果电梯处于超载状态，电梯会发出警报且相关状态不会正常运行，直到超载信号清除，电梯恢复正常运行。

电梯一般有三种运行模式：内箱请求优先的控制方式、层层单停的控制方式、方向优先的控制方式。通过各种方式的比较，最终选择方向优先控制方式作为电梯的最优控制模式。在电梯向上运行的过程中，如果存在响应冲突，就先响应楼层高的请求信号。电梯在运行过程中，可以时时检测内箱和外箱的请求信号，根据方向优先性原则，先响应同方向的请求指令，然后响应反方向的请求指令。到达相应的楼层后，电梯停止运行，开门后，等待设定时间后，熄灭乘客厢的照明装置。电梯在向下运行的过程中有此冲突时，所经历的状态与向上运行的状态相反。

二、电梯控制系统的硬件结构

FPGA 智能电梯控制系统要主包括电梯控制器模块、虚拟电梯模块、信号输入模块、状态显示模块，如图 7-8 所示。

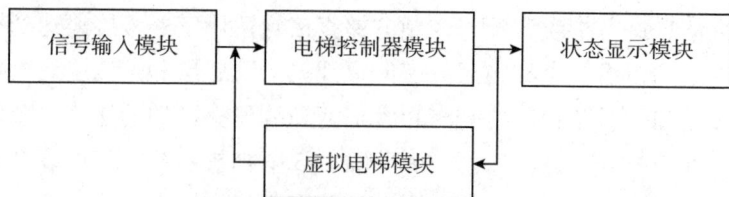

图 7-8　电梯控制系统结构图

FPGA 电梯控制器模块是整个系统的核心关键部分，由按键消抖处理、指纹识别解析、楼层判断、上下行控制、开关门控制、状态显示、超重警报和照明装置等部分组成。虚拟电梯模块是为实现电梯控制器在功能上的仿真而设计的模块，主要模拟电梯的上下行及开关门动作，驱动电梯控制器的正常运行。本次采用两种信号输入模式，即按键输入方式和指纹输入方式，在电梯初始状态采用指纹识别技术，可以提高楼宇安全性能，并减少乘坐电梯的操作步骤，自动达到所设楼层。为了更好地展示智能电梯控制系统的运行方式，本次运用电子方面的知识设计出模拟电路板，通过按键及指纹识别的信号输入方式，借助 LED 的明灭，模拟出电梯运行的过程。电梯控制器硬件结构如图 7-9 所示。

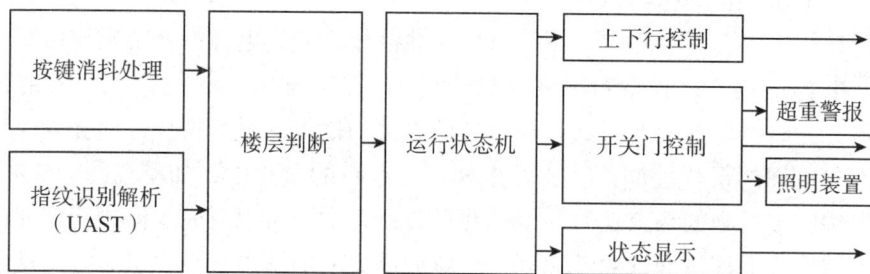

图 7-9　电梯控制器硬件结构图

（一）信号输入模块

信号输入模块的输入信号分为两部分：按键输入信号模块和指纹识别输入信号模块。实现方式均是根据外部按键信号转化为电梯运行控制模块的外部请求信号，根据电梯内部按键信号转化为电梯控制模块的电梯前往信号，根据电梯所在楼层信号及时清除电梯外部与内部的按键信号。

1. 按键输入信号模块

此次按键输入信号按钮共有 9 个：外呼系统包括 2 个上行按钮和 3 个下

行按钮，上行按钮位于中间两层，下行按钮位于除一层外的所有楼层；内箱呼叫系统包括 4 个按钮，分别代表一层、二层、三层和四层，可进行相应楼层选择。本次硬件电路板的设计目的是更好地体现基于 FPGA 智能电梯控制系统，因为没有实际轿厢这个模块，所以不存在超重与故障报警这两种状态，可以通过 LED 灯的运转正常显示电梯上行、电梯下行、电梯开门、电梯关门、楼层位置、开门等待、关门等待等状态。

按键输入信号模块的原理：楼层处于初始状态时，当外呼系统或内箱呼叫系统某一层按键未被按下闭合时，所有信号输出均为高电平，一旦某个按键被按下，则按信号变为低电平，随即被电梯自动储存在寄存器内。

在本次设计按钮电路时，每个按键旁边增加了上拉电阻，防止按键闭合时瞬间加在按键上的电压过大而烧毁按键，起到有效分压的作用。当直接按下按钮时，可能会发生接触不稳、信号不明确、接下来的楼层判断无法正常确认相关按钮指示的情况。采用 D 触发器进行按键消抖处理，在每个脉冲信号带动下，消除毛躁信号。通过处理，按键结合不稳时，可以输出明确的按键信号。

2. 指纹识别输入信号模块

最开始以 FPGA 技术为基础设计智能电梯关键控制部分的原因是 FPGA 系统运行可靠性高，设计周期短，且便于维护，抗干扰性能强，以上优点对乘坐电梯的乘客来说是一种安全保障。但根据调查，目前全国的大多数在用的电梯在安全管理及智能化方面并没有太多的措施，对人员出入和电梯权限的管理还存在空白。在现实生活中，楼宇的物业管理不够智能，存在很大隐患和人员管理不可控性，这就使非法人员有了更多机会进入楼宇内实施犯罪行为。为确保合法人员正常使用电梯，防止非法人员进入，在电梯初始状态使用指纹识别技术开始受到关注。且根据目前的研究可以得出，每个人的指纹具有唯一特征值，且无法自行更改，与 IC 卡相比，不用考虑忘带等问题，非常方便，所以通过指纹识别判定电梯使用者的权限，控制电梯门自动开关及楼层停靠，可以有效地控制外来人员和非相关人员的活动楼层范围，给住户免去了许多不必要的打扰，营造一种更加私人化的空间。事先采集楼宇内正常住户的指纹信息，存入指纹库，并对住户指纹设定固定楼层信息，使住户可以在电梯初始位置时，利用指纹识别使电梯照明装置自动打开，接着电梯门开、等待，电梯门关，电梯自动到达要到楼层，开门、等待、关门，照明装置关等一系列状态的执行帮助住户安全到达目的楼层。

（二）状态显示模块

在虚拟电梯模块中，FPGA 内部进行了电梯正常运转的各类状态，为体现程序控制的结果，设计了状态显示模块，可以通过 LED 灯的运转进行验证。如图 7-10 所示，状态显示模块的端口信号：up_ctrl、down_ctrl、open_ctrl、close_ctrl、light_ctrl、over_weight。

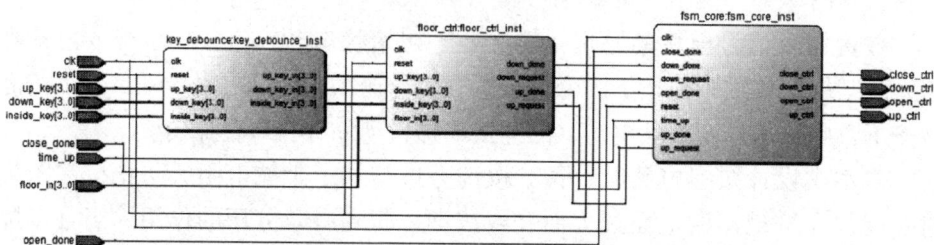

图 7-10   电梯控制系统顶层模块图

模块端口信号定义：up_ctrl 表示控制电梯上升的信号；down_ctrl 表示控制电梯下降的信号；open_ctrl 表示控制电梯开门的信号；close_ctrl 表示控制电梯关门的信号；light_ctrl 表示照明装置控制信号；over_weight 表示超载信号。

楼层指示 LED 和开关门指示 LED 在设计时添加了分压电阻，防止电压不稳或改变时，LED 灯被击穿破坏。

状态显示模块与按键输入模块构成了自制演示电路板的部分，其中按键部分同时为虚拟电梯模块和状态显示模块提供电梯运行的控制信号，为控制器内部的运行和硬件展示两部分提供输入信号。

（三）运行状态流程

整个系统设计的关键流程模块是 FPGA 状态控制模块，在前面的电梯控制器部分也有所涉及，现在重点陈述一下这部分的内容。本次设计了六种状态作为电梯运行的方式：等待运行、电梯上升、电梯开门、电梯延时、电梯关门、电梯下行。具体流程如图 7-11 所示。

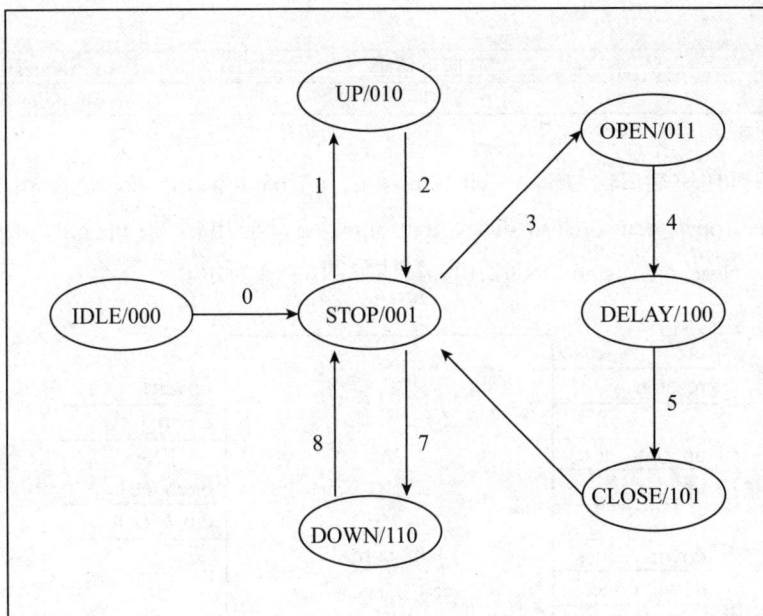

图7-11 电梯状态转换图

系统复位初态后（rest_n=1），进入空闲状态（IDLE/000），此时，输出信号 up=down=open=close=0；在 1 的转换条件下，电梯开始处于向上运行的状态（UP/010）；在 2 的情况时，电梯已到达指令指示楼层后，转入停止等待状态（STOP/001）；然后在 3 的情况时，电梯进入匹配楼层，进入开门过程（OPEN/011）；到达设定开门幅度后，电梯在 4 的情况时，进入开门延时状态（DELAY/100），等待乘客进入；到设定时间后，在 5 的状态时，电梯关门（CLOSE/101）；关门成功后，电梯此时无信号输入，在 6 的状态时，电梯重新进入停止状态（STOP/001）；在 7 的转换条件下，电梯开始处于向下运行的状态，其他过程与相关运行的情况相同。表7-4 表示具体的电梯转换条件。

表7-4 电梯转换条件

状态转换条件		
1	有向上请求	up_request
2	向上到达匹配楼层	up_done
3	刚到达匹配楼层	up_done | down_done
4	开门成功	open_done
5	计时结束	time_up
6	关门成功	close_done

7	有向下请求	down_request
8	向下到达匹配楼层	down_done

状态机模块端口信号输入：clk、reset_n、up_request、up_done、down_request、down_done、open_done、close_done、time_up；端口输出信号：up_ctrl、down_ctrl、open_ctrl、close_ctrl、status_out[2:0]。具体如图7-12所示。

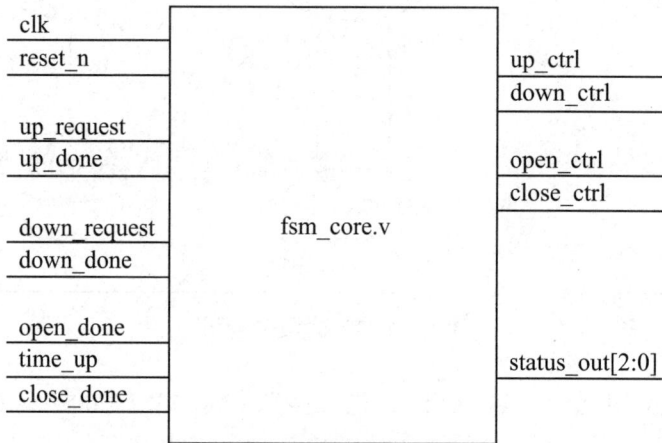

图7-12　状态机端口信号引脚图

模块端口信号定义：clk 表示时钟脉冲信号；reset_n 表示复位信号；up_request 表示电梯上升请求；up_done 表示电梯上升动作已完成；down_request 表示电梯下降请求；down_done 表示电梯下降动作已完成；open_done 表示已完成开门动作；close_done 表示已完成关门动作；time_up 表示已达到系统设定时间；up_ctrl 表示控制电梯上升；down_ctrl 表示控制电梯下降；open_ctrl 表示控制电梯开门；close_ctrl 表示控制电梯关门；status_out[2：0] 表示7种运行状态：parameter IDLE=3'b000，parameter STOP=3'b001，parameter UP=3'b010，parameter OPEN=3'b011，parameter DELAY=3'b100，paramete rCLOSE=3'b101，parameter DOWN=3'b110。

三、指纹信息录入与匹配过程

为保证楼宇的安全性，方便物业管理，可在电梯起始位置使用指纹识别技术。有人乘坐电梯时，只需刷一下指纹，电梯便可根据开始录入的信息，自动到达所设定的楼层，这样可以有效减少无关人员的进入，并且每次刷入的指纹可以自动存档，方便物业管理。在乘梯过程中，也可以减少操作步骤，达到简便乘电梯的目的。目前，市场上有很多使用 IC 卡的方式可以达到同样的乘坐方式和管理条件，但 IC 卡存在易丢失、可复制、携带不方便等问题，而指纹无法冒用与借用，不怕遗失，不用携带，不会遗忘，具有处理速度快、方便采集、准确性高等优点。

整个指纹识别工作最核心的步骤就是指纹特征值的提取，它直接影响指纹识别系统的准确性和可行性。在本次设计中采用的是 Biovo-C2 指纹识别模块，其自带调试软件 Biovo Demo，方便指纹信息的录入与匹配。

（一）指纹信息录入

先将 Biovo-C2 指纹识别模块与电脑相连接，打开 Biovo Demo 调试软件，开始进行指纹信息的录入，进入指纹识别初始界面，此次连接的是 COM8 口。点击"操作处理"—"录入指纹"，进行指纹信息采集，先设置用户存放地址，第一个指纹设定为 FingerID=0。设定好存放地址后，指纹传感器的红灯会亮起，将指纹放在感应口，自动采集指纹，该软件需要对每一枚指纹自动录入 2 次，然后将 2 次录入的特征值进行整合，才能将指纹信息存储于模块中。由于该存储模式采用 FingerID 编号方式，所以在软件编程阶段只需设定相应 FingerID 编号所对应的楼层数，就可以实现扫描指纹信息，电梯自动到达相应楼层的功能。

（二）建立指纹数据库

采用与指纹信息录入相同的方法，构建指纹数据库，以实现楼层内各用户的指纹信息提取。由于只需设定三种楼层情况，故只采集 3 枚有效指纹信息。此外，在指纹库内再额外输入 5 个无关指纹，方便指纹识别系统验证。

（三）指纹数据匹配

点击界面"指纹搜索"进行指纹库指纹匹配，然后采用相同的方式存入要验证指纹图像，再与多个模板进行匹配，给出匹配结果，通知是否找到相匹配数据，并给出 FingerID 编号。经验证，该指纹识别器搜索时间短，使用简单，准确率高。

第三节　基于 GPRS 的电梯远程监控系统设计

一、预备知识

（一）GSM 系统简介

GSM 是一种数字蜂窝通信系统网络规范。它定义了建设该网络及提供服务的各种标准，这些标准由欧洲电信标准化协会（ETSI）掌管。我国 GSM 移动通信网具有提供语音业务、传真、短信等通信业务的能力，其中短信功能因覆盖范围广、投入成本低、可靠性较好等优点适合设计一些无线应用系统和产品，能满足实时性要求不高的小数据业务的需要。

GSM 系统主要由三个相互独立的子系统构成：移动台（MS）、基站子系统（BSS）和网络子系统（NSS）（图 7-13）。

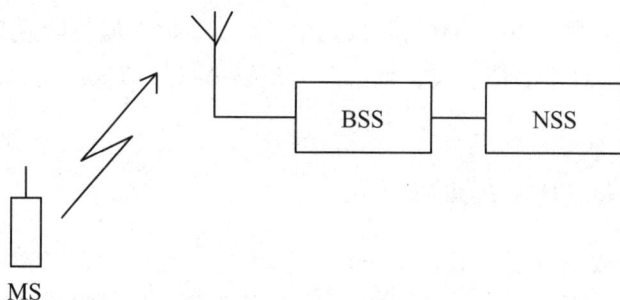

图 7-13　GMS 通信系统的组成

（二）移动台

移动台就是移动客户设备部分，由两部分组成：移动台物理设备和客户识别卡。

移动终端就是"机"，可完成话音编码、信道编码、信息加密、信息的调制和解调、信息发射和接收。

SIM 卡就是"身份卡"，类似我们现在所用的 IC 卡，因此也称智能卡，存有认证客户身份所需的所有信息，并能执行一些与安全保密有关的重要信息，以防止非法客户进入网络。SIM 卡还存储与网络和客户有关的管理数据，只有插入 SIM 卡后，移动终端才能接入进网，但 SIM 卡本身不是代金卡。

（三）基站子系统

基站子系统是在一定的无线覆盖区中由 MSC（移动业务交换中心）控制，与 MS 进行通信的系统设备，主要负责完成无线发送接收和无线资源管理等功能。其功能实体可分为基站控制器（BSC）和基站收发信台（BTS）。

BSC：具有对一个或多个 BTS 进行控制的功能，主要负责无线网络资源的管理、小区配置数据管理、功率控制、定位和切换等，是个很强的业务控制点。

BTS：无线接口设备，完全由 BSC 控制，主要负责无线传输，完成无线与有线的转换、无线分集、无线信道加密、跳频等功能。

（四）网络子系统

网络子系统（NSS）主要完成交换功能和客户数据与移动性管理、安全性管理所需的数据库功能。NSS 由一系列功能实体构成，各功能实体如下：

1. 移动业务交换中心（MSC）

MSC 是 GSM 系统的核心，是对位于它所覆盖区域中的移动台进行控制和完成话路交换的功能实体，也是移动通信系统与其他公用通信网之间的接口。它可完成网络接口、公共信道信令系统和计费等功能，还可完成 BS、MSC 之间的切换和辅助性的无线资源管理、移动性管理等。另外，为了建立至移动台的呼叫路由，每个 MS 还应能完成入口 MSC（GMSC）的功能，即查询位置信息的功能。

2. 访问用户位置寄存器（VLR）

这是一个数据库，存储 MSC 是为了处理所管辖区域中 MS(统称拜访客户) 的来话、去话呼叫所需检索的信息，如客户的号码、所处位置区域的识别、向客户提供的服务等参数。

3. 归属用户位置寄存器（HLR）

其是 GSM 系统的中央数据库，存储管理部门用于移动客户管理的数据。每个移动客户都应在 HLR 注册登记，它主要存储两类信息：一是有关客户的参数；二是有关客户目前所处位置的信息，以便建立至移动台的呼叫路由，如 MSC、VLR 地址等。

4. 鉴权中心（AUC）

鉴权中心是用于产生确定移动客户的身份和对呼叫保密所需鉴权、加密的三参数（随机号码 RAND、符合响应 SRES、密钥 Kc）的功能实体。

5. 运营与维护中心（EIR）

运营与维护中心存储着移动设备的国际移动设备识别码（IMEI），主要完成对移动设备的识别、监视、闭锁等功能，以防止非法移动台的使用。

二、系统总体设计

（一）系统设计目标及要解决的关键问题

整个系统由远程终端、数据传输部分、监控中心组成。远程终端采集电梯的状态信号，将实时的数据发送，同时接收发来的数据并完成相应的控制功能。

设计目标：开发基于 GPRS 的远程监控系统，根据设计要求，根据嵌入式系统、无线通信技术以及网络技术，设计一种较为完善的电梯远程监控系统，完成其系统硬件、软件设计工作，能将电梯运行状态信息和故障信息发送给监控中心，能够对多种故障类型做出比较准确的判断和分析，系统具较强的可靠性、安全性和实时性，并有利于维护成本的降低。

欲解决的关键问题：

（1）远程监控系统总体设计，包括终端机的设计、监控中心上位机设计及整个网络组网方式的设计。

（2）终端机的设计，完成单片机与模块串口通信接口电路设计及其他接口电路的设计。

（3）数据传输程序的编写和调试。

（4）数据在网络通信技术和协议的标准下实现有效传输。

（5）监控中心对接收来的数据进行存储、处理和分析，实现自动报警等功能。

（二）系统总体设计方案

1. 监控系统远程的监控功能

监控中心的远程监控功能分为远程监测、远程配置管理和远程故障处理等。

（1）远程监测

远程监测功能即通过远程数据采集，在监控界面实时显示监控对象的运行数据或查询监控对象的历史运行数据。入网电梯可实现24 h不间断监测，发生故障自动向监测中心计算机传送故障数据并以中文字幕等形式报警，即通过对远端的监控对象发送控制管理命令来实现远程控制功能。

（2）远程配置管理

远程配置管理是使被监控设备或系统能正常工作或按指定要求工作，对其运行参数进行远程配置、浏览和审核，并可与现有的电梯管理档案数据库进行链接，可查询所有被监测电梯的数据库并打印报表，统计每台电梯的故障率。系统可监测的电梯数量原则上不受任何限制，可实现电梯的大面积联网包。

（3）远程故障处理

远程故障处理是发现被监控对象或系统本身存在的故障，并及时采取措施处理或消除故障。远程故障处理包括故障监测、故障定位、报警通知、故障处理和恢复测试等。

2. 监控中心系统的性能要求

（1）实时性

监控系统及时地从各个监测点获取监测数据，并进行分析处理是十分必要的。相对于航天、军事等领域对系统硬实时性的要求，各任务要准时完成，对于某些场合，如环境监测系统，只需要做到软实时，即各个任务尽快及时完成。

（2）可靠性

监控系统是一个实时的行业应用系统，要能够长时间可靠、稳定地工作。这就要求整个系统的软硬件稳定运行，不能出现硬件故障、进程死锁、内存泄漏等情况。

（3）实用性

监控系统是一个实用项目，监控系统设计不仅要从技术性能角度考虑，还要从实用角度考虑：一方面要使建设资金投入少，运营成本低；另一方面要使整个系统操作简单，维护方便，有利于用户使用。

3. 系统总体结构

电梯远程监控系统由三部分组成：远程数据终端、数据传输部分、远程监控中心。远程数据终端由终端机和通信模块组成。数据终端通过接口连接电梯控制器。整个系统的总体结构如图7-14所示。

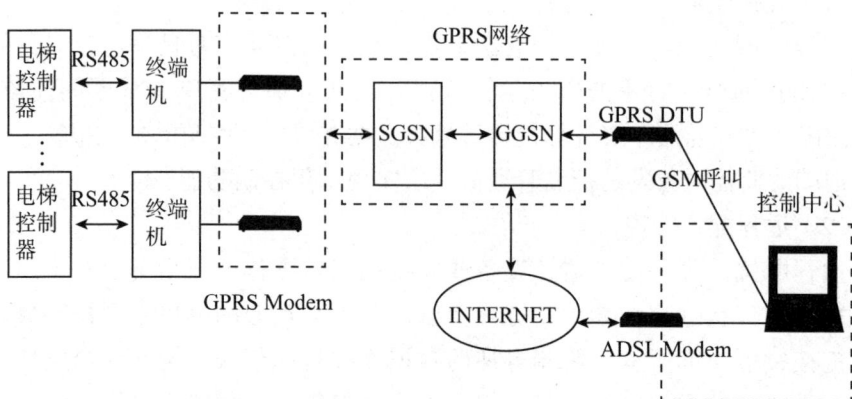

图 7-14　系统总体结构图

　　整个监控系统的组网方式是公网固定方式。监控中心主机接入公网，有一个全球固定地址，先由终端发起连接，终端机登录后获得地址，将这个地址发给主机。由于终端机的地址是内网的地址，所以要经过网络的网络地址转换服务器进行网络地址转换。之后，主机和终端机之间就可以双向通信了。工作过程大致如下：

　　（1）用户终端机采集数据，并对数据进行处理，如将模拟信号转化为数字信号、对数据进行格式化、加密处理等。

　　（2）处理后的数据通过串口发送到 GPRS Modem 上。

　　（3）GPRS Modem 终端将接收到的数据打成 IP 包，包含监控中心 IP 地址和端口号。

　　（4）通过 GPRS 空中接口将数据发送至 GPRS 网络。

　　（5）数据通过 GGSN 接入 GPRS DTU 传给监控中心或者接入 Internet。

　　（6）数据通过 Internet 各网关和路由到达监控中心（CC）和各移动监控（MC）。

　　（7）监控中心软件将 IP 包解包，还原数据，进行处理并返回确认信息。

　　以上工作由系统的三部分完成，具体工作情况如下：

　　（1）远程终端部分由终端机、控制设备及 GPRS Modem 组成。终端机集成 RS232、RS485 和 CAN 接口，以满足不同接口的电梯控制器需求，终端机将从不同电梯控制器接口通过数据采集程序实时采集电梯运行状态信息（包括上行、下行、开门、关门、所在楼层等），保存成日志文件，然后将信息封装成统一的数据帧格式，并通过串口写入 GPRS Modem 数据传输单元中。

（2）GPRS 数据传输部分包括移动 GPRS 网络、Internet 和远程服务中心的 GPRS 通信模块。GPRS Modem 以 RS232 接口与终端机通信。工作时需要一张中国移动的 SIM 卡，并且要开通 GPRS 服务，这样 GPRS Modem 就可以很容易地与中国移动 GPRS 网络进行数据交互。移动 GPRS 网络上的 CGSN 与 Internet 有通道接口，这样移动 CGSN 服务器可将数据经 Internet 再转发到远程监控中心服务器，当有短信呼叫时，数据可通过 GPRS 网络直接发送给远程监控中心的 GPRS 通信模块。GPRS 通信模块工作分主动工作状态和被动工作状态：主动工作状态是给远程终端监控站点的 GPRS Modem 拨号，GPRS Modem 接收后，请求与监控中心连接，将电梯的运行状态数据发送到监控中心；被动工作状态是监控站点的电梯一旦出现故障，则立即请求与监控中心连接，监控中心接收连接请求后，将故障报告发送到监控中心。

（3）远程监控服务中心主要包括 Internet 接入设备和 GPRS DTU 通信模块。通信服务器有固定的 IP 地址，通过 ADSL Modem 与 Internet 相连，通过编写应用系统软件接收远程发送来的数据，并转发到数据库服务器保存。数据库服务器负责保存各监控站点的数据，以供查询。GPRS DTU 通信模块主要可以接受远程终端的短信服务。

三、系统远程终端设计与实现

（一）系统硬件设计思想

系统硬件部分本着简单、可靠、实用和低成本的原则进行设计。另外，由于电梯本身已经具有了自己的一套控制设备，所以本系统在设计时保留了电梯原有的控制系统，直接与电梯控制器串行连接取得信号，不需要对原有的系统进行任何改变，对原有的控制系统也几乎不存在什么影响。

不论什么系统，在实现其功能的基础上采用最简单的结构是设计者进行系统设计时必须考虑的前提条件。所以，对于硬件部分，终端机多采用单片机作为主要设备，并在此基础上增加一些系统必需的外围电路。

终端机的具体设计方案是选用单片机 + 内嵌 TCP/IP 的协议的 GPRS 模块实现，这里的单片机并不进行 TCP/IP 协议处理，只负责进行传输参数的存储、系统上电初始化、GPRS 网络连接、用户交换数据的缓存及有关状态管理。而真正用户数据流的 TCP/IP 打包都由模块完成，发挥了单片机的管理能力及模块的协议处理能力，各取所长，形成了真正的智能 GPRS 数据终端。

（二）系统终端硬件功能设计

电梯远程监控系统中最关键的设备是终端机。终端机是一个小型的微处理器控制系统，其作用是采集电梯系统的运行状况及故障信息等数据，以备小区电梯监控之用。其核心采用八位单片微处理器，通过特定的接口电路（串行或并行）采集、处理电梯的运行数据，并进行数据打包，即将数据以字节或字的方式存放在指定区域。

在监控过程中，前端机不断循环采集电梯的各种状态信息，并根据采集来的信息计算电梯当前所处的楼层，判断电梯的状态与故障。监控中心依次向各前端机发送指令，前端机接收到监控中心发来的指令信息后，产生中断并判断是否要求本机返回数据信息，若是，则遵循一定的通信协议向监控中心依次发送一组字节，包括起始字节、电梯的各运行状态、楼层与故障信息、校验字节和结束字节，若不是，则继续采集、处理电梯数据。监控中心接收到前端机发送来的信息后，将其处理并显示出来，从而达到集中监控的目的。

电梯远程监控系统终端机的设计与小区底层通信控制网络的构造形式密切相关。RS485 通信技术采用二线制实现半双工通信是当前最为流行的成熟技术。它在目前智能小区底层控制网络各子系统中应用最为广泛，也是许多远程传输系统的首选通信方式。

下面详细分析数据终端通信时所实现的功能：

1. 参数设置

系统主站通过 GSM/GPRS 网络设置远程终端（RTU）参数。

（1）终端编号：给不同的终端一个标志。

（2）终端密码：为提高系统安全性而设，分为初始（力能）密码和即时（现用）密码。

（3）电话号码：GSM 网络通信时选用本系统主站的 GSM 模块电话号码，当主站主动同终端建立连接时，就使用此参数列中的电话号码，对于不在此列的号码一律拒听。终端在向主站主动上传时也依从这个参数列。

2. 异常处理

远程终端不间断监视现场数据采集的异常情况，一旦发现异常情况，立刻保护现场（存储当时的瞬时数据量及时间），同异常情况一起传给监控中心。监控中心进一步将现场异常信息传给相关的负责人进行检查（采用 CSM/GPRS 网络，用短消息通信方式），以便现场事故的快速、准确处理。

3. 定时采集

终端依据数据采集的时间间隔采集预定的开门、关门、电梯楼层等的开关量、数据量，并且依据上传时间间隔上传给监控中心。

4. 远程加载

监控中心通过 GSM/GPRS 网络下传终端新版本程序，达到终端系统远程无线升级的目的。

（三）系统终端硬件设计

目前的电梯全部采用微电脑控制，各电梯厂家的控制程序代码不对外公开，所以要实现对各种型号电梯的监控，只能通过一种数据采集设备采集电梯控制柜的信号。于是，设计电梯运行状态数据采集终端，即终端机，并实现终端机与监控中心的通信成为必然。终端机可以完成对电梯各状态信息的采集与处理，并提供一接口，它由电源、单片机、GPRS Modem 及 Watchdog 电路等组成。终端硬件结构如图 7-15 所示。

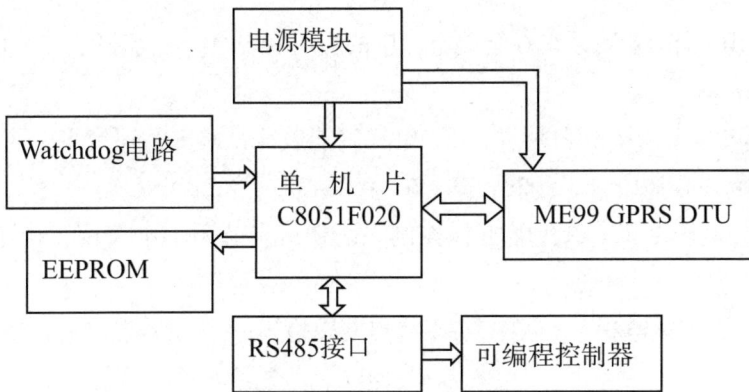

图 7-15　终端硬件结构图

参考文献

[1] 刘勇，于磊.电梯技术[M].北京：北京理工大学出版社，2017.

[2] 薛季爱.电梯节能技术[M].长沙：湖南大学出版社，2018.

[3] 潘东.电梯拖动与控制技术[M].北京：北京理工大学出版社，2015.

[4] 许林，童宁.电梯安全检验技术[M].合肥：安徽人民出版社，2014.

[5] 于红花.PLC智能电梯控制模型开发[J].微型电脑应用，2021，37（1）：152-154，161.

[6] 张朝阳.安全管理系统在智能电梯中的应用实现[J].电气时代，2021（1）：65-67.

[7] 周前飞，丁树庆，冯月贵，等.电梯智能载荷试验方法研究及装置研制[J].中国特种设备安全，2020，36（6）：26-32.

[8] 许峰.基于Linux的智能电梯控制系统研究与设计[D].济南：山东大学，2020.

[9] 陈永雄.智能电梯"互联网+"现状与发展趋势[J].中国高新科技，2020（7）：44-45.

[10] 解泽楷，翟凌宇，孙凯旋.智慧电梯大数据平台研究[J].物联网技术，2020，10（3）：58-60.

[11] 尹天民.物联网智能电梯空调及其监控系统的设计与应用[J].计算机产品与流通，2020（3）：94.

[12] 李明果.中原智能电梯的旧楼加装电梯业务[J].中国电梯，2019，30（20）：13-14.

[13] 唐庆博，刘祉，王双林.基于TRIZ理论的盘井式智能电梯的研究[J].现代制造技术与装备，2019（9）：100-101.

[14] 顾德仁，周莎，王婷. 苏州工业园区第九届高技能大赛"智能电梯维修技术"赛项在金鸡湖畔鸣锣开赛 [J]. 中国电梯，2019，30（16）：70–72.

[15] 翁洪屹. 智能电梯系统设计 [J]. 中国高新科技，2019（13）：66–68.

[16] 殷晓玮，郭镜. 楼宇智能化实训建设与教学改革的实践研究 [J]. 中国电力教育，2019（5）：79–80.

[17] 臧坤，章国宝. 智能电梯视频监测系统的设计与实现 [J]. 工业控制计算机，2019，32（4）：21–22.

[18] 蔡宜均，李兰英，薛博，等. 基于 Zigbee 和物联网的智能电梯系统设计 [J]. 科技创新与应用，2019（10）：43–44.

[19] 范奉和，李峥，王淑兴. 电梯产品创新的贝叶斯方法 [J]. 中国电梯，2018，29（24）：42–45.

[20] 浦瀚，杨道业. 基于数据采集器的电梯安全监测系统 [J]. 中国仪器仪表，2018（6）：54–56.

[21] 卢忠兴，罗丹. 基于 PLC 智能电梯控制系统 [J]. 数码世界，2018（6）：106–107.

[22] 周毅，马艳萍，舒广. 关于一种直角贯通门电梯井道布置方案 [J]. 中国电梯，2018，29（8）：66，72.

[23] 赵佑初. 基于 PLC 及触摸屏的智能电梯实训模型的研制 [J]. 机电信息，2018（9）：102–103，105.

[24] 罗建，姜玲. 智能电梯控制系统优化设计 [J]. 科学咨询（科技·管理），2018（1）：45+47.

[25] 李继承，李喆. 基于物联网的电梯智能数据采集报警系统 [J]. 无线互联科技，2017（22）：18–19.

[26] 丁焕，刘建强. 基于组态软件监控的群控电梯系统设计 [J]. 科技创新与应用，2017（27）：90–92.

[27] 董帅邦. 基于单片机的智能电梯控制模拟 [J]. 智富时代，2017（9）：169.

[28] 王亚军. 智能电梯厅门直角坐标装箱机械手控制系统设计 [J]. 电子世界，2017（12）：103–105.

[29] 顾懿超. 基于 DSP 的智能电梯监控摄像机视频处理算法研发 [D]. 杭州：浙江大学，2017.

[30] 徐舜意 . 楼宇智能化中电气自动化的应用 [J]. 中国设备工程，2016（7）：23-24.

[31] 闫妍 . 智能电梯控制中的 PLC 节能设计与实现 [J]. 电子制作，2015（16）：17.

[32] 程诚，周彦晖 . 浅谈基于物联网的智能电梯群控系统 [J]. 计算机与网络，2015，41（12）：69-71.

[33] 沈昶余，王江婷，俞梦莎 . 基于 STM32 的智能电梯控制系统设计 [J]. 仪表技术，2015（2）：25-28.

[34] 杨叶飞 . 关于智能电梯群控系统设计的研究 [J]. 科技创新与应用，2014（27）：100.

[35] 吴建芳 . 智能电梯型手机伴侣应用分析 [J]. 信息通信，2014（7）：209.

[36] 吴庆功 . 电梯智能化控制技术探析 [J]. 机电信息，2014（6）：90-91.

[37] 郑炜芳 . 关于智能电梯门禁系统及其与对讲系统联动设计方案探讨 [J]. 科技视界，2013（36）：90-91.

[38] 樊贞 . 基于机器视觉的智能电梯测控技术研究 [D]. 天津：天津科技大学，2014.

[39] 甄志鹏 . 电梯智能控制系统的分析与设计 [D]. 广州：华南理工大学，2013.

[40] 魏万华，杨天兴，刘昊 . 智能电梯限速器检测系统的设计 [J]. 现代制造技术与装备，2013（3）：27，69.

[41] 陈乐玲，赵国军，刘云海，等 . 一种用于智能电梯控制系统的数字对讲机 [J]. 机电工程，2012，29（11）：1363-1366.

[42] 李莉，李洪奇，王超，等 . 基于粒子群算法的智能电梯群控系统调度 [J]. 计算机科学，2012，39（Z3）：331-333，358.

[43] 章为 . 基于无线射频技术的智能电梯门禁系统设计 [D]. 成都：成都理工大学，2012.

[44] 刘天明，王炳健，郑佳，等 . 智能电梯控制系统 [J]. 机电工程，2011，28（4）：461-463.

[45] 苏新红，张海燕 . 基于 FPGA 的智能电梯系统的设计 [J]. 科技信息，2010（26）：103.

[46] 孙亮波，桂慧，李志杰，等 . 电梯群控制系统的设计与实现 [J]. 工业控制计算机，2009，22（7）：39–40，42.

[47] 谭春禄 . 电梯智能测控系统设计 [J]. 中国科技信息，2009（13）：150–151.

[48] 孙鸣 . 住宅小区智能电梯门禁系统简介及其与对讲系统联动的解决方案 [J]. 智能建筑，2008（7）：34–37.